国家重点图书

专家为您答疑丛书

番茄栽培新技术

FANQIEZAIPEIXINJISHU

于锡宏　蒋欣梅　刘在民　编著

（第三版）

中国农业出版社

内容简介

本书以问答的方式，由浅入深地对番茄的起源、营养价值、生长发育的特性、品种特性、生产中常见的问题、棚室及露地番茄生产的栽培技术、常见病虫害的发病症状和防治措施等进行了介绍。内容丰富、新颖、实用，是一本操作性较强的读物。它既可供农业技术人员和广大菜农阅读，又可供农业院校师生参考。

第一版作者名单

于锡宏　刘守伟　蒋欣梅

第二版作者名单

于锡宏　蒋欣梅　刘在民

近年来，随着农业产业结构的调整，“菜篮子”工程的深化实施，全国蔬菜种植面积不断增加，产值已跃居种植业第二位，使蔬菜产业成为我国农村经济发展的重要支柱产业，实现了“菜篮子”产品由长期短缺、品种单调，到供应基本平衡、品种丰富多样的历史性转折。番茄作为蔬菜产业中主要的蔬菜作物，在人们的生活中起着至关重要的作用，它不仅是人们的菜篮子中不可缺少的食品，而且还是重要的营养来源之一。改革开放30年以来，我国的番茄生产得到了迅速发展，不论在栽培品种、栽培方式、栽培面积上，还是在番茄周年生产供应上，都发生了深刻的变化。

为了更好地指导农民进行番茄生产，以及满足广大读者的需求，我们于2005年7月出版了《番茄栽培新技术百问百答》，并于2009年1月出版了该书第二版。该书作为“十五”国家重点图书——专家为您答疑丛书之一，主要面向广大基层工作者和农业生产者，采取问答的形式，尽可能地以简洁的语言和切实可行的技术解答了生产中普遍存在的问题。自该书第一版和第二版出版以来，受到了广大读者的欢迎，应读者的要求和中国农业出版社之邀，在第二版的基础上，结合我们在教学、科研中的经验教训，以及生产中的典型经验加以整理，对第二版的相关内容进行了修订，力求内容更加完善、实用、通俗易懂、可操作性强。

为了使读者对番茄生产中的病害有个感性认识，我们引用了郑建秋著的《现代蔬菜病虫鉴别与防治手册》中几种常见的番茄病害彩图，在此表示感谢。

为了编写这本书，编者付出了很多心血，但由于作者经验尚不完善，水平有限，书中缺点或错误在所难免，敬请广大读者提出宝贵意见。

编　者

2016年4月

目录

一、番茄的基本知识

1. 番茄起源于何地？是如何传播的？是如何进化的？

（1）番茄的起源 番茄在中国又称西红柿、洋柿子，原产南美洲西部太平洋沿岸安第斯山脉的秘鲁、厄瓜多尔、玻利维亚、智利等国的高原或谷地，至今那里还可发现几乎全部的野生种，当地土著居民自古即从自然界中采摘食用。

随着印加帝国的灭亡，印第安人的迁徙，最初将番茄传到北美洲南部的墨西哥，在土地肥沃、温暖湿润的墨西哥湾的土壤气候条件下，经自然演变和人工选择产生了丰富多彩的变异。一般认为，半栽培型亚种的樱桃番茄变种是当今栽培番茄的祖先，而且 tomato 这个名词来源于墨西哥的纳瓦特尔（Nahuatl）语，与印第安人的方言 tamath 很相近。番茄在哥伦布发现新大陆之前就已在墨西哥及中美洲发展起来。

随着新大陆的发现，16 世纪欧洲航海家从墨西哥将番茄带回到他们的故乡，在地中海沿岸的意大利、西班牙、葡萄牙、英国、法国等国种植。最初由于人们认为其果实有毒，不敢食用，再加上植株有特殊的气味，果实酸度远比当今栽培品种高，所以只作为观赏及药用植物栽种。于是又经过了近百年时间，有个荷兰人偶然发现其果实加入胡椒、盐、油等调味品调制以后，不但味美可口，而且营养丰富，长期食用之后可以强身健体，精力旺盛，像狼一样健壮，所以有“狼桃”之称。也许最初传到意大利时为黄色果实，意大利称之为“金苹果”（pomodori），至今意大利文“番茄”仍用这一名称。番茄在欧洲各国时兴起来之后，甚至情人之间常常也相互赠送以示爱情，所以又叫“爱的苹果”（love apple），很快在意大利等地中海沿岸诸国大面积发展，至18世纪中叶西西里岛成为世界上最大的番茄生产基地，时至今日意大利仍为当今世界上最大的番茄生产及加工出口国，每年出口加工成品30 000千克以上。

（2）番茄的传播 番茄由西欧传到俄国已是18世纪后期。1783年沙皇俄国的克里米亚最初知道了番茄，再由那里传到乌克兰南部及俄罗斯各地。栽培番茄在俄罗斯发展迅速，至20世纪50年代发展为20万公顷。还由于极早熟、耐寒品种的选育将番茄栽培地域推进到寒带地区，至20世纪80年代面积又翻了一番，不少于40万公顷。

美国虽然是番茄故乡墨西哥的近邻，自从16世纪传到欧洲以后的两个世纪，即18世纪（1710年）美国学者Thomas Jefferson始有从欧洲引进番茄的文字记载，1847年开始在宾夕法尼亚作为商品种植销售。但番茄生产在美国发展很快，不但大面积栽培还有计划地开展新品种选育工作。1886年密执安大学园艺系主任拜奈（L. H. Bailey）教授首次对番茄的分类进行了研究。20世纪以来番茄已成为美国最主要的蔬菜之一，栽培面积和产值逐年扩大。自20世纪30年代以来，美国不论在新品种选育还是在番茄的遗传、生理等基础理论研究方面，均居世界领先地位。

番茄向亚洲的传播，据资料记载，在传入欧洲100年左右（1658年），由葡萄牙人带至东南亚当时葡萄牙殖民地爪哇岛栽植食用，然后由那里再向四周辐射。中国番茄也是由东南亚传入，早在清代初期王象晋（1708年）所著的《广群芳谱》中即有番茄的记载和性状描述：“番柿，一名六月柿，茎似蒿，高四、五尺，叶似艾，花似榴，一枝结五实或三、四实，一树二、三十实……草本也，来自西番，故名。”但在内地少有栽培食用，只有传至台湾以后，由于那里的土壤气候适宜，栽培较多，至今台南地区仍为秋冬加工番茄生产的重要基地。

番茄最初传到日本的途径有两种说法：一种说法是来自中国，在延宝三年（1675年）的《狩野探幽》中即有皇室的御用画师绘有番茄图，称之为“唐茄”，18世纪初出版的《大和本草》第九卷中又有“唐柿”的记述；另一种说法是直接由东南亚传进。不管哪种说法，在最初传入之时，同样由于植株气味及果实酸度强均被认为有毒，不敢食用，仅作观赏。真正作为蔬菜栽培还是在明治维新，即19世纪中叶（1868年）以后，日本全面学习西方，与欧美国家人员来往频繁，为满足西方来日人员食用，同时逐步改变日本膳食习惯需要，作为“西洋野菜”之一与芦笋、花椰菜等一起又从欧美引进，同时还聘请欧美专家来日指导栽培。所以，番茄在日本作为蔬菜栽培，也只有100多年。

（3）番茄的进化 Stubbe（1971）通过实验证明，在较短的时间里（约20年），用连续人工诱变并结合选择，可以使醋栗番茄的果实增大到栽培番茄的小型果实品种那么大，同样也报道了可把栽培品种果实缩小到接近于醋栗番茄水平的试验结果。说明古代美洲土著居民通过上千年的栽培，使野生樱桃番茄变种果实有所增大是完全可能的。

自从番茄被引进旧大陆以后，大约至20世纪初才开始被大众所认可。自此以后，随着大众的需求，对番茄栽培品种提出了各种不同的要求，而栽培番茄（普通番茄的栽培类型）的进化也就此基本上处于人工进化的状态之下。20世纪20年代之前，番茄的品种改良主要依靠自然突变、天然杂交和人工选择（即选择育种），使番茄产生了耐低温、耐干旱、适应北部温带气候条件和适应温室条件的不同栽培品种。而随着对番茄遗传构成的了解和育种技术的进展，番茄栽培品种日益繁多，可以说达到日新月异的程度，已几乎没有能在种子市场上保持优势达10年以上的品种。随着分子生物学技术的发展和体细胞技术的进步，近十几年来，又陆续报道通过体细胞融合、花药培养和DNA重组技术，在番茄种质的改良方面取得了一些成功。这些技术打破了自然界存在的种、属之间基因交流的隔离屏障，使番茄种质的改良范围扩大到属以外，以至整个生物界的范围。

总之，现有如此丰富的栽培各种番茄类型都是从野生番茄进化而来的。无论是自然进化还是人工进化，都取决于几个共同的基本因素，归纳为遗传的变异和选择两个要素。遗传的变异是进化的基础，加果没有变异发生或者变异不能遗传后代，则自然或人工选择都不能发挥作用。选择决定了变异得到保存并更多地繁衍后代。如果没有漫长岁月的集聚选择，就不可能产生现在如此多样复杂的适应类型。自然进化和人工进化的区别在于选择的主体和进化方向。自然进化过程中选择的主体是人以外的生物和非生物的自然条件，选择保存和积累对生物种群的生存和繁衍有利的变异。人工进化选择的主体是人，选择保存和积累对人类有利的变异，促使野生类型向栽培类型转化。和野生的原始类型番茄比较，栽培类型在一系列性状的遗传特性上已经和正在发生深刻的变化，如番茄果实的大型化，色泽、形状的多样化，外观品质及风味的改进，对各种环境胁迫的适应性等。

在进化原料方面，自然发生的突变和基因重组是自然进化的原料，而人工进化除了利用自然发生的突变和基因重组外，还人为地通过各种诱变手段，提高突变频率和按人类需要促成各种在自然界很难，甚至不可能发生的基因重组，乃至通过生物技术导入一些外源基因，丰富进化的原料。人工进化可以超越由空间距离和山岳、海洋、湖泊及沙漠等形成的隔离条件，创造各种人为的隔离环境，以促进新类型的形成。在选择的目的性、计划性等方面，自然进化没有目的、计划可循，而人工进化由初期的无目的、无计划的无意识选择，发展到有目的、有计划的选择。随着科学技术的进步，选择方法不断改进，人工进化可以在短短几年、十几年中创造若干新的生物类型及品种，而自然进化中创造一个新的变种、种平均需要经历几万年或几十万年的历史过程。在类型多样化方面，自然进化往往只能产生有限的适应类型，而人工进化为了满足人们对产品的多层次、多样化的需求而创造极其丰富的类型。

目前，番茄具有种类繁多的品种，就是近代栽培番茄人工进化——育种的结果，其主要的进展包括：

①通过增大果型和果实数量的方法，提高产量。改进了坐果

率，并在某些类型上实现了集中坐果。目前单果重有达 1 500 克以上者，而复总状花序上花数则可达 700 朵以上。

②提高了果实品质及其整齐性，包括果形、质地、颜色、风味等所有特征。

③改变了番茄的生长习性，适于栽培和采收，其中最重要的是有限生长习性基因 *sp* 的发现和利用。

④改进了番茄果实的运贮品质。近年由于 DNA 重组技术的应用，获得反义转基因番茄，大大提高了番茄的耐贮性。

⑤抗逆性和抗病虫能力提高。

⑥在繁殖习性上，由于要求高坐果率和高品种纯度，在选择效应上为有利于自花授粉。将栽培番茄的野生远祖、直系祖先、早期栽培类型和近代栽培类型相比，在交配体系及花柱长度方面已有了显著的变化。其野生远祖以多毛番茄为例，是自交不亲和及长花柱的类型；直系祖先野生樱桃变种则是自交亲和的，但仍存在异花授粉的长花柱类型；早期栽培品种花柱已缩短至花药筒口，柱头仍然外露；近代栽培品种花柱已缩短至花药筒下，柱头则隐藏在花药筒内，发展成适合于完全自花授粉的花器构造。

2. 番茄具有哪些营养价值与用途?

番茄果实中含有极丰富的营养，在 4.3%～7.7%的干物质中，糖分为 1.8%～5%，柠檬酸为 0.15%～0.75%，蛋白质为0.7%～1.3%，纤维素为 0.6%～1.6%，矿物质为 0.5%～0.8%，果胶物质为 1.3%～2.5%。番茄果实含多种维生素，包括维生素 A、B_1、B_2，特别是维生素 C（抗坏血酸），每 100 克果实中一般含维生素 C 20～25 毫克，高者甚至可达 40 毫克以上。在番茄果实中还富含多种矿质元素，如钙、磷、钾、钠、镁等均为人体所需。一个成年人如能每天食用 100～150 克新鲜番茄，则能满足维生素和矿物质的需要。

番茄由于营养丰富，风味可口，色泽鲜艳，又比一般水果价格低廉，是大众喜爱的水果。番茄作菜，既可凉拌，又可炒食，更宜作汤，是一年四季皆受欢迎不可缺少的主要果菜。番茄还可加工成番茄酱、番茄沙司，也可加工成番茄汁或与胡萝卜及其他蔬菜汁配合成复合蔬菜汁，是国内外深受欢迎的营养饮料。番茄种子磨成粉末是重要的食品添加剂。番茄又是一种很好的保健蔬菜，近年来的研究报道，番茄果实内所含的番茄红素能高效猝灭单线态氧及消除过氧自由基，具有较强的抗氧化能力，从而对宫颈癌、肺癌、乳腺癌、皮肤癌、前列腺癌、膀胱癌等疾病均有一定的辅助疗效。同时，多食番茄还有降血压、降胆固醇的作用。

3. 番茄的开花、结果习性怎样?

番茄的花序多数为总状花序或复总状花序，一般一个花序有6～10朵花，小果品种花数更多，多者可达20朵以上。植株每隔1～3片叶着生一个花序。无限生长类型主茎第九至十二片叶后出现第一花序，以后隔3～4片叶出现一花序，只要条件许可，主茎将不断伸长，花序不断出现，不断开花结果。有限生长型又叫自封顶类型，有限生长类型番茄主茎节6～8片叶后着生第一花序，然后隔1～2片叶子着生一花序，主茎上出现2～4个花序后顶芽消失，出现封顶现象。这类品种一般分枝能力强，可利用侧枝多开花多结果。

番茄的开花顺序是花序基部的花先开，依次向上陆续开放，通常第一花序的花尚未开完，第二花序的花已开始开放。

花芽分化后，萼片包被花蕾的时期，称为花蕾期。花蕾由短逐渐变长，由小逐渐变大，当萼片逐渐在花的顶端展开，使花冠逐渐外露，称为露冠。此时露出的花冠呈淡绿微黄色。当花冠伸长到一定时期，随着萼片的进一步开张，花冠也逐渐展开，展开的角度由小变大。当花瓣展开达到90°时，称为开花。开花后1～2天，花瓣展开即为盛开，达到180°时进入盛开期，此时花瓣鲜黄色。番茄的花开放后，经过1～2天花冠变为深黄色的同时，花药开裂。这时柱头迅速伸长，并分泌出大量黏液，这是授粉的最佳时期。雌蕊受精能力一般可保持4～8天，并在花药开裂前2天已具有受精能力。番茄的花，在一天当中无定时地开放，但因环境不同而有差异，晴天比阴天开花多，每天4～8时开花最多，下午2时以后就很少开花。单花开花时间可持续3～4天，然后花瓣转为淡黄色，向背面反卷而萎缩。番茄的开花结果与环境条件密切相关。授粉后，从花粉管到达子房所需时间，由花柱长短及温度条件决定。当温度低于15℃或高于35℃时，花粉萌发不良；在40℃条件下处理1小时花粉便失去萌发力。极短的35℃以上的高温，会引起花粉机能降低。花粉萌发温度范围为15～33℃，而最适宜的萌发温度为23～26℃，开花和受精的最佳温度为20～30℃/15～22℃（昼/夜）。高温干燥条件下，柱头变成黑褐色，子房枯死。因此，番茄杂交时期应避开低温和高温。而影响最大的还是夜间温度，当夜间温度低于15℃或高于22℃时，绝大多数品种都不能正常授粉受精，还导致落花落果。花粉管在10℃时停止伸长。一般授粉后12小时穿过花柱1/3长度，24～36小时后花粉管到达子房。授粉后24小时，受精率可达30%～40%；授粉到受精一般需要50小时，胚在受精8小时后开始活动。有人实验，开花前一天授粉结实率为45%～50%，开花当天为65%～70%，开花后一天与开花当天相近。

番茄子房授粉3～4天开始膨大，授粉后7～20天生长速度最快；30天后基本停止生长，开始进行物质转化。

因开花授粉时间的差异，在第一花序的果实进入膨大期时，第四花序的花芽才开始发育，第二花序的果实进入膨大期，第五花序花芽开始发育，其他各花序的分化期以此类推。

番茄一般从开花到果实、种子成熟需40～60天，具体时间长短受气温、品种熟性及栽培方式的影响。温度较高时，如日均温度在20～25℃，需40～50天；温度较低时，如日均温度低于20℃，则需50～60天。

4. 番茄的根和茎有何特点？

番茄根系发达，分布广而深，根深可达1.5米，根群横向分布，直径可达2.5米。但根系主要分布在30厘米深和宽的耕层内。番茄根再生能力强，当主根被截断时易产生侧根。因而育苗期幼苗移植或定植时易缓苗，成活率高。番茄茎基部易发生不定根，这种不定根与侧根相比入土浅，分布广度小，但同样也具有吸收能力和支撑作用。生产上常常采用的培土、压蔓及对徒长苗进行“卧栽”等措施，就是诱发和利用不定根来防止倒伏，促进根系发达。

番茄茎为半直立性或蔓性，基部木质化，除个别品种外，一般都需支架栽培。茎高一般0.5～1.3米，茎粗一般0.5～2.0厘米。茎上发生侧枝的能力强，每个叶腋均能产生侧枝，而且侧枝生长迅速，可以开花结果。生产上通过侧枝的摘留可以调整番茄的株型及调节营养生长和生殖生长的平衡。番茄茎易产生不定根，因此，可以利用枝条进行扦插繁殖。

5. 番茄生长需要什么样的温度条件？如何创造适宜的温度条件？

番茄是喜温性蔬菜，但对低温的适应性较强。一般来说，在13～28℃的温度范围内都可适应番茄生长。低温界限为10℃，高温界限为30℃。同化作用最适的温度是20～25℃。温度低于15℃时植株生长缓慢，影响开花结果，8℃时生长减弱，5℃时茎叶生长停止，0～1℃时植株发生冻害，但经过低温锻炼的幼苗可以忍受短期低温。温度超过35℃，影响花器的生长和发育，易成畸形果，40℃以上停止生长。

番茄在不同生育阶段对温度的要求和反应是有差别的。种子发芽的适宜温度是28～30℃，最低发芽温度是12℃左右，最高温度为35℃。低温下发芽慢，种子容易呈水粒状，播种后易腐烂。

幼苗期白天适温为20～25℃，夜间10～15℃，温度过低易在以后形成畸形果，温度过高，易使幼苗徒长。在栽培中应注意：如果幼苗期白天温度高，则夜间温度或地温应适当低些；白天温度要是低，则夜间地温应适当高些。还可以利用在苗期进行低温锻炼可增强幼苗的抗寒能力这一特点，对幼苗进行低温锻炼，以适应低温，10℃时低温锻炼比较合适。

开花着果期对温度要求比较严格，尤其是开花前5～9天、开花当天及开花后2～3天。开花期的适宜温度范围是白天20～28℃，夜间15～20℃。温度低于15℃或高于35℃都不利于花器的正常发育，容易引起落花落果。

结果期适宜温度是白天25～28℃，夜间16～20℃，温度低果实生长速度缓慢，日温增高到30～35℃时，果实生长速度较快，但着果少，夜温过高不利于营养物质的积累，果实发育不良，易形成空洞果。此时期，一般是温度易升高，当温度达到生长适宜温度25～28℃的上限时放风，甚至可达到30～32℃时再放风。温度的高低与番茄红素的形成密切相关。番茄红素在19～24℃时有利于形成，果实转红快，着色好，低于15℃、高于30℃不利于番茄红素形成，所以在低温和高温季节，番茄果实着色就差。

番茄根系生长的最适土温是20～22℃，低限为13～14℃，高限为32℃。采取多层覆盖可提高土温，这不仅能促进根系发育，同时能显著增加土壤中硝态氮的含量，使番茄生长发育增加，产量增高。因此，只要夜间气温不高，昼夜地温都维持在20℃左右也不会引起徒长。

露地栽培条件下，一般情况下不会有过高或过低的温度产生，因此温度对番茄生长发育不会有太大的影响，但在日光节能温室和大棚中，就必须采取措施创造适宜的温度条件，最大限度地满足作物生长发育的需要，以达到优质高产的目的。

创造适宜温度的方法如下：

（1）合理安排栽培季节 就是指合理安排番茄的播种期、定植期、结果期。按照番茄对温度条件的要求，根据全国各地的气候条件，安排适宜的栽培季节。

（2）改进耕作技术来调节温度 如地膜覆盖，是提高温度的有效途径，可提高3～5℃（透明地膜）。

（3）通过灌溉调节温度 如夏季高温季节灌水可降温，防止高温危害，上午灌水可防止温度骤然下降；午后灌水，可防止夜间作物受冻；雨后灌水，可使土温近地温度趋于稳定，有利于防止病害发生 。

（4）改进育苗技术，提高幼苗抗寒力 种子进行低温处理，苗期进行低温锻炼。

（5）采取有利的保护措施，改善温度条件

①选用耐低温、抗老化保温棚膜。易老化的棚膜使用时间短、保温性差；有滴膜比无滴膜保温效果好；多功能大棚膜比聚乙烯棚膜保温效果好。因此，应根据自身条件选择合适的棚膜。

②多层覆盖。棚室内采用多层覆盖，能显著提高保温性，特别是早春，用无滴聚乙烯膜覆盖的棚室，更应进行多层覆盖，否则秧苗容易受冻。如大棚里面拉二层幕，里面扣小棚，小棚内再扣纸帽等，比单层能提高气温 8～10℃，定植期可提前 20 天。也可用 15～20 克/米^2 的无纺布，直接盖在秧苗上，进行浮动栽培，可提高气温 2～3℃。

棚室外夜间盖草帘、棉被，能防止热量散失。在棚室北侧用芦苇或高粱秸等架设 2 米高的风障，有提高温度、减少风害的作用。

③提高棚室土壤温度。棚室内的土温过低，直接影响根系对水分和养分的吸收，一般新根生长最低温度 8℃，吸收水分和养分的根毛在土温 10℃以上才能长出来。因此，棚室内 10 厘米深的土壤温度必须保持在 10℃以上，最好在 15℃左右，才能保证作物正常生长。冬春棚室内土温都比较低，提高土温常用的方法如下：

a. 架床或离地床栽培。在温室内搭架床，或者离地面 20 厘米高搭离地床，使土温达到 10℃以上，多用于冬季和早春育苗。

b. 埋设酿热物。温室土壤下面埋一层酿热物，既能提高地温，又能补充二氧化碳气体。大棚内秋铺防寒草，春埋酿热物。具体做法是：封冻前在大棚内盖 30 厘米厚的防寒草，可用稻壳、粉碎的植物秸秆、树叶等，相当于在大棚内铺一层棉被。早春于大棚一侧将防寒草搂开 1 米，挖开表土 20～25 厘米深，宽 1 米的沟，将防寒草填入沟内踩平，依次将全部防寒草均埋入土中。防寒草在大棚中起酿热物作用，据测定，填充酿热物后，棚内 10 厘米深土壤温度最低可提高1.5～2℃，并能增加土壤有机质含量和提高土壤肥力。

c. 土壤电热加温。在温室或大棚土壤表面铺设土壤电热加温线，使电能转换为热能，用以提高土壤温度，是比较先进的提高土壤温度的方法，主要是制成电热温床进行蔬菜育苗，可以和控温仪连接，自动控制土层温度。

④降低棚室内温度的方法。

a. 通风降温。棚室内温度达到30℃时开始通风降温，温室通风主要是通过后墙通风口、门和揭开棚膜来完成，大棚通过扒缝和两侧放底风来进行。

b. 遮阳网或无纺布覆盖降温。高温季节用遮阳网覆盖棚室，能使温度明显下降4～5℃。此外可以在薄膜上喷水或抹泥达到降温的目的。

6. 番茄生长需要什么样的光照条件？如何创造适宜的光照条件？

番茄是喜光性作物，在一定范围内，光照越强，光合作用越旺盛，其光饱和点为70 000勒克斯，在栽培中一般应保持30 000～35 000勒克斯以上的光照度，才能维持其正常的生长发育。番茄对光周期要求不严格，多数品种属中日性植物，在11～13小时的日照下，植株生长健壮，开花较早。不少试验指出，番茄在16小时的光照条件下，生长最好，因为延长了光照时间，增加了干物质产量。

番茄不同生育期对光照的要求不同。

发芽期不需要光照，有光反而抑制种子发芽，降低种子的发芽率，延长种子发芽时间。

幼苗期既是营养生长期，又是花芽分化的发育期，如果光照不足，那么光合作用就会降低，植株营养生长不良，将使花芽分化延迟，着花节位上升，花数减少，花的素质下降，子房变小，心室数减少，影响果实发育。

开花期光照不足，容易落花落果，弱光可使花粉中贮藏淀粉含量减少，花粉发芽率及花粉管的伸长能力降低，造成受精不良而引起落花。

结果期在强光下坐果多，单果大，产量高。反之在弱光下坐果率降低，单果重下降，产量低，还容易产生空洞果和筋腐果。

在露地栽培条件下，一般不易看出光照对番茄生育的影响，但在保护地栽培，光照很难满足需要，特别是冬季保护地栽培，光照不足已成为栽培上的主要问题。一般情况下，强光不会造成危害，如果伴随高温干燥条件，会引起卷叶或果面灼伤，影响产量及品质。所以说，在大棚和节能温室内创造适宜的光照条件是非常必要的，相应的技术措施如下。

（1）人工补充光照 在冬季或阴雨天光照不足时可以用人工光源补充照明，在蔬菜育苗中经常应用，既经济又实惠，能够培育出壮苗。常采用日光灯照明，日光灯接近自然光，根据对光照强度的要求不同，每平方米需 100 瓦，距苗 30～40 厘米高，时间根据需求情况而定；人工光源也可用白炽灯（灯泡）照明，但灯泡发光的同时，还会产生大量的热量，易烧伤作物，因此灯泡不能固定在一个位置上，应来回摆动；此外还可以用水银荧光灯补充光照，比较实用，光线也接近自然光。

（2）利用反射光改善光照条件 在砖石结构的温室内壁刷白灰，立柱上粘贴白色铅铂，能通过光的反射改善温室内光照条件。利用聚酯反光幕，挂在温室中柱附近或北墙上，可使距反光幕 3 米内的光照强度增加 10%～40%，每 667 米^2 一次性投资仅200～300 元，可连续使用 3 个冬春。一般一个冬春可增收 700 元以上，对番茄等喜光作物增产增收效果更大。克服了温室北部光照弱，昼夜温差小的缺点，尤其是对于黄淮地区阴、雨、雾天多，光照不足的条件下，效果更加显著。利用节能温室生产蔬菜，用聚酯反光膜改善光照条件，是冬季生产的关键技术之一。

（3）降低光强 夏季，为了降低光照强度和温度，需采取遮光措施。主要采用以下方法：一是温室或大棚外用竹帘或遮阳网覆盖；二是温室内种植一些爬蔓的藤本植物；三是在覆盖物上喷水或抹泥等。

(4) 合理密植 根据不同种类蔬菜对光照要求的差异，进行间种套种，达到合理密植的目的，以充分利用光能。

(5) 合理调整植株 及时合理的整枝，充分利用光能。搭架，及时除草，防止番茄本身的相互遮光。

7. 番茄生长需要什么样的水分条件？如何创造适宜的水分条件？

番茄地上部茎叶繁茂，蒸腾作用比较强烈，蒸腾系数为 800 左右。但番茄根系比较发达，吸水力较强，因此，对水分的要求属于半耐旱蔬菜。既需要较多的水分，又不必经常大量灌溉。番茄对空气相对湿度的要求以 45%～50%为宜。空气湿度大，不仅阻碍正常授粉，而且在高温高湿条件下，病害严重。

番茄不同生长时期对水分的要求不同。幼苗期对水分要求较少，土壤湿度不宜太高。但也不宜过分控水，幼苗的徒长是在光照不足，温度过高，特别是夜间高温下促成的。在温度适宜、光照充足、营养面积充分的情况下，保持适宜的水分能促进幼苗生长发育，缩短育苗期，防止老化，且因幼苗生长旺盛，花芽分化早，花器官发育好。土壤相对湿度可保持土壤最大持水量的 60%～70%。第一花序着果前，土壤水分过多易引起植株徒长，根系发育不良，造成落花。第一序果实膨大生长后，枝叶迅速生长，需要增加水分供应。

盛果期需要大量水分供给，除果实生长需水外，还要满足花序发育对水分的需要。因此，这时供给充足的水分是丰产的关键。据报道，在果实迅速膨大期的番茄，每株每天吸水量为 1～2 升，不包括土壤蒸发的水分，每天每公顷需补充水分 75～150 米^3。这时期供水不足还会引起顶腐病、病毒病。

结果期土壤湿度过大，排水不良，会阻碍根系的正常呼吸，严重时引起烂根死秧。土壤湿度范围以维持土壤最大持水量的60%～80%为宜。

另外，结果期土壤忽干忽湿，特别是土壤干旱后又遇大雨，容易发生大量裂果，应注意勤灌匀灌，大雨后排涝。

番茄品质鲜嫩，含水量达70%～90%，水分不足不但产量下降，更主要的是品质下降，商品性差。尤其在棚室内栽培，由于温度较高，对水分要求更严，番茄除了对土壤水分要求较多外，对空气中的水分（相对湿度）也有一定的要求。因此，要注意水分供应，同时要注意节约用水。

（1）根据不同地势、地质条件调整番茄的种植 选耐旱的品种种植在向阳、岗地、沙质土的地块；平川地，安排经济效益高的、需水量大的番茄品种。

（2）改进耕作技术 直播的，要坐水直播，加强镇压，踩格子（保墒），苗期采用中耕松土（切断毛细管），尽可能采取地膜覆盖，减少土壤水分蒸发。

（3）加强菜园水利设施建设 菜田要完善排灌系统，涝能排，旱能灌。

（4）科学用水 根据番茄不同生长发育时期对水分的不同要求，适时灌水。

（5）提倡采取节水灌溉的方式灌水 如采用膜下滴灌、渗灌、移动式喷灌等。

（6）及时通风降湿 对于棚室番茄栽培，防止湿度过大，以免病虫害大量发生。

8. 番茄生长需要什么样的土壤及矿质营养条件?

番茄适应性较强，对土壤条件要求不太严格，但以土层深厚、排水良好、富含有机质的肥沃壤土为宜。番茄对土壤通气性要求较高，土壤中含氧量降至2%时，植株枯死。所以，低洼易涝、结构不良的土壤不宜栽培。沙壤土通透性好，地温上升快，在低温季节可促进早熟，黏壤土或排水良好的富含有机质黏土保肥保水能力强，能促进植株旺盛生长，提高产量。番茄适于微酸性土壤，pH

以6～7为宜，过酸或过碱的土壤应进行改良。在微碱性土壤中幼苗生长缓慢，但植株长大后生长尚好。

番茄在生育过程中，需从土壤中吸收大量的营养物质，据资料报道，生产5 000千克果实，需从土壤中吸收氧化钾33千克、氮素10千克、磷素5千克。这些元素73%左右分布在果实中，27%左右分布在根、茎、叶等营养器官中。

氮肥对茎叶的生长和果实的发育有重要作用，是与产量关系最为密切的营养元素。在第一花序果实迅速膨大前，植株对氮的吸收量逐渐增加，以后在整个生育过程中，氮素仍大体按同一速度吸收，至结果盛期时达到吸收高峰。所以，氮素营养必须充分供给。只要保证充足的光照，降低夜温并配合其他营养元素的施用，适当增施氮肥并不会引起徒长，而是丰产不可缺少的重要条件。

磷的吸收量虽不多，但对番茄根系和果实的发育作用显著。吸收的磷中大约有94%存在果实及种子中。幼苗期增施磷肥对花芽分化与发育也有良好的效果。

钾的吸收量最大，尤其在果实迅速肥大期，对钾的吸收量呈直线上升，钾素对糖的合成、运转及提高细胞液浓度、加大细胞的吸水量都有重要作用。据报道，缺钾是番茄筋腐病发生的重要原因。

番茄吸钙量也很大，缺钙时番茄的叶尖和叶缘萎薄，生长点坏死，果实发生顶腐病。

棚室番茄栽培密度大、生长期长、茬次多、产量高，因此需要的粪肥多，根据植株对营养元素的需要，主要采取施基肥（底肥）和追肥两种方法。

(1) 基肥（底肥）　基肥应以腐熟的有机肥为主，适宜作基肥的有机肥很多，各种动物的粪便和植物秸秆、草木灰等均可使用。基肥与产量的比例，基本要保证达到1∶1。用化肥作基肥要慎重，磷肥可作基肥，氮肥中的尿素、硫酸铵等不能用作基肥，硫酸钾可以作基肥。

(2) 追肥　在作物的生长期，根据作物的需要进行追肥，以补充基肥的不足。追肥有两种方法，一种是向土里施，然后灌水；另一种是向叶面上喷，叫根外追肥。

①土壤追肥。最好用腐熟的有机肥，如腐熟的人粪尿加水稀释5～10倍；腐熟的大粪干掺土追肥。此外，草木灰、鱼粉、肉骨粉等掺细土后也可作追肥。用化肥追肥，一是要埋入土中，二是追肥后必须灌水。追肥一定要在关键时期，如番茄幼苗快速生长期、开花坐果期及其各果穗果实膨大期进行追肥。

②根外追肥。根外追肥就是叶面喷施肥料，具有用量少，利用率高的特点。特别是在番茄生长初期和后期，此时根系吸收能力较弱，从叶子上补充营养，是提高产量和品质的一项重要施肥措施。常用的根外追肥的化肥有磷酸二氢钾0.1%或0.2%的水溶液喷叶；过磷酸钙或氯化钙配成0.2%或0.3%的水溶液喷叶能补充钙的不足。

(3) 土壤改良　有些类型土壤不适合种植番茄，要进行改良。改良土壤最有效的措施就是大量增施有机肥料，增施有机肥能使土壤疏松透气，营养元素齐全，提高地温，并放出二氧化碳气体。对沙性土壤，应多施堆肥并加适量黏土加以改良；碱性土壤应施酸性肥料加以改良，如草炭肥、过磷酸钙等。换土也是棚室土壤改良的一项有效措施，由于棚室多年连作，土传病害严重，棚室面积较小，应隔3～4年将表土更换一次，最好用没有种过菜的大田土和葱、蒜茬土，也可用堆肥方法造土。

9. 如何把番茄的茬口和间作、套种安排好？

如何充分利用土地，并在有限的面积上尽力做到均衡生产，不断供应产品，将是衡量番茄生产、经营优劣的重要标志之一。为此，适当安排茬口，合理进行间作、套种已成为番茄生产中的重要技术组成部分。为了避免连作造成的病虫害加重、土壤某些营养成分的缺乏或有害物质的积累，所以在安排番茄前后茬时，应尽量避开同一科的蔬菜，实行合理的3～4年轮作。

影响茬口安排的因素很多。一般有栽培场所的特点、不同科间的轮作次序、番茄品种的特征、特性，生长期和产品供应期长短以及两种或两种以上作物前后组合，彼此对温、光、水及土壤营养等的利用是否相互有利等。

茬口安排常与间套作相结合，组成土地轮作茬口或称多次作。明确茬口安排的原则首先要明确茬口的轮作方式和轮作制度。

(1) 茬口的轮作方式 一般番茄茬口的安排包括间、套、复、吊种4种形式。

①间种。是指隔垄、隔畦、隔埯在同时期内种植两种蔬菜的种植方式。如番茄间种油菜，番茄间种芹菜等。

②套种。是指一种蔬菜还未收获时，先在垄台或畦埂上播种或定植另一种蔬菜的种植方式。如番茄套种小白菜。

③复种。主要是早熟蔬菜收获倒茬以后，再种植另一种蔬菜的种植方式。如番茄复种大白菜。

④吊种。是在大棚温室内利用地播蔬菜的空间或行、株间的空隙，合理利用光照、温度等条件，进行吊蔸、吊盆、吊箱、搭铺栽培的一种栽培形式。如利用日光温室中柱吊栽番茄等。

(2) 茬口的轮作制度 茬口安排有年内（或隔年）两茬、三茬、四茬、五茬，两年三茬和两年五茬等。

①一年两茬制（二种二收）。年内在同一块地上种植两种蔬菜不分主次，比多茬栽培增加收益，而不降低单位面积总产量，比露地栽培能延长生产季节，进而提早成熟、延后和提高单位面积总产量。年内两茬制较适于土壤肥力差，劳动力不足和生长季节短的条件。

年内两茬通常是春夏和夏秋的两茬相衔接。春夏茬和夏秋茬的蔬菜应在设施内育苗定植来缩短苗期占用的生长季节。品种选择和栽培方法也能调节各茬的生长季节。

②三茬制。三茬制是我国北方重要的设施栽培茬口。轮作形式有设施春夏菜（春提前）—露地夏菜—设施秋冬菜（秋延后），或设施春收越冬菜—设施春夏菜—设施秋菜等多种形式。三茬制以设施春夏菜和设施秋冬菜为主。夹茬夏菜和越冬菜，争取春初早收，秋冬菜尽量使收获期延长，获取高产和优质。为此，应选适宜的品

种、提前育苗、育壮苗和加强设施内的环境调节等技术措施。本茬轮作次序，若为固定式温室和拱棚，应选择耐老化薄膜，从秋冬茬开始覆盖，经冬季覆盖到春夏以后的各茬，但如覆盖易老化的农用薄膜，可按生产计划的茬次安排覆盖。

③四茬和五茬制。此两种茬口适于春暖、夏季不炎热或设施性能优良及有充足的劳动力等条件的地区采用。年内四茬的茬口安排以春夏茬及秋冬茬为主。它同三茬制一样，既不减少各单茬产量，又使春夏茬提前和秋冬茬延后收获，副作的越冬春收茬和春茬的速生绿叶菜收获期较集中，为不延误春夏茬主作定植前的整地和做畦，应早期保温管理，促使蔬菜生长和提高产量。

年内五茬仍以春夏茬和夏播秋冬收获的茬口为主作。夹茬秋冬、越冬和春茬的茬次安排更集中。应加强土、肥、水管理，选择适宜的蔬菜种类和品种，培育壮苗，适期定植和收获。

④年内一茬、两年三茬和五茬制。无霜期较短的地区，病虫较少，能连续生长和多次收获的蔬菜如番茄经拱棚短期或长期覆盖栽培，比露地栽培能延长生长季节，进而提高产量。

两年五茬是两年两茬制再夹茬越冬菜。栽培要点同年内两茬制。

（3）茬口安排的原则

①效益原则。茬口安排首先要考虑经济效益，把提高效益、降低成本放在重要位置上。

②防御原则。主要是确保设施栽培中的番茄不受或少受病、虫、草和自然灾害等的危害，提高产量和品质。

③保供原则。要按照“菜篮子”建设的具体要求，确保淡季市场的供应，稳定市场、稳定价格。

④因地制宜原则。茬口安排要根据本地的自然状况、菜农的生产习惯、农业高新技术的应用和适宜栽培作物的情况等来安排。

（4）番茄茬口安排举例 茬口安排应根据蔬菜对温度条件的不同要求、各种蔬菜生育期的长短以及当地的气候条件，进行适当的安排。

①番茄露地茬口安排。我国番茄生产全年以1～2茬为主体，全年平均复种指数接近2～4。主要分为以下茬口：

a. 北方全年进行 1 茬番茄生产。

b. 全年进行 1 茬半番茄生产。

如越冬菠菜、越冬葱$\xrightarrow{\text{复种}}$番茄，或番茄$\xrightarrow{\text{复种}}$越冬菠菜、越冬葱。

c. 全年进行 2 茬番茄生产。

如春菠菜、小白菜、水萝卜等速生蔬菜$\xrightarrow{\text{复种}}$番茄，或早番茄$\xrightarrow{\text{复种}}$大白菜、秋萝卜和结球生菜等。

②番茄大棚茬口安排。全年以 2～3 茬为主体，全年复种指数约 2.5。

a. 全年进行 2 茬番茄生产。

如菜花、绿菜花、荷兰豆、芹菜$\xrightarrow{\text{复种}}$番茄。

b. 全年进行 3 茬番茄生产。

如油菜$\xrightarrow{\text{套种或复种}}$番茄$\xrightarrow{\text{复种}}$黄瓜、芹菜、结球生菜。

③番茄温室茬口安排。全年以 3～4 茬为主体，全年复种指数约 3.5。

a. 全年进行 3 茬番茄生产。

如育苗$\xrightarrow{\text{复种}}$番茄$\xrightarrow{\text{复种}}$番茄、黄瓜。

b. 全年进行 4 茬番茄生产。

如育苗$\xrightarrow{\text{复种}}$黄瓜$\xrightarrow{\text{复种}}$番茄$\xrightarrow{\text{复种}}$蒜苗。

如果采用间作套种栽培，可使后茬的生长期延长，这样就可以把原来不能再种植的一些生育期较长的蔬菜再抢种一茬，使茬次增加，复种指数进一步提高，或后茬蔬菜能早些定植，使其早熟，增产效益基本不受影响。

(5) 间作套种举例 间作套种应根据各种蔬菜的生育期长短、植株的高矮、开展度、耐性等不同特点以及经营者的需要进行合理的安排。

①露地间套。

a. 架番茄 —套种→ 架豆角。

b. 早番茄 —套种→ 大白菜、秋萝卜、菜花、绿菜花、秋甘蓝。

②大棚间套。

a. 早甘蓝 —间套→ 番茄 —套种→ 架豆角 —套种→ 油菜、结球生菜。

b. 芹菜 —套种→ 番茄 —套种→ 架豆角 —套种→ 油菜、结球生菜。

c. 油菜、香菜、结球生菜 —套种→ 番茄 —套种→ 芹菜、结球生菜。

10. 我国番茄的栽培方式有哪些？适宜在什么季节栽培？

我国地域广阔，跨寒、温、热三带，气候差异很大，番茄所用的栽培方式和季节也有很大差别。番茄的具体栽培方式和适宜的栽培季节见表1和表2。

表1 东北、华北地区番茄栽培方式和季节安排

栽培方式	播种期(旬)	定植期(旬)	收获期(旬)	备 注
温室秋冬茬	7月下至8月下	8月下至10月上	11月下至翌年2月下	防雨遮阳育苗
温室冬春茬	11月中、下至12月下	1月中至2月下	4月上、中至6月中	温室育苗
日光温室秋冬茬	7月上、中至8月上、中	8月上、中至9月上、中	10月上、中至翌年2月上	防雨遮阳育苗
日光温室冬春茬	11～12月	1～2月	3～6月	温室育苗
塑料大棚春茬	1月上至2月上、中	3月中、下	5月中、下至7月上	温室育苗
塑料大棚一大茬	2月上、中	4月中、下	6月中、下至9月	温室育苗
塑料大棚秋茬	6月下至7月上、中	7月下至8月上、中	9月下至10月	防雨遮阳育苗
简易覆盖春茬	2月上、中	4月上、中	6月上、中至7月	温室阳畦育苗
春露地	1月下至2月下	4月中、下	6月中至7月	温室阳畦育苗

表 2　西北地区番茄栽培方式和季节

栽培方式	地　区	播种期（旬）	定植期（旬）	收获期（旬）	备　注
温室秋冬茬	西安	7 月下至 8 月下	8 月下至 10 月上	11 月下至 2 月下	防雨遮阳育苗
	兰州、乌鲁木齐	7 月下	8 月下至 9 月中	11 月下至 12 月上	防雨遮阳育苗
温室冬春茬	西安	11 月中、下至 12 月下	1 月中至 2 月下	3 月下至 6 月	温室育苗
	兰州、乌鲁木齐	11 月上	1 月上	3 月中、下至 7 月	温室育苗
日光温室秋冬茬	西安	7 月上、中	8 月上、中	10 月上、中至 12 月中	防雨遮阳育苗
	兰州、乌鲁木齐	6 月中、下	7 月中、下	9 月下至 11 月下	防雨遮阳育苗
日光温室冬春茬	西安	11～12 月	1～2 月	3～6 月	温室育苗
	兰州、乌鲁木齐	12 月下至 1 月下	3 月	4 月下至 7 月	温室育苗
大棚春茬	西安	1 月中至 2 月上、中	3 月中、下	5 月中、下至 7 月上	温室育苗
	兰州、乌鲁木齐	1 月下至 2 月中	3 月下至 4 月上	6 月上至 7 月	温室育苗
大棚一大茬	兰州、乌鲁木齐	1 月下至 2 月上、中	3 月下至 4 月上	5 月中至 9 月	温室育苗
大棚秋茬	西安	6 月下至 7 月上、中	7 月下至 8 月中	9 月下至 10 月	防雨遮阳育苗
	兰州、乌鲁木齐	6 月中、下	7 月中、下	9 月中、下	防雨遮阳育苗
简易覆盖春茬	西安	2 月上、中	4 月上、中	6 月上、中至 7 月	温室阳畦育苗
	兰州、乌鲁木齐	2 月	4 月中至 5 月上	6 月中至 7 月	温室阳畦育苗
露地春茬	西安	1 月下至 2 月中	4 月中、下	6 月中至 7 月	温室阳畦育苗
	兰州、乌鲁木齐	2 月中至 3 月下	5 月上、中	7 月上至 8 月中	温室阳畦育苗
露地大茬	兰州、乌鲁木齐	2 月中至 3 月下	5 月上、中	7～9 月	阳畦育苗

11. 番茄品种退化常常表现哪些特征？

番茄品种退化是目前生产中经常出现的问题。品种退化的特征主要有：植株长势衰弱，产量降低，品质变劣，抗逆性变差，抗病性减弱；果实变形，如高圆变扁圆，大果变小果；果肉变薄，果汁减少；产生花柱柱头异常，易产生畸形花和畸形果；易产生叶片上又长出小叶或枝条的叶生枝现象；有时出现花序前端延伸出一个枝条的花前枝现象；有时出现“老公苗”，或叫“绝后苗”。老公苗是指番茄幼苗子叶比正常苗肥大深绿，子叶中间不生长真叶，或长一片不完整或畸形的真叶，植株以后不再生长叶片，终生不能开花、结果。另外，番茄种子贮藏年限过长也易产生“老公苗”、发芽势衰弱等现象。

12. 番茄产量是由哪些因素构成的？

番茄产量主要由定植株数、坐果数和单果重量构成，可用公式表示为：

产量＝定植株数×单株坐果数×平均单果重量

定植株数决定于栽培形式、品种、整枝方式等，生产者可根据具体条件选定，一般每667米^{2}定植3 000～6 000株，一穗果高密度栽培最高可达8 000株。

坐果数决定于品种、育苗技术、花期管理技术和留果穗数等。生产上一般选留2～4穗，少数留1穗或5穗以上。一般每穗花留果3～4个较为适宜。

番茄产量构成的三项因素内，受栽培技术影响最大的是单果重量。果实重量决定于每个果实的细胞数和细胞大小。因此，生产上培育花芽发育良好的壮苗，以及加强定植后的栽培管理，特别是果实肥大期的肥水管理对提高产量具有重要意义。

13. 生产中如何选择适宜的番茄品种进行栽培?

番茄品种选择的原则：一是根据栽培场所的条件选择适宜的番茄品种。早春番茄棚室栽培要选择耐弱光、耐低温、早熟、优质及抗病的品种。可选择番茄有限生长类型和无限生长类型，如东农704；在秋延后番茄棚室栽培时要选择耐高温、抗病、中晚熟、耐贮藏及品质优良的品种，应选择无限生长类型，如中杂9号、东农霞光等；在露地栽培时要根据我国各地的气候条件及其栽培季节选择适宜的品种。二是根据栽培的目的选择番茄品种。这里所说的栽培目的主要指生产的番茄产品的用途及其上市时期、市场的特点等方面。作为加工番茄栽培时要选择适宜加工、番茄红素含量高的品种，如东农706；作为贮藏或异地销售的番茄应选择耐贮运、货架寿命长的番茄品种，如美国大红、L402等；作为出口番茄种植，应根据出口地的消费习惯进行选择，如出口俄罗斯的番茄，应选择红果类型、硬质型、耐贮耐运的番茄品种，如以色列144、秀光等品种。三是根据稳产、高产、商品性状优良的原则选择番茄品种。栽培番茄时尽可能选择抗病虫能力强的品种。由于番茄病虫害较多，应尽量选择多抗性的品种，如中杂9号，既抗叶霉病，又抗烟草花叶病毒。四是根据特殊的栽培目的可以选择一些特色番茄品种。如鲜食小番茄圣女、黄珍珠等；观赏番茄紫圣果等。

目前我国各地栽培的番茄主要品种及其特性介绍如下：

(一) 有限生长类型品种

(1) 东农704 由东北农业大学园艺系育成的一代杂交种。1988年通过黑龙江省农作物品种审定委员会审定。着生2～3花序后封顶。株高65～70厘米，生长势强，叶片宽大，叶色浓绿。果实圆形，成熟果粉红色，单果均重160～200克，最大可达500克。果实大小均匀，成熟期集中，畸形果少，裂果程度很轻，果脐小。高抗烟草花叶病毒病。适合露地及棚室早熟栽培，露地栽培每667

米^2 产 4 000 千克，棚室栽培可达 5 000～7 000 千克。该品在全国第三轮区域试验中，矮秧组综合评比名列第一名。

（2）东农 705 是由东北农业大学园艺系育成的一代杂交种。2～3 花序封顶，植株生长势中等。成熟果粉红色，单果平均重 170～200 克。果实圆整，色泽鲜艳。高抗烟草花叶病毒病，耐筋腐病。适合棚室及露地早熟栽培，棚室平均每 667 米^2 产5 000～6 000千克。该品种早熟性好，比东农 704 早熟 5 天左右。

（3）东农 709 该品种为东北农业大学园艺系番茄课题组新育成的鲜食用杂种一代，是国家“九五”科技攻关成果。该品种生长势强，叶色浓绿，中熟。果实红色，大果型，单果平均重220～240 克。果实圆形，整齐度高，商品性状优良。最大的优点是果实硬度大，耐贮藏，耐运输，不裂果，货架期长。该品种高抗烟草花叶病毒病，品质好，产量高，平均 667 米^2 产6 000～7 000千克。适合露地、棚室早春及延后栽培。

（4）早丰 由西安市农业科学研究所育成的一代杂种。生育期 110～112 天。一般 3 穗果封顶。株高 60～65 厘米，叶量中等，生长势较强。果实圆正，果面光滑，成熟果大红色，单果平均重 150 克左右。抗烟草花叶病毒，耐寒性较强。一般每 667 米^2 产量为 5 000千克。该品种适于露地及大、中、小棚覆盖栽培。

（5）西粉 3 号 系西安市蔬菜所育成的一代杂种。植株高 60 厘米，生长势中等。第一花序着生在 7～8 节上。果实圆形，粉红色，有绿色果肩，单果平均重 150～170 克。高抗烟草花叶病毒病，耐黄瓜花叶病毒及早疫病。667 米^2 产 3 500～5 000 千克。

（6）苏抗 9 号 系江苏省农科院蔬菜所育成的一代杂种。1986 年通过江苏省农作物品种审定委员会审定。适于棚室和露地早熟栽培。生长势中等。果实圆形，成熟果粉红色，单果重 150～180 克，裂果较少。高抗烟草花叶病毒病。667 米^2 产4 500千克。

（7）霞粉 系江苏省农科院蔬菜所育成的早熟品种。1994 年通过江苏省农作物品种审定委员会审定。2～3 穗花序封顶。株高 70 厘米，生长势中等，始收期较苏抗 9 号提早 3～5 天。果实圆整，粉红色，单果重160～180克。抗烟草花叶病毒病，667米^{2}产4 500千克。

(8) 苏抗8号 由江苏省农科院蔬菜所育成。1986年通过江苏省农作物品种审定委员会审定。植株高80～90厘米，生长势较旺，结果较多，单株挂果20个左右，单果平均重180克。果实高圆形，粉红色。抗烟草花叶病毒病，667米^{2}产5 000千克。

(9) 超群 系江苏省农科院蔬菜所育成的一代杂种。2穗花序封顶。较耐低温，能够单性结实。果实扁圆形，大红色，单果平均重180克，果实自然无子。适合棚室越冬和早熟栽培。要求667米^{2}土地栽4 000～6 000株，产5 000千克。

(10) 苏11 系由江苏省农科院蔬菜所育成的早熟番茄一代杂种。株高75厘米，生长势较强，茎秆粗，叶色浓绿。果实扁圆形，大红色，果皮韧性好，不易裂果，较耐贮运。单果重180～200克。抗烟草花叶病毒病，耐黄瓜花叶病毒病。667米^{2}产5 000千克。

(11) 浦红6号 系上海市农科院园艺所育成的一代杂种。生长势强，第一花序着生在7～8节上，以后每隔1～2片叶着生一花序。果实扁圆形，成熟果大红色，单果重120～150克。抗烟草花叶病毒病，适合长江中下游地区春秋露地栽培。

(12) 浙粉杂3号 由浙江省农科院园艺所育成。植株高70厘米，生长势较强。果实扁圆形，成熟果粉红色，单果平均重120～150克。抗烟草花叶病毒病，耐黄瓜花叶病毒病。适合棚室早熟栽培，667米^{2}产4 500～5 000千克。

(13) 新番2号 由新疆农科院园艺所选育而成。1986年通过新疆维吾尔自治区农作物品种审定委员会审定。植株高65厘米，节间短，叶色深绿，第一花序着生在6～7节上，以后每隔1～2片叶着生一花序。果实扁圆形，粉红色，有绿果肩，果面光滑，果脐小，单果重130克，果肉厚0.68厘米，皮薄易裂。风味佳。667米^{2}产4 500～5 000千克。

(14) 陇番5号 甘肃省农科院蔬菜所选配的一代杂种。植株为自封顶类型，2～3花序封顶。抗烟草花叶病毒病，耐早疫病。

果实扁圆形，大红色，单果重150克左右。早熟，采收期集中，耐贮运，适应性广。667米^{2}产5 000～6 000千克。

（15）853番茄 由河南省郑州市蔬菜所育成。植株高70～90厘米，生长势强，叶色深绿。成熟果粉红色，果面光滑，果脐小，单果重135～175克。较耐寒，在春季低温条件下，坐果好，畸形果少。抗烟草花叶病毒病，耐疫病和灰霉病。667米^{2}产5 000～6 000千克。

（16）河南5号 由河南省农科院园艺所选配的一代杂种。植株为自封顶类型，主茎6～7节着生第一花序。较耐热，不抗早疫病。果实扁圆形，大红色，有青肩，果面光滑，果脐小。适合春夏及秋季露地和棚室栽培。

（17）美国大红 该品种为有限生长类型，3～4穗封顶。株高80厘米左右，生长势强，叶色浓绿。成熟果大红色，圆形，果实整齐，果肉较厚，耐贮运。单果平均重180克。适合露地及棚室栽培。产量高，一般667米^{2}产5 000～6 000千克。

（18）利生1号 该品种属于自封顶类型，一般4～5花序封顶。株高70～90厘米，生长势强，叶色深绿。成熟果大红色，圆形，果实整齐，果肉较厚，硬度较大，耐贮运，单果平均重180克左右。适合露地及棚室春秋季栽培。抗病性强，产量高，平均667米^{2}产6 000千克。

（19）合作903 该品种有限生长类型，3穗封顶。株高75厘米左右，生长势强，叶色浓绿。成熟果大红色，圆形，果实整齐，果肉厚，耐贮运。单果平均重200克。适合露地及棚室栽培。产量高，一般667米^{2}产6 000千克。

（20）合作906 该品种有限生长类型，3穗封顶。株高70厘米左右，生长势较强。成熟果粉红色，圆形，果实整齐，单果平均重180克。适合露地及棚室栽培。产量高，一般667米^{2}产5 000～6 000千克。

（二）无限生长类型品种

（1）东农707 由东北农业大学园艺系育成的一种杂种。1996

年通过黑龙江省农作物品种审定委员会审定。生长势强，叶色深绿。主茎8～9节着生第一花序。果实高圆形，果大，单果平均重180～220克，成熟果粉红色，颜色鲜艳，果实整齐度高，商品性好。高抗烟草花叶病毒病和叶霉病。适合春秋露地及棚室栽培。一般667米^{2}产6 000～7 000千克。

(2) 东农708 该品种为东北农业大学园艺系番茄课题组育成的鲜食用杂种一代，是国家“九五”科技攻关成果。生长势较强，早熟，果实粉红色，颜色鲜艳，大果型，单果平均重230克。果实圆形，稍扁，整齐，商品性好，酸甜可口，品质极佳。高抗烟草花叶病毒病，平均667米^{2}产6 000～7 500千克。适合棚室及露地栽培。该品种是目前国内替代韩国番茄的最佳品种。

(3) 东农715 无限生长类型，植株深绿，生长势较强，属于中晚熟品种。成熟果实粉红色，颜色鲜艳，圆形，果脐小，果肉厚，光滑圆整，平均单果重230～250克，最大可达500克。硬度大，耐贮运，耐裂果，高抗ToMV、叶霉病、枯萎病和黄萎病。耐低温性好，低温下果实发育速度快，不容易出现畸形果。是代替美国圣尼斯公司欧盾番茄品种的最佳品种。

(4) 东农716 无限生长类型，植株颜色深绿，生长势较强，中晚熟。幼果无青肩，成熟果红色，颜色鲜艳。果实圆形，果脐小，果肉厚，光滑圆整，平均单果重220～240克，最大可达500克。硬度大，耐贮运，抗裂果，货架期20天。高抗ToMV、叶霉病、枯萎病和黄萎病。耐低温性好，低温下不容易出现畸形果。

(5) 中杂9号 中国农业科学院蔬菜花卉所选育的一代杂种。植株生长势强，中晚熟。主茎第八节着生第一花序。抗烟草花叶病毒病和叶霉病。果实圆形，粉红色，有青肩，不易裂果，畸形果少，单果平均重180～220克。产量高，品质好，适于露地和棚室栽培。667米^{2}产6 000～7 000千克。

(6) 中杂8号 由中国农业科学院蔬菜花卉所选育的一代杂种。生长势强，叶色浓绿，熟期较晚。抗烟草花叶病毒病和叶霉病。成熟果实大红色，圆形，不易裂果，畸形果少。单果平均重

180～200 克。适合露地及棚室栽培。一般 667 米^2 产 6 000～7 000 千克。

（7）佳粉 2 号 北京市蔬菜研究中心选育的一代杂种。主茎 7～9 节着生第一花序。抗病性强。果实扁圆形或圆形，粉红色，单果平均重 220 克，果实整齐度高，品质好。适于棚室及露地栽培。一般 667 米^2 产 5 000 千克。

（8）佳粉 15 北京市蔬菜研究中心育成的一代杂种。生长势较弱，中熟。高抗烟草花叶病毒病和叶霉病。较耐低温和弱光。果实扁圆形，粉红色，有青肩，单果平均重 250 克。适合大棚及日光温室栽培。667 米^2 产 5 000 千克以上。

（9）L402 辽宁省农业科学院园艺所选育的一代杂种。生长势强。主茎第八节左右着生第一花序。抗病毒病，耐青枯病，耐低温和弱光。果实圆形，粉红色，有青肩，果面光滑，果脐小。成熟后果实胶状物为绿色。单果平均重 180～220 克，果实整齐。适合露地及棚室栽培。产量高。667 米^2 产 6 000～7 000 千克。

（10）沈粉 3 号 辽宁省沈阳市农科院选育的一代杂种。熟期较晚，主茎 9～10 节着生第一花序。抗病毒病，较抗叶霉病。果实扁圆形，粉红色，果面光滑，单果平均重 200 克。适合春季露地及秋季大棚栽培。一般 667 米^2 产 6 500 千克。

（11）佳粉 10 号 系北京市蔬菜研究中心配制的一代杂种。1986 年通过北京市农作物品种审定委员会审定。生长势强，节间较长，叶片较窄。果实圆形或稍扁圆形，单果重 150 克左右，成熟果粉红色，品质佳。抗烟草花叶病毒病。667 米^2 产 5 000 千克。

（12）毛粉 802 系西安市蔬菜研究所选育的一代杂种。1989 年通过陕西省农作物品种审定委员会审定。有 50%的植株全株上长有长而密的白色茸毛，生长势强。第一花序着生在 9～10 节上，晚熟。果实圆整，粉红色，果脐小。抗烟草花叶病毒病和黄瓜花叶病毒病，对蚜虫和白粉虱的抗性也较强。667 米^2 产 4 000～5 000 千克。适合棚室及露地栽培。

（13）中杂 7 号 中国农科院蔬菜花卉所选育的一代杂种。高抗烟草花叶病毒病和叶霉病，对灰霉病和晚疫病也有一定的抗性。较耐弱光。果大，近圆形，粉红色，无青肩，整齐度高，单果平均重 200 克，裂果严重。适合大棚及日光温室栽培。一般 667 米^2 产 5 000 千克。

14. 目前番茄生产中推广的早熟品种有哪些？其特性如何？

（1）早魁 西安市蔬菜研究所培育的一代杂种。株高 55～65 厘米，株幅 50 厘米，株型紧凑，适于密植；生长势中等，叶量较小。第一花序着生于 6～7 节，主茎第二至三花序后封顶。果实圆形、整齐，果脐小，果面光滑，成熟果大红色，单果重 100～150 克，最大 350～400 克。风味酸甜适度，品质中上。极早熟品种。成熟集中，果实膨大及变色快，适于早熟栽培。抗烟草花叶病毒病，耐寒性强，耐热性差。陕西、华北及华东部分地区均可种植。

（2）苏抗 9 号 江苏省农业科学院蔬菜研究所育成。属有限生长类型，植株生长势较强，株高 80～90 厘米，主茎第六至七节着生第一花序，以后每隔 1～3 片叶出现一花序，2～3 花序自行封顶。早熟种。果实高圆形，果色粉红，青果有绿果肩。单果重 170～180 克，裂果少，味甜，可溶性固形物含量 4.5%～5.1%。高抗烟草花叶病毒病。适宜作保护地早熟栽培，也可在露地栽培。每 667 米^2 产量 5 000 千克左右。适宜江苏、安徽、上海、四川等省、直辖市栽培。

（3）苏抗 11 江苏省农业科学院蔬菜研究所选育的早熟品种。株高 75 厘米，生长势强，茎秆粗，叶色浓绿。果实扁圆形，大红色，果皮韧性好，不易裂果，耐贮运。单果重 180～200 克。植株上下部结果比较均匀，果实商品率高。该品种抗病性强，除抗烟草花叶病毒外，对黄瓜花叶病毒亦有较好的耐病力，对叶部真菌性病害也有相当强的抗性。每 667 米^2 产量 5 000 千克。适宜江苏、安徽、浙江、四川、上海等地栽培。

（4）江蔬 14 江苏省农业科学院蔬菜研究所最新育成的早熟、

抗病、丰产的大果型一代杂种。植株自封顶，株高 80～90 厘米，叶色深绿，生长势强，主茎 3～4 穗花序封顶。果实近高圆形，成熟果大红色，果面光滑，圆整，硬度大，不易裂果，耐贮运，单果重 230 克左右，可溶性固形物含量 5.0%～5.1%，品质优，商品性强。植株上下部果实大小均匀，低温下坐果能力强，抗烟草花叶病毒病和叶霉病。适合于保护地及早春露地栽培，每 667 米^2 产量 5 000 千克左右。

(5) 霞粉 江苏省农业科学院蔬菜研究所育成的极早熟番茄品种。株高 70～90 厘米，主茎 2～3 穗花序封顶，始收期较苏抗 9 号提早 3～5 天，生长势强，果实圆整、粉红色，单果重 180～200 克，畸形果少，可溶性固形物含量 5.0%～5.22%，口感佳。高抗烟草花叶病毒。适宜保护地栽培，也可露地栽培，每 667 米^2 产量 4 500 千克左右。适于江苏、安徽、上海、四川、浙江、山东、湖南、湖北等地栽培。

(6) 早丰 西安市蔬菜研究所选育的一代杂种。株高 60～70 厘米，株幅 60 厘米左右，生长势较强，叶量中等，叶色深绿。第一花序着生于 6～7 节，主茎第三至四花序封顶。花繁，坐果率高，果形大而圆整，脐小，单果重 150～200 克。果面光滑，成熟果大红色，品质好。早熟品种，适于作保护地及露地早熟栽培。对低温适应能力强，果实商品性好，适应性强，南北方均可栽培。

(7) 西粉 3 号 西安市蔬菜研究所培育的一代杂种。株高53～55 厘米，生长势较强，第七叶上方着生第一花序。果形较大、圆整，粉红色，有青肩，平均单果重 150 克左右。品质好，属早熟品种，抗烟草花叶病毒病。适于春季保护地早熟栽培。我国南北各地均可种植。

(8) 浦红 6 号 上海市农业科学院园艺研究所选配的一代杂种。生长势强，第七至八节着生第一花序。果实扁圆形，幼果有绿色果肩，成熟果红色，单果重 120～150 克。早熟品种，对烟草花叶病毒病有较强的抗性，耐黄瓜花叶病毒病，适于春季和秋季露地栽培。长江中下游地区均可种植。

(9) 皖红1号 安徽省农业科学院园艺研究所选育的一代杂种。具有早熟、高产、抗病、优质、耐贮运等特点。长势较强，株高61～65厘米，株型紧凑。第七节开始着生第一花序，2～4花序封顶。果实圆整、红色，单果重150～200克，最大可达500克，无裂果，无畸形果。酸甜适中，品质极佳。高抗烟草花叶病毒病，较抗枯萎病。适于春、秋两季栽培，特别适合秋季栽培。南方各省均可种植。

(10) 东农702 东北农业大学园艺系育成的一代杂种。株高50～60厘米，长势较强，叶色浓绿。每隔1～2叶着生一花序，一般着生2～3花序自行封顶。果实多集中在1～2花序，呈微扁圆形，果红色，单果重125～150克，最大可达350克，无裂果，风味可口。早熟种。高抗烟草花叶病毒病，适于露地及大棚栽培，也可作无支架栽培。东北、西北、华北及浙江、江苏、上海、湖北等地均可种植。

(11) 东农704 东北农业大学园艺系育成的杂交一代。该品种为自封顶生长类型，2～3花序封顶，早熟，成熟集中，生长势较强。果实粉红色、鲜艳，果实中大，平均单果重180～220克，最高可达500克。果实圆形，商品性好，整齐度高，品质佳。高抗烟草花叶病毒病，早期产量高，平均每667米^{2}产量5 000～6 000千克。适于保护地大棚早熟栽培及露地栽培。

(12) 齐番6号 齐齐哈尔市蔬菜研究所选配的一代杂种。自封顶类型，粉红果，单果重140～160克。极早熟，从出苗至始收约95天，从始收至终收约10天，平均早期产量占总产量的85%左右，耐病毒病，适宜密植。

(13) 陇番3号 甘肃省农业科学院蔬菜研究所选用早熟亲本10-2-4-1-6与5-78-6-7-6-2-1组配的番茄一代杂种。果实扁圆形，大红色，单果重135～150克。极早熟，可比早丰提前7～10天采收，且采收集中。

(14) 湘番1号 湖南省长沙市蔬菜研究所选配的一代杂种。早熟，自封顶类型，长势强，株高60～74厘米，第一花序着生在

第九节上，坐果率高。果实红色、光滑、圆整，单果重100克左右，品质较好。抗青枯病，兼抗烟草花叶病毒病。

（15）海粉962 江苏省海安县蔬菜研究所选育的一代杂种。早熟，为有限生长类型。生长势强，株高90～100厘米，主茎第六至七叶着生第一花序，第一花序与第二花序并连封顶，间隔1叶，侧枝再延续生长。每花序4～6朵花。第一穗果膨大较快。果实成熟时粉红色，单果重171～198克。果形整齐，裂果少，可溶性固形物含量6.14%，商品性好，风味佳。一般每667米^{2}产量4 500～5 000千克。

（16）年丰 广州市蔬菜科学研究所育成的耐热、抗青枯病杂交一代新组合。有限生长类型，生长势强，株高120厘米。早熟，第一花序着生于第七至九节。商品果圆形、大红色、无绿肩，单果重95～110克，果形均匀一致，畸形果少，皮厚，耐裂果，较耐贮运。抗青枯病，耐病毒病，耐热。适于华南地区栽培。

（17）扬粉931 扬州大学农学院园艺系选育的一代杂种。适于保护地早熟栽培。植株为有限生长型，低温下单性结实。果实粉红色、圆整，单果重130～150克，畸形果率低，可溶性固形物含量4.5%，品质优良。早熟种。可作大棚春季早熟栽培。

（18）中杂10号 中国农业科学院蔬菜花卉研究所育成的一代杂种。植株为自封顶生长类型。生长势较强。果实圆整，幼果有绿色果肩，成熟果粉红色。单果重110～150克。畸形果和裂果少，果实品质优良，可溶性固形物含量为5%。低温下坐果能力较强，果数较多。抗番茄花叶病毒病，早熟品种，早期产量高，有利于早上市。每667米^{2}产量3 000千克左右。适于早春露地栽培。

（19）佳粉15 北京市农林科学院蔬菜研究中心育成的一代杂种。适于保护地栽培，有两个抗叶霉病基因和高抗烟草花叶病毒病的*Tm-2a*基因。抗逆性好，坐果率高，早熟，产量高。果实粉红色、圆形或扁圆形，果大，品质优，平均单果重200克左右。在全国各地均可栽培。

（20）凯萨 荷兰进口，无限生长型，早熟品种，比一般品种早7天左右上市，高抗TY病毒，单果重250～300克，果实粉红靓丽，色泽鲜艳，果圆形，果实大小均匀，硬度大、耐贮运。植株长势强健，耐低温弱光，连续坐果能力强，产量高。耐叶斑病、抗根结线虫，抗早晚疫、青枯病、病毒病，无青皮、无青肩，不裂果、不空心。适宜秋延迟、越冬和早春保护地栽培。

（21）百利 荷兰进口，无限生长型，早熟，生长势旺盛，坐果率高，丰产性好，耐热、耐寒性强，适合于早秋、早春、日光温室和大棚越夏栽培，果实大红色、圆形、中型果，单果重200克左右，色泽鲜艳，口味佳，无裂纹，无青皮现象，质地硬，耐运输，耐贮藏，适合于出口和外运，抗烟草花叶病毒、筋腐病、枯萎病。

（22）阿姆斯丹F1番茄 高抗黄曲叶病毒，荷兰引进一代番茄杂交品种，无限生长型；早熟性突出，叶量适中，果实膨大速度快，高抗番茄黄化曲叶病毒（TYLCU）、叶霉病和枯萎病，成熟果粉红色；果实高圆形，单果重300克左右，口感佳，商品性好，耐贮运，适应性广，抗病性突出，是目前国内番茄种植基地、病毒病重灾区首选品种。

（23）荷粉 来自荷兰，无限生长型，特早熟，比其他品种早熟15天左右，抗病性强，果色粉红，大小均匀，坐果集中，多心室，皮厚，果实紧硬，果大肉厚，耐低温、耐热性强，耐贮运，坐率高，平均单果重300～350克，每667米^{2}产量15 000千克左右，该品种高抗根结线虫病，叶霉病、枯黄萎病和花叶病毒病。高抗番茄花叶病毒（ToMV）和黄瓜花叶病毒（CMV），抗叶霉病、枯萎病、灰霉病，高抗根结线虫，早晚疫病发病率低，没有发现筋腐病。植株生长势强，叶片较小，叶量较稀，光合率高，果实膨大快，低温寡照情况下坐果良好，是日光温室、春秋大棚和春提早中小棚栽培的最佳品种。

（24）皖粉5号 安徽省农业科学院园艺研究所育成，无限生长类型，植株生长势强，抗逆性好。熟性早，始花节位7节，花序间叶数1～2片。始花至始收45～46天。耐低温弱光，易坐果。果实粉红色，果形高圆，无青肩，果脐小，畸形果极少，商品果率高。一般单果重200～300克，可溶性固形物含量6%，甜酸适度，糖酸比7.5，硬度1.1千克/厘米²。口感佳，风味浓，果皮厚，耐贮运。一般每667米²产量7 500～8 000千克。高抗TMV、早疫病，抗CMV、叶霉病，耐枯萎病。最适宜保护地栽培。

（25）金棚M6 由金棚种苗有限公司经销，无限生长型。植株性状、商品性、成熟期和金棚1号相当，果实粉红色，高抗根结线虫、番茄花叶病毒，中抗黄瓜花叶病毒。果实硬度显著优于金棚1号，高圆形，光泽度好，耐贮运，货架寿命长。一般单果重达200～250克，大的可达350克以上。连续坐果能力优于金棚1号，可连续坐4～5穗果。适宜根结线虫严重地区的温室、大棚秋延后、春提早栽培。

（26）粉冠一号 无限生长型，特早熟，比其他品种早熟15天左右，抗病性强，果色粉红，大小均匀，坐果集中，多心室，皮厚，果实紧硬，耐低温、耐热性强，坐果率高，平均单果重300～500克，每667米²产量15 000千克左右。抗病性强，植株生长势强，叶片较小，叶量较稀，光合率高，果实膨大快，低温光照情况下坐果良好，是日光温室、春秋大棚和春提早中小棚栽培的最佳品种。

（27）日本硬粉 济南学超种业有限公司经销，早熟不早衰，连续坐果能力强；耐低温，不易产生空洞畸形及裂果；耐弱光，叶片中等，通风透光性好；抗病性，抗黄枯萎病，高抗霜霉病和叶霉病；硬度极高，耐运输，货架期长；果面光滑，品质极佳。

15. 目前番茄生产中推广的中早熟品种有哪些？其特性如何？

（1）苏抗4号 江苏省农业科学院蔬菜研究所育成。中早熟种，有限生长类型，植株生长势较强，株高80～100厘米，主茎第七至八节着生第一花序，花序间隔2～3片叶，4～5花序自行封顶。果实扁圆形，果色大红，未成熟果有绿果肩，平均单果重180

克以上，裂果率低，品质好，风味佳，可溶性固形物含量 5%左右。高抗烟草花叶病毒病。适宜大、小棚及露地种植。每 667 米^2 产量 5 000 千克左右。适宜华东、西南部分省、直辖市及甘肃省栽培。

（2）苏抗 5 号 江苏省农业科学院蔬菜研究所配制的一代杂种。生长势强，株高 1 米左右，叶片深绿，叶肉较厚，成株中下部叶片微卷。4～5 花序封顶。果圆形、大红色、有绿果肩，单果平均重 150 克。果肉较厚，酸甜适中。中早熟。高抗烟草花叶病毒病、早疫病，耐晚疫病。适宜保护地栽培和露地栽培。江苏省及长江中下游地区均可种植。

（3）中丰 西安市蔬菜研究所配制的一代杂种。株高 55～65 厘米，生长势强，叶量较大。单果重 150～200 克，最大 500 克以上。果形圆整，果色红，商品性好。中早熟，抗烟草花叶病毒病。适于春、秋露地栽培及塑料拱棚栽培。

（4）东农 703 东北农业大学园艺系选配的一代杂种。长势强，株高 60～70 厘米，叶色浓绿。2～3 花序封顶。果实圆整、红色，果面光滑，无裂果，单果重 125～160 克，品质较好。中早熟种。高抗烟草花叶病毒病。适于春季露地及大棚栽培。东北、华北、西北及长江流域部分地区均可种植。

（5）东农 709 东北农业大学园艺学院选育的一代杂种。有限生长类型，2～3 花序封顶，中早熟，熟期较东农 704 晚 3～5 天。生长势强，叶色深绿。果实圆形、鲜红色、着色均匀，果脐小，果肉厚，汁少，糖酸比 4.5。果实硬，耐贮运，可溶性固形物含量 4.6%。果实整齐度好，平均单果重 230 克。抗烟草花叶病毒病和枯萎病，平均 667 米^2 产量 7 000～7 500 千克。适合保护地栽培。

（6）合作 903 上海长征良种试验场选育的杂种一代品种。中早熟类型，自封顶，生长势强，第一花序着生在第七节。抗病毒病能力强。丰产性好，平均单果重在 300 克以上，属超大果型。果色红艳；扁圆球形，果肉厚，口感好。果皮厚，抗裂果，耐运输，易贮藏。可作大棚春季早熟和露地栽培。

（7）合作906 上海长征良种试验场选育的杂种一代品种。属中早熟类型，自封顶，生长势强，第一花序着生于第六至七节，以后每隔2叶着生一花序。果实粉红色，果肉厚，果形圆整，果皮较厚，抗裂果，耐运输，易贮藏，商品性好。抗病毒病能力强，丰产性好。可作大棚春季早熟栽培和露地栽培。

（8）江配3号 上海市嘉定区江桥镇蔬菜良种场培育的高产、优质、耐贮运杂交一代新品种。有限生长型，生长势强，株高85～90厘米。第六至七节着生第一花序，每穗花6～7朵。果实圆整，畸形果少，果大，果色大红，商品性好，平均单果重300克。可溶性固形物含量高，味略甜，酸味较少，丰产性好。中早熟品种，适应性广。可作大棚春季早熟和露地栽培。

（9）浙杂5号 浙江省农业科学院园艺研究所育成。株高150厘米以上，生长势强，叶片大而厚，叶色浓绿。第一穗果着生在主茎第七至八节上，以后每隔3片叶着生一穗果。果实高圆形，果大，单果重150克左右，最大果重500克以上。幼果无绿肩，成熟果鲜红色，美观，果皮厚，耐贮运，酸甜可口，是加工制酱和鲜销兼用的优良品种。中早熟种。适应性强，耐瘠，耐碱，适于春季露地或早熟覆盖栽培。

（10）中杂12 中国农业科学院蔬菜花卉研究所育成的一代杂种。植株属无限生长类型。生长势中等，叶量中等。单总状花序，每花序坐果5～7个，坐果率高达92.7%。果实高圆形，幼果有绿色果肩，成熟果红色。单果重170～400克。畸形果和裂果少，成熟果实硬度大。可溶性固形物含量为4.7%，甜酸适口，品质佳。抗番茄花叶病毒病，耐黄瓜花叶病毒病，抗叶霉病、枯萎病。脐腐病和筋腐病也很少发生。中早熟种。每667米^{2}产量5 000～8 000千克。适于保护地栽培，特别适合春季大棚栽培。

（11）佳粉10号 北京市蔬菜研究中心选配的一代杂种。生长势强，节间较长，普通叶，叶片较窄，叶色深绿。果实呈扁圆形，成熟果粉红色，果大，单果重150～200克，最大可达500克以上，坐果率高，酸甜可口，品质好。中早熟。适应性强，抗烟草花叶病毒病。适于春露地及春季大棚栽培。

（12）东农708 东北农业大学园艺学院育成的中早熟一代杂种。无限生长类型，叶片较小，植株深绿，生长势强，早熟性好，生育期115天左右。果实粉红色，颜色鲜艳，大果型，平均单果重230克，最大可达400～500克。果实圆形稍扁，整齐度高，商品性好，口感甜酸可口，品质极佳。高抗烟草花叶病毒病、枯萎病、叶霉病、根结线虫病四种病害，平均每667米^{2}产量达6 000～7 000千克。适于保护地早春栽培。

（13）L-402 辽宁省农业科学院选育。无限生长类型。植株生长势较强，耐低温、耐弱光。叶色淡绿，叶脉绿色，第七至九节着生第一花序。果实高圆形，果肉厚，果脐小，果实较大，平均果重200克左右，均匀整齐，味甜质沙，果实硬度大，耐贮运。中早熟品种。对病毒病、青枯病、灰霉病和叶霉病等多种病害均有较强抗性。既适于露地栽培，也适宜冬春温室和大棚栽培。

（14）保冠 西安皇冠蔬菜研究所培育的高秧粉果杂交种。无限生长类型。植株生长势中等，叶片较稀。主茎第七至八节着生第一花穗，以后每隔3叶着生一个花穗。自然坐果能力强，果实膨大速度快。果实圆形，表面光滑发亮，基本无畸形果和裂果。单果重250～350克，果皮厚，果肉致密，耐贮运，货架期长，口感风味好。中早熟，前期产量高。高抗叶霉，枯萎病、晚疫病、灰霉病发病率低，无筋腐病，耐热性好，每667米^{2}产7 500～10 000千克。

（15）佳粉17 北京市蔬菜研究中心育成的一代杂种。无限生长类型。叶片较稀疏，有利于通风透光，不易徒长。植株披有茸毛，可避蚜虫、温室白粉虱等害虫及防病。第一花序着生在第六至八节。果实圆到扁圆，幼果有绿色果肩，成熟果粉红色。畸形果和裂果少，品质优良。高抗番茄花叶病毒病，中抗黄瓜花叶病毒病，早疫病和晚疫病发病较轻。中早熟种。每667米^{2}产6 657千克。适于保护地和露地栽培。

（16）中杂102 中国农业科学院蔬菜花卉研究所育成的一代杂种。无限生长类型。叶量中等，中早熟，抗病性强。最显著的特点是连续坐果能力强，单株可留6～9穗果，每穗坐果5～7个。果实大小均匀，果色鲜红，平均单果重150克左右。耐贮藏运输，货架期长，可整穗采收上市，每667米^{2}产量达6 000～8 000千克。最适合春、秋温室栽培，也适合大棚和露地栽培。

(17) 美利 由荷兰瑞克斯旺公司育成，无限生长型品种，中早熟，丰产性强，坐果好且果实整齐，周年栽培每667米^{2}产量为20 000千克左右。适合早秋、秋冬和早春日光温室和大棚、南方露地越夏栽培。果实圆形微扁，红色，口味好，中大型果，单果重200～230克，果实硬，耐运输，耐贮藏。抗番茄花叶病毒病、黄萎病、枯萎病、线虫病、根腐病及灰叶斑病。

(18) 瑞芬 由荷兰瑞克斯旺公司育成，无限生长型品种，中早熟，丰产性强，坐果好。适合早秋、早春日光温室栽培。果实圆形微扁，粉红色，口味好，中大型果，单果重200～230克，果实较硬。抗番茄花叶病毒病、黄化曲叶病毒病、叶霉病、枯萎病、根腐病、灰叶斑病、黄萎病及线虫病。

(19) 欧盾 是美国圣尼斯种子公司最新选育出的耐贮运番茄新品种。为无限生长型，果色粉红，中早熟，果高圆形。果皮坚硬，特耐运输，贮藏期可达30天左右，适宜长途运输和贮存，是出口、内销的首选品种。果实大小均匀，平均单果重220～260克。无青皮，无青肩，无畸形，不裂果，不空心，商品果率达到98%以上，商品性优异。抗病性强，高抗烟草花叶病毒、黄瓜花叶病毒、条斑病毒等，抗细菌性叶斑病、溃疡病、早疫病、晚疫病、根腐病、灰霉病等多种病害。适宜秋延迟、深冬、早春保护地栽培，是目前国内所有番茄品种的佼佼者，是一个划时代的优秀品种。

(20) 欧斯帝 来自荷兰，种子高抗TY病毒，无限生长型，中早熟，果实深粉红色，商品性超群。硬度极高，硬度与欧洲红果相当，在粉果中罕见，极耐贮运，表现优于普罗旺斯、欧盾。本品长势较强，比普通番茄早熟10天左右，叶量中等，果实为深度粉红色，果型圆正均匀，单果重220～280克，畸形果极少，连续坐果能力极强，一般单穗可坐6～10个果，每667米^{2}产量可达

15 000千克左右，单株连续10穗以上果不早衰。高抗TY病毒病、枯萎病、叶霉病及早晚疫病，对线虫病有较高抗性。

(21) 中杂101 中国农业科学院蔬菜花卉研究所育成，无限生长类型，节间长，生长势强，于第8节着生第1花序，4穗株高平均107厘米。中早熟，果实圆形，幼果有绿果肩，成熟果粉红色，单果重量200克左右，商品性好。高抗叶霉病和ToMV，抗黄萎病和CMV，中抗南方根结线虫。

(22) 金冠5号 辽宁省农业科学院培育，无限生长型，普通叶，第5～6节位着生第1花序，花序间隔3片叶，每果穗有3～6个果。幼果稍有绿果肩，成熟果实粉红色，扁圆形，果面光滑。畸形果率3%，裂果率13%。平均单果重179克左右，果实中可溶性固形物含量3.8%左右。果实硬度高，耐贮运。中早熟，前期产量占总产量的67%。抗叶霉病、病毒病、筋腐病等病害，耐低温弱光，丰产稳定。该品种适于保护地栽培。

(23) 瑞特F1 中早熟无限生长型，植株生长势强，叶量中等，光合率高，果实大红色，圆形，大小均匀，无绿肩，色泽艳丽，着色均匀，硬度强，特耐贮运，单果重250～300克，产量极高，高产可达15 000千克以上。口味极佳，商品性特优。抗逆性强，耐低温弱光性好。坐果集中，坐果率高，高抗病毒病、叶霉病、枯萎病，耐根结线虫。适合南、北各地大棚、露地种植。

16. 目前番茄生产中推广的中熟品种有哪些？其特性如何？

(1) 苏粉8号 江苏省农业科学院蔬菜研究所最新育成的无限生长粉果类型一代杂种。中熟；主茎第八至九节着生第一花序，花穗间隔3叶，生长势中等，叶片较稀。果实高圆形，果皮厚而坚硬，冬春季节栽培裂果和畸形果少，耐贮运，果形大。幼果无绿果肩，成熟果粉红色，无棱沟，着色均匀一致，极富光泽，每穗留3～4果时单果重200～250克。坐果性极佳，在较低温度下坐果率高，在弱光条件下连续坐果能力强，果实膨大快。高抗叶霉病、番茄花叶病毒病，抗枯萎病，灰霉病、晚疫病发病率低，无筋腐病。每667米^{2}产量可达8 000千克以上。适宜南方大棚和北方日光温室栽培，也可在长江以南地区作高山栽培或露地栽培。

（2）中蔬5号　中国农业科学院蔬菜花卉研究所选育的新品种，又名强辉。长势强，叶色浓绿。果实近圆形，粉红色，单果重150克，果面光滑，畸形果少。果实酸甜适中，品质优良。中熟种。高抗烟草花叶病毒病，耐黄瓜花叶病毒病。适宜露地栽培，也适于春秋大棚、温室等保护地栽培。适应性较广，全国各地均可种植。

（3）东农710　东北农业大学园艺学院育成。无限生长类型。生长势较强，叶色深绿，果实圆形，未熟果、幼果白绿色，且无青肩，成熟果为鲜红色，着色均匀，果面光滑圆整，果脐小，果肉厚，叶少，果实大小均匀，商品性好，平均单果重180～200克，无畸形果，不裂果，可溶性固形物含量为5.3%，每100克鲜重维生素C含量21.1毫克。高抗番茄花叶病毒病、叶霉病、枯萎病、黄萎病。平均每667米^{2}产量达4 850千克。适宜大棚及温室长季节栽培。

（4）东农711　东北农业大学园艺学院育成。无限生长类型，叶色浓绿，生长势较强，抗逆性强，中熟。果实红色，着色均匀，颜色鲜艳，果面光滑圆整，中果型，平均单果重160～180克。果实圆形，整齐度极高，商品性状优良。果实硬度极大，耐贮运，不裂果，货架期长，可达25～30天。高抗烟草花叶病毒病、黄萎病和枯萎病。适合大棚及温室长季节栽培。

（5）中杂11　中国农业科学院蔬菜花卉研究所选育的杂种一代。无限生长型，生长势强，节间稍长，中熟。单式花序，每序坐果4～6个，坐果率高，果实大，单果重200克左右。果实圆形，幼果无绿肩，成熟果粉红色，畸形果、裂果少，成熟果实硬度中等。可溶性固形物含量5.1%，糖酸比5.7，甜酸适中，品质佳。高产，适于各种保护地栽培，尤其适合大棚栽培。抗番茄花叶病毒0、1株系，抗叶霉病和枯萎病；脐腐病、筋腐病等生理病害也较少发生。

（6）中杂7号 中国农业科学院蔬菜花卉研究所育成，为保护地专用一代杂种。中熟。粉果，果形圆整，畸形果少，甜酸适中，品质优良。高抗番茄花叶病毒病，中抗黄瓜花叶病毒病，抗番茄叶霉病生理小种1.2.3和1.2.3.4。栽培适应性广。

（7）中杂4号 中国农业科学院蔬菜花卉研究所选配的一代杂种。长势强，株高81厘米，普通叶，单式花序。果实圆整，单果重142克，粉红色，有绿果肩，裂果轻，果实品质优良。中熟种。适应性较强，高抗烟草花叶病毒病，对黄瓜花叶病毒病和晚疫病也有一定的抗性，适于露地栽培，也可在大棚种植。我国大部分地区均可种植。

（8）中蔬6号 中国农业科学院蔬菜花卉研究所育成的一代杂种。无限生长类型。叶量较大，叶色深绿，生长势强。第一花序着生在第八至九节，以后各花序间隔3叶，节间短，果实微扁圆形，红色，单果重约147克。果皮较厚，裂果少，较耐贮运。每100克果实含可溶性固形物5克，酸0.51克，维生素C17.6毫克，品质优良。高抗番茄花叶病毒病。中熟种。每667米^{2}产量达4 500～6 500千克。适于春露地及春、秋大棚栽培。

（9）中杂8号 中国农业科学院蔬菜花卉研究所育成的一代杂种。无限生长类型。叶量中等，生长势强，坐果率高，每花序坐果4～6个。果实近圆形，幼果有深绿色果肩，成熟果红色。果实均匀一致，单果重160～230克。畸形果率0～1.9%，裂果率0～1.5%，果实硬。每100克果实含可溶性固形物5～5.3克，维生素C12.9～20.6毫克，甜酸适中，风味好，品质优。高抗番茄花叶病毒病，中抗黄瓜花叶病毒病，抗番茄叶霉病。中熟种。每667米^{2}产量达5 000～7000千克。适于保护地栽培，露地栽培也表现较好。

（10）中蔬4号 中国农业科学院蔬菜花卉研究所育成的一代杂种。无限生长类型。生长势强。坐果率83.2%。果实圆整、均匀、粉红色。单果重180克左右。裂果较轻。可溶性固形物含量为4.6%左右，品质好。抗番茄花叶病毒病，对晚疫病也有一定抗性。中熟种。露地栽培每667米^{2}产量达5 000千克左右。

(11) 强丰 中国农业科学院蔬菜花卉研究所选育的品种。株高62厘米，长势强，普通叶，叶色深绿。主茎第七至八节着生第一花序。果实高圆形、粉红色、大小均匀，单果重165克左右，酸甜适中，品质好。果皮较薄，易裂果。中熟种。较抗病毒病和晚疫病。适于露地搭架栽培，全国各地均可栽培。

(12) 双抗2号 北京市蔬菜研究中心选育的保护地专用杂种一代。叶片碎小，叶色深绿。第一花序着生在第九节上，以后每隔3叶着生一花序。幼果有绿色果肩，成熟果粉红色，果实稍扁圆或圆形，成熟集中，单果重150～250克，果皮较薄。中熟种。对番茄叶霉病接近免疫，高抗烟草花叶病毒病，耐黄瓜花叶病毒病。适于温室及春季大、中、小棚覆盖及秋季大棚栽培。我国南北均可种植。

(13) 晋番茄4号 山西省农业科学院蔬菜研究所选育的一代杂种。无限生长类型，中熟种。植株生长势强，普通叶，叶色深绿，节间短，第六至七节着生第一花序，花序间隔3片叶，单式总状花序，连续坐果性强，一般每序花坐果4～5个。成熟果大红色，幼果有绿色果肩，果色鲜艳，果面光滑，不易裂果，果肉厚，果脐小，果实近圆形，果形指数0.85，单果重200～300克，畸形果率0～2.2%，裂果率0～0.9%，甜酸适中。抗病毒病、叶霉病、早疫病等病害。北方地区栽培一般每667米^{2}产量6 000～8 000千克。

(14) 浙粉202 浙江省农业科学院园艺研究所育成的杂交一代种。中熟，第九叶节着生第一花序，长势中等；茎秆稍细，叶稀疏，叶片小；果实近圆形，果皮厚而坚韧，果肉厚，裂果和畸形果极少；青果无果肩，成熟果粉红色，着色一致；平均单果重300克左右，大果可达450克以上。高抗烟草花叶病毒病，耐黄瓜花叶病毒病、叶霉病和枯萎病；每667米^{2}产量可达10 000千克以上。耐低温和耐弱光性好，适合冬春季南方大棚栽培和北方日光温室栽培。前期产量高，果实大小均匀，果皮厚，裂果和畸形果少，耐贮运。

(15) 佳粉16 北京市蔬菜研究中心育成的一代杂种。植株属无限生长类型，生长势强，第一花序着生于第七至八节上。果实稍扁圆或圆形，幼果有绿色果肩，成熟果粉红色。平均单果重200克。高抗叶霉病、病毒病。中熟种，留3穗果，每667米^{2}产量5 000千克以上。适于春、秋季保护地栽培。

(16) 方舟 由荷兰瑞克斯旺公司育成，无限生长型，中熟，丰产性强，坐果好。适合早秋、早春日光温室栽培。果实圆形微扁，红色，口味好，中大型果，单果重200～230克，果实硬，耐运输，耐贮藏。抗番茄花叶病毒病、黄萎病、枯萎病、线虫病。

(17) 百丰 海南晨峰生态农业科技有限公司经销，无限生长，中熟，红果，果实扁圆形，色泽红亮，长势旺盛，耐热性好。硬度极好，单果重约200克。抗ToMV等。

(18) 东农719 粉果，无限生长型。中熟，成熟果实粉红色，无绿果肩，果实高圆形，平均单果重为202克，果实整齐度中等，较硬，可溶性固形物含量5.3%。畸裂果率13.8%，商品果率83.3%。田间表现抗病毒病和叶霉病。

(19) 中杂107 中国农业科学院蔬菜花卉研究所育成，粉果，无限生长型。中熟，植株生长势强。成熟果实粉红色，无绿果肩，果实圆形，平均单果重为199克，果实整齐度中等，硬度中等，可溶性固形物含量为4.7%。畸裂果率20.5%，商品果率77.2%。田间表现抗病毒病和叶霉病。

(20) 申粉V-1 粉果，无限生长型。中熟，生长势强，成熟果实粉红色，无绿果肩，果实圆形，平均单果重为158.6克，果实整齐度中等，较硬，可溶性固形物含量为4.7%。畸裂果率14.0%，商品果率82.6%，田间表现抗病毒病和叶霉病。

(21) 东农712 粉果，无限生长型。中熟，植株生长势强，花序间隔三片叶，幼果无青肩，成熟果实粉红色，颜色鲜艳，圆形，平均单果重为187克，果脐小，果肉厚，果实光滑。耐贮运，不易裂果，耐低温性好，高抗 ToMV、叶霉病、枯萎病和黄萎病。

17. 目前番茄生产中推广的中晚熟品种有哪些？其特性如何？

（1）毛粉 802 西安市蔬菜研究所选配的一代杂种。株型紧凑，有 50%植株长有长而密的白色茸毛，生长势强。第一花序着生在第九至十节上，节间短，坐果集中，果实圆整，幼果有绿色果肩，成熟果粉红色，单果重 150 克左右，最大 500 克。果脐小，果肉厚，不易裂果，品质好。中晚熟品种。植株上白色茸毛能避蚜和白粉虱，减少传毒。高抗烟草花叶病毒病，耐黄瓜花叶病毒病和早疫病。适于春季露地栽培。陕西、河南、河北及长江流域均可种植。

（2）苏抗 3 号 江苏省农业科学院蔬菜研究所选配的一代杂种。长势旺，叶色深绿，主茎第八节着生第一花序。果实高圆形，果大，单果重 150 克左右，果面光滑，红色，味浓。中晚熟。高抗烟草花叶病毒病。对早疫病及斑枯病有一定耐性。高温季节也能正常生长，适于春露地和夏秋高温条件下栽培。

（3）苏抗 7 号 江苏省农业科学院蔬菜研究所选配的一代杂种。生长势强，第一花序着生在第八至九节上。果实扁圆形，果面光滑，粉红色，不裂果，单果重 160 克以上，最大约 800 克。中晚熟种。高抗烟草花叶病毒病，适于露地栽培。长江中下游各省均可种植。

（4）鲁番茄 3 号 济南市农业科学研究所以齐 T85-1 为母本、强粉 01 为父本育成的一代杂种。生长势特强，中晚熟。果实圆形，果肉厚，品质优良，酸甜可口，含可溶性固形物 5.14%，平均单果重 146 克。高抗病毒病，适于我国南方春夏番茄栽培。

（5）湘番茄 4 号 湖南省蔬菜研究所和湖南省蔬菜农技站共同选配的中晚熟番茄一代杂种。株高 150～160 厘米，生长势强，第一花序着生于第七至八节，坐果率高。果实大红色，近圆形，果皮坚韧，肉厚腔小，耐贮运。单果重 150 克。含可溶性固形物 5.9%。酸甜适口，风味佳。抗青枯病。

(6) 浙杂 806 浙江省农业科学院园艺研究所育成的杂种一代。中晚熟，无限生长类型。在浙江地区栽培，生长势强，株高 150～170 厘米，普通叶，叶色浓绿；第一花序在第九节位，花序间隔 3 叶；结果性好；幼果浅绿色，无绿肩；成熟果大红色，色泽均匀而富有光泽，高圆形，平均单果重 220 克左右，大果可达 400 克，果肉厚，果实较硬而耐贮运；风味好，可溶性固形物含量 4.6%。高抗烟草花叶病毒病，抗逆性强。一般每 667 米^2 产量为 5 000千克左右，高产可达 7 000 千克。

(7) 东农 714 无限生长类型，植株颜色深绿，生长势强，属中晚熟品种。幼果无青肩，成熟果红色，圆形，果脐小，果肉厚，果实光滑圆整，平均单果重 230～260 克，最大可达 750 克。硬度大，耐贮运，不裂果，货架期 18 天。高抗 ToMV、枯萎病和黄萎病。耐低温性好，低温下不容易出现畸形果。

(8) 渝抗 10 无限生长型，中晚熟。果实圆形，成熟果红色，平均单果重 140 克，可溶性固形物含量 5.12%，每 100 克鲜重维生素 C 含量 18.1 毫克，可溶性糖含量 3.62%，可滴定酸含量 0.38%。果实硬度 0.71 千克/厘米^2，耐贮运。高抗青枯病，抗 ToMV 和枯萎病。露地栽培平均每 667 米^{2}产量 3 600 千克。

18. 目前生产中推广的加工番茄品种有哪些？其特性如何？

(1) 红杂 20 中国农业科学院蔬菜花卉研究所以 8753 为母本、红玛瑙 144 为父本选配的一代杂种。无限生长类型，中熟。果实近圆形。既适于罐藏加工，又适于市场鲜销，抗番茄花叶病毒病，中抗黄瓜花叶病毒病，高产稳产，抗裂耐压，品质优良。

(2) 圆红 中国农业科学院蔬菜研究所用罗城 1 号和满丝杂交，经系谱选择育成的加工品种。适于加工番茄酱和生产去皮整形番茄罐头。无限生长类型。长势强，第一花序着生于第八至九节上，以后每隔3叶着生一花序，每花序着花5～8朵。果实卵圆形，坐果率高。未熟果青绿色无青肩，成熟果火红色，成熟一致，单果重36～53克。果肉红色，胎座粉红，种子外围胶状物浅粉红色或偏黄色。果实饱满，果肉致密紧实，果皮较厚，抗裂性较强，耐贮运。果脐小。可溶性固形物含量5.5%。

（3）红玛瑙140 中国农业科学院蔬菜花卉研究所育成。植株主茎自封顶，分枝较多，果实方圆形，单果重70～80克，幼果有绿色青肩，熟果鲜红色，着色一致，果肉厚，种子少，果实紧实，耐压，抗裂，可溶性固形物5%以上，每100克鲜重含番茄红素8.4～10.5毫克。中早熟，适于无支架栽培。

（4）简易支架18 由江苏农学院园艺系育成。植株主茎三穗封顶，分支和开花较多，单株结果40～60个。果实高圆形、圆整、光滑，平均单果重60克左右，肉厚7～8毫米，可溶性固形物含量5.4%，每100克鲜重含番茄红素11毫克。果实紧实，抗裂，耐压，高抗烟草花叶病毒病。中早熟。适应性广，适于西北地区作无支架栽培，江淮地区春季和华南地区秋季作简易支架栽培。

（5）浙江478 浙江省农业科学院园艺研究所育成。植株主茎三穗果封顶，分枝较多。果实高圆形，单果重70～85克，有浅绿色果肩，成熟果鲜红色，着色均匀一致。果肉厚，可溶性固形物含量4.8%，每100克鲜重番茄红素含量7.8毫克。果实紧实，抗裂，耐压，中熟，适于无支架栽培和简易支架栽培。

（6）红杂10号 中国农业科学院蔬菜研究所选育的一代杂种。有限生长类型，植株长势中等，第六叶节开始着生第一花序，坐果率高。果实圆形，幼果无绿色果肩，成熟果红色，着色均匀，果实成熟集中，单果重50～80克。果实紧实、抗裂、耐压。可溶性固形物含量5%左右，每100克鲜重番茄红素含量9毫克。高抗番茄花叶病毒病和枯萎病，极早熟。每667米^{2}产量4 000千克以上。

（7）红杂14 中国农业科学院蔬菜花卉研究所选育的一代杂种。自封顶生长类型，一般主茎着生3～4花序后自封顶，生长势强。第一花序着生在第六至七节上，坐果率高达95%以上。果实长圆形，幼果无绿色果肩，成熟果红色，着色均匀一致，果面光滑，果形美观，单果重50～60克。果脐和梗洼极小，果肉厚0.9厘米，果腔小，果实紧实、抗裂、耐压、耐贮运。高抗番茄花叶病毒病，中抗黄瓜花叶病毒病。早熟种，一般每667米^{2}产量4 100千克，前期产量占总产量的65%以上。

(8) 红杂16 中国农业科学院蔬菜花卉研究所育成的一代杂交种。植株主茎自封顶，分枝较多。果实卵圆形，单果重50～60克，幼果有绿色青肩，熟果鲜红色，着色一致。果肉厚，种子少，果实紧实、耐压、抗裂，可溶性固形物含量5.2%以上，每100克鲜重含番茄红素9.7毫克。早熟，适于无支架栽培。

(9) 红玛瑙144 中国农业科学院蔬菜花卉研究所育成。植株主茎无限生长，第七至八节上方着生第一花序，着果率高。果实长圆形，单果重50～60克，幼果无绿色青肩，熟果鲜红色，着色一致。果肉厚，种子少，果实紧实、耐压、抗裂，可溶性固形物含量5.6%以上，每100克鲜重含番茄红素10毫克。中熟。

(10) 红杂25 中国农业科学院蔬菜花卉研究所育成的一代杂交种。植株主茎无限生长，第七至八节上方着生第一花序，坐果率高。果实卵圆形，单果重62～76克，幼果有浅绿色青肩，熟果鲜红色，着色一致。果肉厚，种子少，果实紧实、耐压、抗裂，可溶性固形物5.0%～5.4%，每100克鲜重含番茄红素9.6～10.3毫克。高抗烟草花叶病毒病。中熟。

(11) 鉴18 江苏农学院园艺系育成。植株主茎无限生长，株高达1.7米，长势旺盛，第十节上方着生第一花序，坐果率高，单株结果35～40个。果实高圆形，平均单果重50克左右，幼果无绿色青肩，熟果鲜红色，着色一致。果肉厚，种子少，果实紧实、耐压、抗裂、圆整、光滑，梗洼小，可溶性固形物含量5.5%以上，每100克鲜重含番茄红素10毫克。高抗烟草花叶病毒病。晚熟。

(12) 478 浙江省农业科学院园艺研究所选育的新品种。叶片着生稀疏，小叶缺刻少。主枝着生2～3花序自行封顶，主枝上第一花序着生在第九节上。果实高圆形、红色、着色均匀一致，果脐小，平均单果重56克左右，果皮厚，果实紧实、抗裂、耐贮运。早熟种。适于矮架或无支架栽培。浙江、湖南、湖北、安徽等地均可栽培。

（13）东农706 东北农业大学园艺系采用抗烟草花叶病毒病的自封顶品系VF13-L和RoMa VF为父母本选配的一代杂种。果实高圆形、鲜红色，单果重60～70克。生育期112天。高抗病毒病，耐贮运，适于罐藏加工和鲜食。

（14）红玛瑙213 中国农业科学院蔬菜花卉研究所选育的一代杂种。自封顶生长类型，一般主茎着生2～3个花序后自封顶。节间短，株型紧凑，生长势强。第一花序着生在第六至七节上，以后每间隔1～2片叶着生一花序，每序着花4～6朵，坐果率高达90%以上。果实方圆形，幼果有浅绿色果肩，成熟果红色，着色均匀。单果重60～70克。果肉厚0.8～0.9厘米，种子腔小，果实紧实，果皮坚韧，抗裂，耐压，耐贮运。每100克果实中含可溶性固形物5.2克，番茄红素9毫克以上。较抗病。早熟种，每667米^{2}产量3 500千克以上。适宜露地矮架和无支架栽培。

（15）红杂31 中国农业科学院蔬菜花卉研究所选育的一代杂种。自封顶生长类型。生长势中等，叶片舒展，第一花序着生在第六节上，各花序间隔1～2片叶，一般着生3～4个花序自行封顶。果实卵圆形，幼果无绿色果肩，成熟果鲜红色，着色均匀一致。单果重58～73克。果面光滑、美观，果肉厚0.9厘米。果肉、胎座及种子外围胶状物均为粉红色。可溶性固形物含量5%，每100克鲜重含番茄红素8毫克。果实较紧实，成熟果实硬。高抗番茄花叶病毒病。早熟种。每667米^{2}产量4 000千克以上。适宜露地栽培。

（16）红杂32 中国农业科学院蔬菜花卉研究所选育的一代杂种。自封顶生长类型。长势较强，叶片深绿色、舒展，第一花序着生在第五至六节上，以后每隔1～2片叶着生一花序，坐果率高。果实长圆形，果形美观。幼果有浅绿色果肩，成熟果鲜红色，着色均匀一致。平均单果重70克左右。果肉厚0.8～1厘米，可溶性固形物含量4.5%～5%，每100克鲜重含番茄红素8毫克。果实紧实、抗裂、耐压。成熟果实硬，单果耐压力 7.4 千克。高抗番茄花叶病毒病，抗枯萎病。中早熟种。每 667 米^2 产量 4 000 千克左右。适宜露地种植。

(17) 红杂 33 中国农业科学院蔬菜花卉研究所选育的一代杂种。有限生长类型。长势较强，第五至六节着生第一花序，坐果率高。果实长圆形，果形美观。幼果有浅绿色果肩，成熟果红色，着色均匀一致。单果重 64～93 克。果肉厚 1～1.1 厘米，果实紧实、抗裂、耐压。成熟果实硬，单果耐压力 6.6 千克。可溶性固形物含量 4.8%～5%，每 100 克鲜重番茄红素含量 8 毫克。高抗番茄花叶病毒病。早熟种。每 667 米^2 产量 4 500 千克左右。适宜露地种植。

(18) 红杂 34 中国农业科学院蔬菜花卉研究所选育的一代杂种。有限生长类型。长势强，叶色深绿。第五至六节着生第一花序，以后每隔 1～2 片叶着生一花序，坐果率高。果实长圆形，幼果无浅绿色果肩，成熟果红色，着色均匀一致。平均单果重 60 克左右。果肉厚 0.7～1 厘米，果实紧实、抗裂、耐压。单果耐压力 7.42 千克。可溶性固形物含量 4.6%～5.2%，番茄红素含量为每 100 克鲜重 9.6 毫克。中早熟种。每 667 米^2 产量 4 000 千克以上。适宜露地种植。

(19) 红杂 35 中国农业科学院蔬菜花卉研究所选育的一代杂种。有限生长类型，长势中等，第一花序着生在第六叶节上。果实圆形，幼果有浅绿色果肩，成熟果红色，着色均匀一致。单果重 70～80 克。果实紧实、抗裂、耐压。可溶性固形物含量 5%～5.2%，番茄红素含量为每 100 克鲜重 9.6 毫克。极早熟种，从播种到果实成熟仅需 100 天左右。果实成熟十分集中，前期产量占总产量的 80%以上。每 667 米^2 产量 4 000 千克以上。适宜露地种植。

(20) 红杂 36 中国农业科学院蔬菜花卉研究所选育的一代杂种。有限生长类型。长势中等。第五至六节叶着生第一花序，坐果率高。果实卵圆形，幼果无浅绿色果肩，成熟果红色，着色均匀一致，单果重60～70克。果面光滑，果脐小。果肉厚0.7～1厘米，果实紧实、抗裂、耐压。单果耐压力7.6千克。可溶性固形物含量4.6%～5.4%，番茄红素含量为每100克鲜重9.93毫克，高抗番茄花叶病毒病。中早熟种。每667米^{2}产量4 000千克以上。适宜露地种植。

（21）红杂38 中国农业科学院蔬菜花卉研究所选育的一代杂种。有限生长类型，生长势强，普通叶，叶色深绿，叶量大。第一花序着生在第五至六节叶上，坐果率高。果实方圆形，幼果无浅绿色果肩，成熟果红色。单果重70～80克。果面光滑，果脐小。果肉厚0.9～1厘米，果实紧实、抗裂、耐压。单果耐压力7.26千克。可溶性固形物含量5.2%，番茄红素含量为每100克鲜重8.59毫克。中早熟种。每667米^{2}产量4 000千克以上。适宜露地种植。

（22）红杂40 中国农业科学院蔬菜花卉研究所选育的一代杂种。有限生长类型。生长势强。果实高圆形，幼果有绿色果肩，成熟果红色。单果重200克以上。果实较紧实、抗裂。中早熟种。每667米^{2}产量5 000千克左右。适宜保护地和露地种植。

19. 目前生产中推广的樱桃番茄品种有哪些？其特性如何？

（1）一串红 江苏省农业科学院蔬菜研究所最新育成的樱桃型一代杂种番茄。植株无限生长类型，生长旺盛，茎秆粗，主茎第一花序一般着生在第七至九节，总状和复总状花序，每穗花十几个，多可达50～60朵。果穗上小果梗间距离短，果实排列密集，穗形美。果实圆形，未成熟果有绿果肩，成熟果为红色。单果重8～12克。果实平均糖度在7.2°左右，最高可达10°，皮薄肉质软，风味甜美。

（2）七仙女 江苏省农业科学院蔬菜研究所最新育成。植株为无限生长类型，生长势旺盛，结果能力强，一花穗可结果7～12个，不易裂。果实圆形，单果重15～18克，金黄色，平均糖度7°左右，肉质软，皮薄籽少，风味佳。

(3) 美味樱桃番茄 中国农业科学院蔬菜花卉研究所育成。植株为无限生长类型，生长势强，极早熟品种。普通叶浓绿色，叶较细小，第六至七节着生第一花序，以后每隔3片叶着生1花序，坐果率95%以上，每花序坐果30～60个，高者可达80～100个。果实圆形，大小均匀一致，果面光滑，无畸形，外形美观，商品性好，未成熟果有绿色果肩，成熟果鲜红色，着色均匀一致，单果重10～15克。品质佳，酸甜适中，风味好，可溶性固形物含量8.5%～10.0%，糖分4.9%～5.7%。高抗烟草花叶病毒病，抗黄瓜花叶病毒病。

(4) 串珠（樱桃）番茄 中国农业科学院蔬菜花卉研究所育成。植株为有限生长类型，叶片深绿色。主茎上第五至六节开始着生花序，每花序着花8～12朵。坐果率高达90%以上，每株可结果100个以上，果穗上着生的果实排列整齐。果实椭圆形，果面光滑，果形美观，单果重10～15克，大小均匀，幼果有浅绿色果肩，成熟果为鲜红色，色泽鲜艳，果实圆整，抗裂耐贮，果肉脆嫩，风味浓郁，可溶性固形物高达7%以上。极早熟。适于春季露地栽培和冬春保护地设施栽培。

(5) 京丹1号 北京市农林科学院蔬菜研究中心选育的一代杂种。无限生长类型，叶色浓绿，生长势强。主茎第一花序着生第七至九节，中早熟。总状花序及复总状花序，并以复总状花序为主，每序着花10朵以上，最多达60～80朵，高、低温下坐果性均良好。果实圆形或高圆形，未成熟果有绿色果肩，成熟果为红色，单果重8～12克，果实平均可溶性固形物7.55%，最高可达10%，果味酸甜适中，口感风味极佳。高抗病毒病，较耐叶腐病。

(6) 京丹2号 北京市农林科学院蔬菜研究中心选育的一代杂种。有限生长类型，叶量稀疏，主茎第五至六节着生第一花序，4～6穗果封顶。熟性极早。以总状花序为主，每穗结果10个以上，高、低温下坐果均良好，耐热性强。果实多呈高圆似桃形，未熟果有绿色果肩，成熟果色泽亮红美观，商品性好。单果重10～15克，果味酸甜可口，平均可溶性固形物6%以上。高抗病毒病。

(7) 沪樱 932 上海市农业科学院园艺研究所和上海市国家蔬菜品种改良中心选育的一代杂种。植株属有限生长类型。叶片较少。总状花序。果实圆球形，红色，有光泽。单果重 10～15 克。果肉厚，脆嫩，种子少。可溶性固形物含量为 9%以上，最高的达 11%。风味香甜。耐运输，常温条件下货价保存期可达 15～20 天。抗病毒病、叶霉病和晚疫病。适宜露地和保护地栽培。

(8) 台湾 606 小番茄 福建省厦门国贸种子进出口有限公司从台湾引进的新品种。植株属高封顶生长类型。果实椭圆形，红色。单果重 10～15 克。果面光滑，二心室，果实糖度为7～11 白利度。极耐贮运。果实后熟时间长。在转红时采收，贮藏 15～20 天，食用品质佳。从定植至始花 50 天左右，开花到收获 30～40 天，采果天数在 60 天以上。如果注意肥水管理，采果时间可延长到 90～120 天。每 667 米^2 产量 4 000～5 000 千克。适宜保护地及秋延后栽培。

(9) 94-1 江苏省连云港市农业科学研究所选育的一代杂种。植株为直立自封顶生长类型。一般着生 3～4 个花序自行封顶。株高 20～30 厘米，株幅 18～25 厘米。株型紧凑，叶色深绿。第一花序着生第二至三节上，单株结果 35～50 个。果实圆整，无青果肩，平均单果重 10 克左右。果实中可溶性固形物含量为 5%，总糖 2.6%。酸甜可口。抗裂，较耐压。加工与鲜食兼用。每 667 米^2 产量 2 700 千克。花、果、叶具有较高的观赏价值，是庭院盆栽和美化环境的良好材料。

(10) 哈引红珍珠 黑龙江省哈尔滨市农业科学研究所选育的一代杂种。植株属无限生长类型。分枝较强。叶色深绿色，互生。果实圆形，鲜红色。平均单果重 15 克左右，果实中可溶性固形物含量为 8%左右，酸甜可口。裂果少。每花序结果25～30 个。抗病毒病。中熟品种。每 667 米^2 产量 2 000 千克左右。适宜露地和保护地栽培。

(11) 樱红 1 号 青岛市农业科学研究所选育的一代杂种。植株属无限生长类型。生长势强。花序为复总状花序，每序坐果25～30 个。果实圆球形，红色鲜艳。单果重 12～15 克，果实含可溶性固形物7%～8%，风味品质极好。耐热性强。抗病毒病。适应性极强。单株留5序果。每667米^{2}产量4 000～7 000千克。适宜露地和保护地栽培。

（12）红珍珠　重庆市农业科学研究所选育的一代杂种。植株属无限生长类型。生长势中等。低温下坐果能力强，单株坐果120个以上。第一花序着生在第七至八节上，以后每隔3片叶着生1个花序。果实椭圆形，鲜红色，大小均匀。单果重10～15克。果肉厚0.5厘米，果实腔小，种子极少，二心室。含糖9%～10%，口感极佳。皮厚，货架时间在1个月以上。早中熟品种。每667米^{2}产量3 000千克。适宜露地和保护地栽培。

（13）黄金果　重庆市农业科学研究所选育的一代杂种。植株属无限生长类型。第一花序着生在第七至八节上，以后每隔4～5片叶着生1个花序。单株结果100个以上。果实椭圆形，橙黄色。单果重10～15克。果肉厚0.4厘米，二心室。含糖8%～19%，皮薄，口感好。中熟品种。每667米^{2}产量3 000千克。适宜露地及大棚栽培。

（14）金盆1号　重庆市农业科学研究所选育的一代杂种。植株属有限生长类型。株高35厘米，株幅35厘米。植株矮小，直立性强，株型紧凑，叶色浓绿。单株结果50个以上。果实圆形，红色。平均单果重30克左右。无畸形果，无裂果。挂果时间长。尤适宜盆栽。

（15）红月亮　广东省农科集团良种苗木中心选育的一代杂种。植株属无限生长类型。生长势强。果实椭圆形，果面光滑，鲜红色。平均单果重13克。果硬，裂果少，水分少，耐贮运。含糖8.6%。抗病。每667米^{2}产量3 000～5 000千克。

（16）小皇后　中国农业科学院蔬菜花卉研究所育成。植株属有限生长类型，生长势中等。第一花序着生在第五至六节上，以后每隔1～2片叶着生1花序，多为单式总状花序，每序着花10朵以上，坐果率高。果穗上着生的果实排列整齐。果实椭圆形，幼果有浅绿色果肩，成熟果鲜黄色，着色均匀，果面光滑，果形美观。单果重 10～15 克。大小一致。可溶性固形物含量达 7%左右，抗裂，耐贮运。极早熟品种，每 667 米^2 产量3 000千克左右。适宜春季露地及冬春季保护地栽培。

（17）黄珍珠 中国农业科学院蔬菜花卉研究所育成。植株属无限生长类型，生长势中等。第一花序着生在第七至八节上，以后每隔 3 片叶着生 1 花序。每序着花 8～12 朵，坐果率高达 95%以上。果实圆球形，幼果有浅绿色果肩，成熟果黄色，色泽鲜艳，着色均匀，单果重 8～12 克。大小一致。可溶性固形物含量达 6%以上，味浓质脆。抗裂，耐贮运。中早熟品种。适宜春季露地及冬春保护地栽培。

（18）北京樱桃番茄 中国农业科学院蔬菜花卉研究所育成。植株属无限生长类型，生长势强。叶绿色。第一花序着生在第八至九节上，以后每隔 3 片叶着生 1 花序。花序多为单式总状花序，每序着花 15 朵以上，最多的可达 30 余朵。花序长达 15～25 厘米，坐果率高达 90%以上。果穗上着生的果实排列整齐美观。果实圆球形，果面光滑。平均单果重 25 克左右。大小均匀，整齐一致。幼果有浅绿色果肩，成熟果鲜红色，色泽鲜艳，着色均匀一致。果实圆整，不易裂果。可溶性固形物含量 6.5%以上，味浓爽口。中熟品种。每 667 米^2 产量 3 500 千克以上。适宜春季露地及冬、春季保护地栽培。有条件的还可用作长季节栽培。

（19）天正红玛瑙 山东省农业科学院蔬菜研究所育成。植株属有限生长类型，生长势较强。茎秆较细，特别适于吊秧栽培。主茎易生侧枝。侧枝结果性好。第一花序着生在第七至八节上。坐果率高，每序坐果 15～30 个。果实枣形，红色，色泽鲜亮艳丽。单果重 10～15 克。果实大小均匀。果皮厚，果肉多，果汁少，不易裂果。特耐贮运。可溶性固形物含量为 7%～8%。耐热，耐低温。高抗病毒病及其他叶部病害。早熟品种。每 667 米^2 产量 3 500 千克。适宜春露地、秋延后、保护地越冬、早春等多茬口栽培。

（20）京丹黄玉 北京市蔬菜研究中心选育的一代杂种。植株属于无限生长类型。果实长卵圆形，幼果有绿色果肩，成熟果颜色嫩黄诱人。平均单果重 30 克左右。果味酸甜浓郁，口感风味佳。抗病毒病和叶霉病。中熟品种。适宜保护地栽培，是保护地特菜生产中的珍稀品种。

（21）京丹绿宝石 北京市蔬菜研究中心选育的一代杂种。植株属于无限生长类型。果实圆形，幼果有绿色果肩，成熟果绿色透亮似绿宝石。单果重 25～30 克。果味酸甜浓郁，口感好。抗病毒病和叶霉病。中熟品种。适宜保护地栽培，是保护地特菜生产中的珍稀品种。

（22）京丹 5 号 北京市蔬菜研究中心选育的一代杂种。植株属于无限生长类型。连续生长能力强。坐果习性良好。果实呈长椭圆形或枣形，未成熟果有绿色果肩，成熟果红色，有光泽。糖度高，风味浓。抗裂果。中早熟品种。适宜保护地栽培，尤以长季节栽培为最宜。

（23）圣果 安徽省农业科学院蔬菜研究所育成的一代杂种。植株属无限生长类型，生长势强。叶色深绿，叶片较稀少。第一花序着生在第七至八节上，以后各花序间隔 2～3 片叶。每花序坐果 30～40 个，最多的可达 50 个。果实椭圆形，红色鲜艳。单果重 14～16 克。果形整齐一致，着色均匀，无绿色果肩，果面光滑，无裂果、畸形果，商品率高。果实中可溶性固形物含量为 9.0%～9.5%，维生素 C 含量为 235 毫克/千克。风味浓，口感好。抗番茄花叶病毒病、枯萎病、叶霉病和早疫病。早熟品种。每 667 米^2 产量 4 500 千克以上。适宜温室、大棚等保护地春秋栽培。

（24）春桃 台湾农友种苗公司经销，果型为桃型，果色桃红色，植株高性、较耐寒。果重 50 克左右，果型优美。品质好，糖度高。

（25）千禧 台湾农友种苗公司经销，早生，高性，生育强健，抗病性强，果桃红色，椭圆形，重约 20 克，糖度可达 9.6%，风味佳，不易裂果，每穗结 14～31 果，高产，耐凋萎病，耐贮运。

（26）小霞 千禧类型，植株高性，结果良好，易于栽培，果实呈椭圆形，果重约 17 克，果色粉红，完熟后呈深粉红色，糖度可达 10%，风味甜美，耐贮运。

（27）丽红　早生，植株半停心性，生育强健，抗枯萎病、病毒病。果实椭圆型，果重约 17 克，果色红，肉质脆嫩多汁，果实硬，不易裂果，耐贮运。

（28）金币　无限生长类型，果实椭圆形（鸡心形），单果重约 16 克，最高糖度可达 11 白利度，口感好，不裂果，生长势强，高产。果实成熟颜色橙黄色，硬度佳，耐贮运。

（29）美国引黑珍珠　进口彩色水果型小番茄新品种，与黑妃黑番茄种子相媲美。中早熟品种，无限生长，植株长势强，果实圆形略高，成熟果呈紫红色并带有彩色条纹。单果重 25～30 克，每穗可着生 8～10 个果，外观美丽，宛如紫玉。口味沙甜，抗病性强，易于栽培，每 667 米^2 产量可达 3 000 千克以上。是春、秋保护地栽培非常适宜的品种。

（30）京丹黄莺 1 号　植株为无限生长类型，主茎约 8 片叶着生第一花序，中熟，果实椭圆形或枣形，单果重 15～20 克，幼果有绿色果肩，成熟果黄色，折光糖度 9.4 左右，口感风味佳，耐贮运性好。

（31）天正红珠　山东省农业科学院蔬菜研究所育成，樱桃番茄，无限生长类型。中早熟，生长势强，茎秆粗壮，叶片较小，叶色浓绿，第一花序着生于 7～8 节，花序间隔 3 叶，花序大，复穗状。平均每穗坐果 30 个以上，果实亮红色，圆形；平均单果重 12g 左右，果皮薄，果汁多，果味浓、甜，口感好，可溶性固形物 8%～9%。抗病毒病、青枯病、枯萎病和叶霉病。

（32）贝美　由荷兰瑞克斯旺公司育成，圆形樱桃番茄，无限生长，极早熟，植株开展，节间短，果实红色、鲜亮，平均单果重 15 克，果穗排列整齐，口味极佳，适合早春、早秋和秋冬保护地种植。抗番茄花叶病毒病、叶霉病、枯萎病、黄萎病和线虫病。

20. 要培育番茄壮苗如何选择种子？

种子的选择决定番茄果实的成熟期，果实的形状、色泽、大小、风味，以及是否丰产、抗病，供应期是否适时，同时也决定了栽培能否成功。所以，播种前的种子应该很好选择。选择种子时应考虑：

（1）明确种子的来源 番茄是自花授粉植物，采种比较容易。种植者在进行选种、留种时，将表现优良，生长势强，抗病丰产，具有某品种特性，无病的单株或单果选出来，再混合采种就可以了。这样经过精心挑选的种子，可以完全放心，而且纯度、发芽率都有保证。但目前生产上常用杂交一代种，种植者制种时比较麻烦，应该到科研部门或种子店去购买，这样可以保证纯度，保证发芽率，不致上当。

（2）了解品种特性 因为番茄果实是作为商品供应市场的，要考虑到当地市民的消费习惯，包括色泽、形状、大小等。如北京等地喜食粉红色果，味酸甜适口；东北、西北等地喜食红色果，鲜食喜用大果；加工制罐需用小果，果实形状有圆、扁圆、高圆、桃形等，各地喜好也异。

此外，需了解品种的熟性，以便安排播种期和供应期。早熟品种适于早春或保护地栽培，中晚熟品种适于露地或大棚栽培；还需了解植株的生长习性，自封顶类型适宜密植，无限生长类型应适当稀植。所以，选择种子时，应先根据种植者的栽培目的、供应季节来选择适宜品种，并根据所栽品种的生长特性，决定密度，整枝方法等。

（3）保证种子的质量 优质的种子是丰产的基础，对番茄种子而言，应满足以下要求。

①种子要纯。种子纯是种子质量的首要因素，也就是说，纯的种子应具备某一优良品种特性、整齐一致。播种后生活力强，生长整齐，收获期一致，产量高。

②种子应干燥、干净。潮湿条件下保存的种子，发芽后生长不旺。所以，种子必须干燥，含水量应在12%以下。

③种子发芽率要高、要齐。发芽率的高低决定栽培面积的大小。所以，播种前种子要进行发芽率试验，做到心中有数。发芽率

低于90%的种子一般不符合播种要求。进行发芽试验的方法是选取有代表性的种子100～200粒，用温水浸泡一夜，第二天早晨将种子捞出，搓净黏液，找一个小碟，底部垫上2～3层纸，加水将纸浸湿，将种子排放在纸上，放在25～30℃条件下，保持经常湿润，优良种子3～5天则可全部发芽，至第七天可查数发芽种子粒数，计算出发芽率。好种子不但发芽率高，而且发芽快、芽出得齐，以第三至四天能发芽90%以上为好。

另外，种子色泽要好、饱满成实，千粒重在3克左右。瘪粒过多，千粒重小于2.5克以下，不是好种子。

④计算用种量。50克番茄种子约15 000粒，除去瘪粒、间苗、分苗、栽培时的损失，50克种子至少能育出12 000株以上的幼苗。所以，优质种子每50克早熟番茄能栽1 334米^{2}的面积，晚熟番茄能栽3 000米^{2}左右。可根据这个标准来计算用种量。

21. 如何计算番茄的播种量？

由于蔬菜作物种类较多，在育苗时所需的播种量也不尽相同。可根据每667米^{2}番茄种苗数、种子千粒重、种子发芽率及20%安全系数（即增加20%的秧苗）的关系，确定备种量。其计算方法是：

每667米^{2}种子用量（克）＝（种植秧苗数＋种植秧苗数×安全系数）×种子千粒重÷发芽率

例如：若番茄每667米^{2}栽植3 000株，种子千粒重3.25克，发芽率85%，那么，每667米^{2}种子用量（克）＝(3 000＋3 000×20%）×3.25÷85%＝14克。

22. 番茄育苗时，什么时期播种好？常用的播种方法有哪些？

番茄的播种期与定植期、栽培方式、育苗方式、栽培地区、品种等因素密切相关。这里具体介绍保护地（塑料大棚和日光温室）番茄育苗的播种期。

在温室中栽培，除夏季酷热不能栽培外，其他时期均可栽培。在大棚、中棚，春茬一般在2～3月定植，秋茬一般在7～8月中旬以后定植，露地栽培需在露地断霜以后定植。播种期可根据苗龄往前推算。如在温室、温床育苗，苗龄需65～75天；在阳畦育苗，苗龄需70～80天。在南方育苗，因定植期早，播种期可比在北方栽培时略早。在同一地栽培，用中熟品种的播种期比用早熟品种的播种期要早。

可见，具体播种期的早晚由番茄的苗龄长短确定。品种不同和育苗方式不同，适宜的苗龄也不同。一定苗龄的秧苗，其育苗期的长短主要由育苗期间的温度条件和其他管理水平决定。根据番茄秧苗生长的适宜温度，白天25℃，夜间15℃，日平均气温20℃计算，早熟品种从出苗到现蕾约50天，中熟品种约55天，晚熟品种约60天，再加上播种到出苗5～7天，分苗到缓苗需3～4天。所以，一般番茄的苗龄为60～70天。苗龄过短，幼苗太小，开花结果延迟；苗龄过大，容易变成老化苗。因此，可根据当地气候特点、保护地类型、栽培方式、品种习性和定植期早晚等确定适宜的播种期。

我国东北、西北、华北各地区的番茄播种期见表1。

常用的播种方法有撒播法、点播法等。在生产中常用撒播出苗后分苗的方法。这种方法是先将准备好的育苗床土铺匀，铺平压实后，用30℃左右的温水浇足底水润透床土，水透下面，均匀地撒下一层药土，然后把催好芽的种子用细沙拌匀，均匀地播到苗床里，1米^{2}播5克左右，上覆1厘米厚的药土，做到药土下铺上盖，包裹住种子。再在上面盖一层薄膜或直接扣上小棚保湿。

23. 番茄育苗时，为什么要进行种子消毒？怎样给番茄种子消毒？

番茄的种子表面和内部常带番茄早疫病、病毒病等病菌。带菌的种子会传染给幼苗和成株，从而导致病害的发生。因此，在育苗前要进行种子消毒处理。

番茄育苗时常用的消毒措施有以下几种：

（1）热水烫种 利用高温杀灭病菌，能杀死附着在种子表面和潜伏在种子内部的病菌。可先把种子放入20～30℃温水中，20～30分钟，捞出后用50～52℃热水烫种15分钟。为了操作方便，可先把种子装在纱布袋中，烫种时连袋一同放入热水中，并不断搅拌，25分钟后，把种子从热水中捞出来，放入冷水中冷却，迅速消除种子上的余热，以免烫伤种子。

（2）药水浸种消毒法 在药剂消毒前，先把种子浸水中10分钟左右，漂去瘪种子，再进行消毒处理。常用的药水消毒方法有以下几种。

福尔马林溶液消毒：先把种子在清水里浸泡3～4小时，捞出放入福尔马林（40%甲醛）的100倍水溶液中，浸泡15～20分钟，取出种子，用清水冲洗数次，直到种子无药味为止。

磷酸三钠：在10%的磷酸三钠水溶液中，浸泡10～15分钟后，捞出用清水冲洗干净后浸种催芽。由于磷酸三钠可以钝化病毒，因此，可以除去黏在种子上的病毒。

高锰酸钾水溶液消毒：用0.1%的高锰酸钾水溶液消毒处理20～30分钟，再用水溶液冲洗几遍，也有钝化病毒和杀菌的作用。

24. 怎样进行番茄的浸种和催芽？

浸种催芽，是蔬菜育苗的重要环节之一，番茄也不例外。它能使种子发芽快、早出苗、出苗齐。

（1）浸种 浸种就是把消毒后的种子放到20～30℃的清水中，使水浸没种子，不断搅动，把漂浮在水上的瘪种子去掉，搓洗种子，去掉沾在种子上的黏液，然后用清水浸泡8～10小时，使种子吸足水分。此方法简便，是一般常用的方法，但它不起到杀毒的作用。因此，可以结合温汤浸种的杀菌方法进行。具体做法是先用

20～30℃的清水浸泡2～3小时，然后用55～60℃的温水烫种10～15分钟，然后再用35℃左右的温水洗净种子，再和普通浸种一样浸泡6～8小时。

(2) 催芽 浸种到时间后，把浸透的种子捞出冲洗干净，用纱布或新的干净湿毛巾包好，甩掉种子表面的水分，放到25～28℃条件下催芽。当种子萌动露白时，将温度降到22℃，使芽健壮。在催芽过程中，每天要翻动几次，并用清水冲洗2～3次，擦去种皮上的茸毛、黏液和污物，防止霉烂，使种子受热均匀，出芽整齐一致。如播种苗床未准备好，可将出芽的种子放在1～5℃条件下保存，也可以在4～10℃进行胚芽锻炼，又叫蹲芽。经过蹲芽后的胚芽，生长粗壮、敦实，抗逆能力增强。

25. 番茄育苗时，如何进行床土配制和床土消毒?

床土是培育秧苗的基础。为了培育壮苗，床土应肥沃、疏松，既能保蓄一定的水分，又能使空气流通，床土中不含病菌和害虫。

(1) 床土配制 床土可用大田土或葱蒜茬土和豆类茬土、堆肥、发好的大粪面、草炭土、细沙和细炉渣等配制。同时，还要加些过磷酸钙、尿素，并注意调节酸碱度。配制床土的具体方法是葱蒜茬园田土占50%，腐熟陈马粪（陈床土）占20%，草炭土占20%，大粪面或细沙占10%，然后每平方米床土加尿素25克，过磷酸钙200～250克。

(2) 床土消毒 常用的方法有：

①福尔马林消毒。用福尔马林（40%甲醛）消毒，能防治猝倒病和菌核病。具体方法是每1 000千克床土，用福尔马林200～300毫升，并加水25～30千克，喷洒到土里，充分搅拌后堆起来，上面盖上塑料薄膜或湿草帘，闷2～3天，然后去掉覆盖物，经过1～2周，使土壤中的药味充分散发，最好把土翻几次。要是床土中的药味未散发出去，就不能播种。

②用五代合剂消毒。先把70%的五氯硝基苯粉剂与65%代森

锌可湿性粉剂等量混合，按每平方米苗床加上述混合药剂 4.5 克与半干的细土拌匀，配成药土。此种方法用药量不能过多，否则容易产生药害，尤其在床土过干的情况下，更容易产生药害。

③用苗菌敌消毒。苗菌敌是一种高效、广谱、低毒杀菌剂，是防治幼苗病害的专用药剂，对猝倒病和立枯病有特效，防治效果在 95%以上。一般一包药为 20 克，可消毒 2 米^2 苗床。方法是每包药加干细土 2～3 千克。

26. 要培育番茄壮苗，常用的育苗方式有哪些？常用的育苗设备和场地有哪些？

由于番茄栽培方式的不同，育苗用设施的类型也有所不同。温室番茄生产必须在温室内育苗；塑料大棚早熟栽培，则需用加温温室育苗；露地早熟栽培，子苗期和小苗阶段需在温室内进行，成苗阶段在塑料棚或冷床内育成；露地蔬菜栽培可用温床或塑料棚、冷床育苗。由此可见，温室、温床、冷床、塑料棚是育苗用的主要设施类型。

（1）温室育苗 温室内有加温设备，一般都用来进行冬春季蔬菜生产，很少全部利用温室育苗。温室内小气候温暖、湿润，番茄育苗方法简便，生长良好。为了充分利用温室空间，应以栽培为主，育苗为辅。育苗多在温室中辟出一角或南侧低矮处育苗，也可利用能搬动的苗箱或苗钵育苗。

现在常用的是育苗箱育苗。育苗箱的形式多种多样，要以搬动方便为主。一般长 70～80 厘米，宽 40 厘米，高 13～15 厘米。育苗时先配好培养土，然后将培养土装入箱内，灌足水，水渗下后撒种、覆土，摆放在走道两侧或北墙根等空闲处。有的温室在北墙上设有向外探出的水泥搁板 2～3 层，或在温室上方不遮阳处搭设吊板，都可以放置小育苗箱。当番茄小苗在育苗箱内长到 2～3 片真叶时，进行分苗。如果温室内有分苗畦最好，但多数都是将苗分到育苗钵内，然后摆放在温室的空闲处或从北墙伸出的板上，等苗长到一定大小后，进行定植。

(2) 温床育苗

①酿热温床育苗（图 1）。在冷床的基础上，利用床底铺设酿热物作为人工补充热源的温床。酿热物通常采用新鲜的马粪、牛粪、粉碎的树叶、杂草和稻草等。酿热物散热就是利用酿热物在腐熟过程中散发出的热量。新鲜的马粪有机物丰富，质地疏松，作为酿热物发热快；树叶和稻草等作为酿热物，则发热较慢、放热少，但持续时间长。因此，一般选用的酿热物是稻草、树叶和马粪的混合物，比例大致是马粪或牛粪与稻草或秸秆的比为 3∶1。

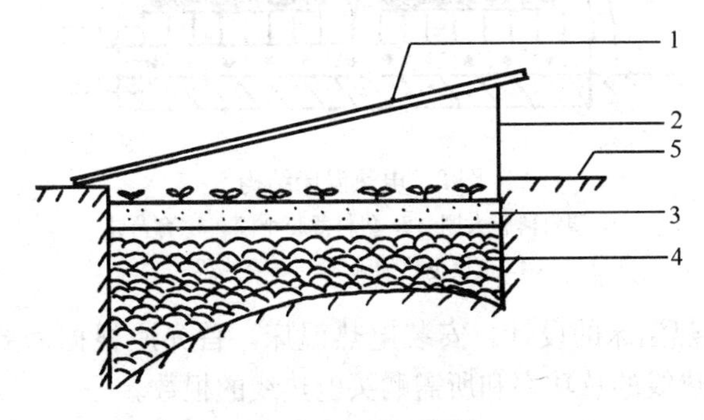

图 1　酿热温床结构

1. 床盖　2. 后墙　3. 床土　4. 酿热物　5. 地热线

酿热物的铺放：一般来说，冷床中温度最高的地方是距床北墙的 1/3 处，其次是床的北侧，南边的温度最低。因此，要将床底造成一个半弧形，即距床北墙 1/3 处最高，北侧次之，南侧最低。这样所铺的酿热物南侧最多，北侧次之，以使整个温床温度均匀一致。播种前 10 天左右填酿热物，最好在床底铺 4～5 厘米厚的碎草，以利通风和减少散热。然后将酿热物铺入，厚度达 30 厘米。为增加发热，可每填一层泼一次人粪尿，然后覆盖一层塑料薄膜保温，使其发热。数天以后，床内温度达到 50～60℃时，揭去塑料薄膜，将酿热物踏实。东北地区春季寒冷，可以先将酿热物发起来，然后铺床。铺床后在酿热物上面覆盖一层 2～5 厘米厚的土。为防地下害虫，每平方米撒施 2.5％的敌百虫粉 8～10 克，然后覆上营养土，等待播种。

②电热温床育苗（图 2）。在冷床的基础上利用电热线加温来提高温床温度。电热温床的主要优点是土壤温度可以自动控制，设备简单，使用方便，并且可以提高幼苗质量和缩短育苗时间。

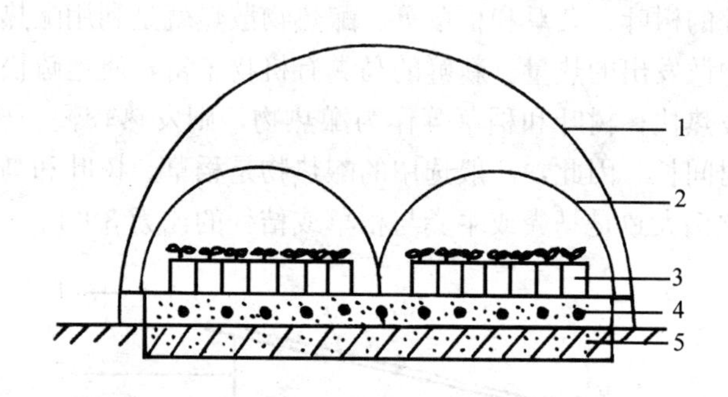

图 2　电热温床结构

1. 塑料薄膜大棚　2. 塑料薄膜小棚　3. 育苗钵
4. 土壤电热加温线　5. 隔热层

a. 电热温床的设计。安装电热温床，首先应根据需要，计算出所需电热线的总功率和所需购买电热线的根数。

总功率＝育苗床总面积×功率密度

功率密度（瓦/米^2）是指 1 米^2 所需的功率（瓦），一般在 100 瓦/米^2 左右。如果与控温仪连接，功率密度可稍大些。

需要电热线根数＝总功率/每根线的额定功率

额定功率是指 1 根电热线功率的大小。在工厂出厂时已标明。目前我国生产的土壤电热线的额定功率有 4 种规格，即 400 瓦、600 瓦、800 瓦和 1 000 瓦。每根电热线长度在 90～120 米。

每根电热线所铺的面积＝1 根电热线的额定功率/功率密度

每根电热线的铺床宽度＝1 根电热线铺床面积/苗床长度

每根电热线往返的次数＝（电热线长度－每根电热线铺床宽度）/苗床长度

床内两段相邻电热线的距离＝每根电热线铺床宽度/（每根电热线往返次数＋1）

b. 电热线的铺设。首先在冷床内铺设5厘米厚的腐熟马粪或炉灰渣作为隔热层，用脚踩实，在床的两端、池埂下面按计算出的相邻距离插上10～15厘米长的小棍，挂电热线用，在温床南侧稍密些，以补充南侧的温度不足，以使温度均匀一致。铺设时电热线要拉直，相邻线不能交叉重叠，以免烧坏外面的绝缘层，造成漏电。要把电热加温线与外接导线的接头处埋在土里。同时，要注意把两根外接导线头留在床的一侧（图3）。

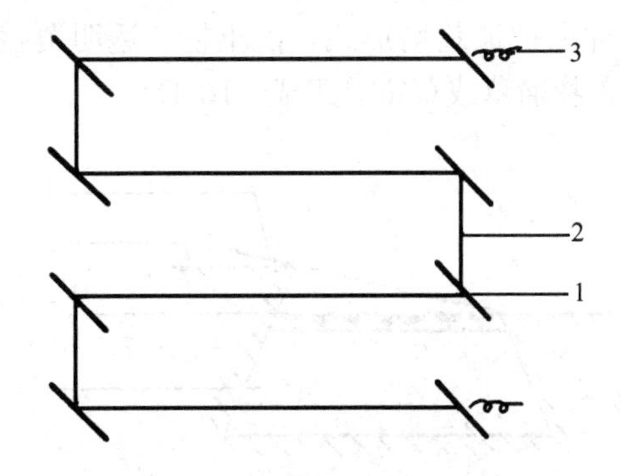

图3 电热线铺线方法示意图

1. 小木棍 2. 土壤电热加温线 3. 外接导线

c. 电热线的连接方法。如果无控温仪，可在外接导线上设一开关，土壤中放一支地温计，如果达到所需温度即断电，温度下降后，再接上电源。如果两根以上电热线，一定用并联方式连接。土壤电热线与控温仪连接可实现温度的自动控制。如果加温总功率不超过1 500瓦，只需用1根电热线时，用220伏电源；如果加温总功率超过2 000瓦，需使用多根电热线时，用380伏电源，并选用交流接触器。安装时一定要注意安全，请电工安装。安装后铺上营养土，等待播种。

d. 使用电热温床的注意事项。第一，每根电热线的功率是固定的，在使用时不能随意剪短或接长，以免烧毁；第二，电热线严禁整捆通电试线，发现电热线绝缘破损，应及时断电，并用电溶胶修补；第三，温床作业时，一定要提前拉闸断电，不能带电作业，确保安全生产；第四，接通电源后，发现电热线不热，应检查有无断线的地方，把断线处两头提出床土外面，接好后用防水胶布包好，套上塑料管，并用小木棍把接头支起来，不要再埋到土里，以免再断时不易发现；第五，电热线上所铺床土不要超过 15 厘米；第六，育苗结束后取电热线时，不能硬拔深挖，以免拉断电热线或破坏绝缘层，取出电热线后洗净晾干，捆绑收好，放在阴凉处保管。

（3）冷床育苗　冷床育苗也叫阳畦育苗，是利用阳光的热能来提高床温的一种保护地栽培形式，由土框、透明覆盖物薄膜或玻璃、不透明覆盖物蒲草或草帘等组成（图 4）。

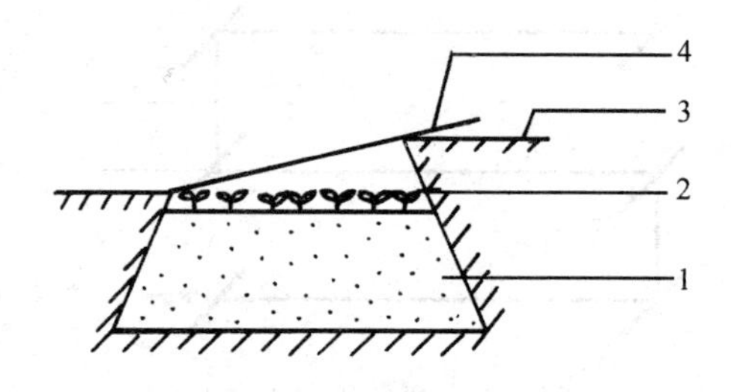

图 4　冷床结构图

1. 床土　2. 秧苗　3. 地平线　4. 床盖

土框（也可用砖砌）一般顶宽 0.2～0.3 米，底宽 0.3～0.4 米，南帮高 0.3 米，北帮高 0.4～0.5 米，南北宽 1.6～1.8 米，东西 20～40 米。冷床要建在背风向阳、土壤肥沃、排灌方便，离定植地较近，前茬未种过茄科蔬菜的地块上。四周要设置风障。土框要在头年地未封冻前建成，拍打结实，畦内土壤要挖起翻晒熟化。也就是将床土挖起，堆在床内北侧，让太阳晒暖，南侧遮阳处要盖稻草或马粪防冻。准备播种前再次放土，打细耙平。基肥每畦施腐熟有机肥 150～200 千克，过磷酸钙 1.0～1.5 千克，尿素 0.5 千克。将畦铺平后施入，将土深挖打碎打细后耙平，做成四平畦，扣上薄膜，让太阳晒暖畦中的土壤，等待播种。

这种育苗方法的优点是保温性能强，利用白天积聚的太阳光能和夜间的覆盖物保温，使冷床的温度能够满足幼苗生长发育的需要，方法简单易行。

（4）塑料棚育苗 塑料大、中二小棚，既是保护地蔬菜栽培场所，又是理想的育苗设施，用于育苗的塑料棚一定要用聚氯乙烯薄膜覆盖，它透光性与保温性能都好。不能用聚乙烯薄膜，因为聚乙烯薄膜保温差，夜间容易使幼苗遭受冻害。塑料薄膜由于能透过紫外光，昼夜温差较大，对培育壮苗有利，可防止幼苗徒长，一般用塑料棚移苗时大、中、小都适合，育苗最好用中、小棚，因夜间可用草帘覆盖保温。

（5）露地育苗 育苗地一般选择2～3年未栽培过茄科蔬菜的地块，施肥，整地耙平，做成平畦或高畦。播种后不用覆盖物或搭小棚遮阳防雨，出苗后只间苗，不分苗。4～5叶时即可定植，有时可直接播种到营养钵里进行直播育苗。

27. 什么样的番茄苗是壮苗？什么样的番茄苗是徒长苗？什么样的番茄苗是老化苗？

（1）健壮幼苗的标准 定植前整个植株为长方形，叶片宽大平展，着生角度45°；胚轴长3厘米；叶形较宽呈掌状，叶色浓绿，叶片肥厚，有光泽，多茸毛，叶柄短，最小叶片长度不小于2.5厘米；茎粗在0.5厘米以上，粗度上下基本一致，节间短，节间紧凑，茎基部略呈紫色（绿茎品种除外）；株高不超过20～25厘米；茎上茸毛多，具7～9片真叶，已能看到第一花穗的花蕾；花蕾大而健壮，不畸形；根系发达，侧根数量多，呈白色；花芽肥大，分化早，数量多。锻炼好的秧苗健壮有力，用手轻压能自动弹起，根系发达，布满苗钵。壮苗的生理表现是含有丰富的营养物质，细胞液浓度大，表皮组织中角质层发达，茎秆直硬，水分不易蒸发，对栽培环境的适应性和抗逆性强。因此，壮苗耐旱，耐轻霜，定植后缓苗快，开花早，结果多。

（2）徒长苗 徒长苗形态为子叶细长，着生角度小于30°；胚轴长度超过 3 厘米；真叶三角形，叶柄长，叶片淡绿色；茎的节间长，下细上粗；根系不发达，侧根数量少；花芽分化晚，数量少；植株为上大下小的倒三角形。徒长的原因多为氮肥过剩，灌水过多，温度高，特别是夜温过高，密度大，光线不足，多湿或缺肥等原因造成的。

(3) 老化苗 老化苗形态为子叶小，胚轴短，真叶小，叶色深，根系不发达，萎缩，呈褐色；茎的节间过短，下粗上细，花芽分化晚，数量少，株型正方形。老化苗多半是由于昼夜温度低、干燥，肥料不足或根部发育不良等原因而使番茄生育迟缓（图 5）。

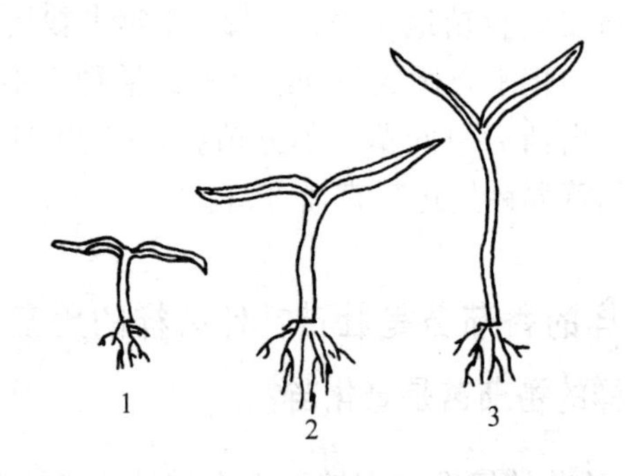

图 5　番茄的老化苗、壮苗、徒长苗
1. 老化苗　2. 壮苗　3. 徒长苗

28. 为培育番茄壮苗，怎样进行苗期管理？

要培育壮苗，苗期管理至关重要。主要是温度、水分和营养条件的控制。

(1) 苗期温度管理 就是在幼苗生长的不同时期不断地调节温度。要掌握三高三低：出苗前或分苗后温度要高，出苗后分苗前温度要低；白天温度要高，晚间温度要低；晴天温度要高，阴雨天温度要低。播种后昼温在 28～30℃，夜温 24℃，床土温度保持在 20～25℃，有利于出苗。苗出齐后要降温，白天床温降至 20～25℃，夜间 17～18℃。主要采用通风的方法，先放小风，后放大风，缓慢降温。第一片真叶展开至分苗前是小苗的生长阶段，应创造良好的条件，地温保持在 15～20℃，促进根系发育。分苗后白天温度 25～28℃，夜间 18℃，地温15～20℃，使幼苗尽快出新根，加快缓苗。缓苗后白天控制在20～25℃，夜间控制在 12～15℃。分苗后到定植前一周是幼苗花芽分化期，采用变温处理可以保证花芽分化质量，促进生长和防止徒长。具体做法：上午 25～27℃，下午 20～25℃，前半夜14～17℃，后半夜 12～13℃，昼夜温差5～8℃。这样有利于同化物质的形成和积累。定植前的一周开始低温锻炼，夜间可降至7～8℃，增强幼苗的抗寒性。

(2) 苗期水分管理　番茄幼苗根系发达，吸水力强，容易徒长。因此，番茄幼苗要吃小水，即浇水量小，浇水次数要少。要注意水分调节，以控水为主，促控结合，使苗床保持见干见湿状态，保证晴天的空气湿度 50%～60%，土壤湿度为 75%～80%；阴天的空气湿度 50%～55%，土壤湿度为 60%～65%。一般播种和分苗时要打透底水，其余时间采取找水方法。什么时候缺就什么时候浇，哪里缺浇哪里。出苗后可选晴朗无风天气覆一层干燥的床土，厚约 2 厘米，以利保墒。一直到分苗前不浇水。分苗后发现表土干燥，午间幼苗发生萎蔫，傍晚又不能恢复时，表明床土湿度小，需要浇水。浇水后，覆土保墒，防止土壤龟裂。阴雨天不要浇水。在幼苗锻炼阶段尽量少浇水。只是在定植前一天，在苗床内浇透水，以便起苗。用营养钵或营养土块分苗的定植前不用浇水。

(3) 苗期营养管理　苗期除施足有机肥料外，还应追施速效肥。除了氮肥以外，注意配合使用磷、钾肥。在幼苗生长的30～40天内，每 10 天根外追肥 1 次。用 2%的过磷酸钙溶液或0.1%～0.2%的磷酸二氢钾溶液叶面喷洒。

29. 番茄怎样进行分苗？

分苗又叫倒苗。是将播种床中的子苗移到另一个苗床里，扩大幼苗的营养面积，可以满足幼苗进一步生长发育时对营养和光照的要求。分苗时切断主根，促进侧根生长，使秧苗苗壮，茎粗大，叶厚，抗逆性增强。分苗还能淘汰那些长势较弱的苗、有病苗、老化苗、徒长苗等。

番茄在什么时候分苗比较合适呢？一般在播种后25～30天，花芽分化前进行较适宜。番茄的花芽分化一般在2.5片真叶时进行。因此，分苗必须在2.5片真叶前完成。一般在二叶一心时进行。分苗的次数以一次为好。分苗次数多，不仅费工，而且影响秧苗的生长发育，推迟花芽分化期和影响花芽质量。如果秧苗生长过旺或育苗面积小，可以采取二次分苗，以达到控苗和有效利用育苗面积的目的。

分苗方式通常有三种：一种是直接在营养土里划沟移植，采用灌暗水分苗，并沟、浇水、摆苗和覆土；第二种是利用营养钵塑料套、草钵或纸袋分苗，把钵装上营养土，把苗移入，浇透水。营养钵的营养面积一般采用10厘米×10厘米规格，优点是可以移动，便于管理；第三种是采用营养土块分苗，即利用10厘米厚的营养土，切成10厘米见方的土块。一般都采用营养纸袋或塑料营养钵装营养土进行移苗。

分苗前一天浇1次水，将播种苗床灌水，水渗下土不黏时，用小铲起苗，注意尽量少伤根，手握在苗的子叶上，连带大土坨一起栽到钵里或穴中，然后覆土，适量喷水，湿润根部即可。

分苗时必须保护好子叶，少伤根系，防止脱水。起苗时要浇透水，最好用小铲子挖苗，而不用手直接拔苗。分苗时营养土要整细、整平，防止土块伤根。栽植时要使根系在土壤中舒展，防止根系挤成一团或卷曲扭结。分苗时要选无风、晴朗的天气进行，对子叶已发黄脱落的幼苗，尽可能将其淘汰，以保证培育壮苗。

30. 为什么要对番茄秧苗进行锻炼？怎么锻炼？

春季番茄育苗大多是在保护地中进行的。保护地的特殊生活环境（温度较高、湿度较大、光照弱、风小）使得秧苗定植到大地或大棚时，不能适应而受到冻害、风害。所以，幼苗定植前要进行锻炼，使其能适应定植后的环境，称炼苗。一般应在定植前 7～10 天，方法是逐渐降低育苗场所的温度，控制水分，停止加温。如果用电热线加温育苗，应停止通电。逐渐加大通风，逐渐撤除覆盖的草帘，到定植前 3～4 天应全部撤掉，最后使育苗场所内的温度接近栽培场所的温度。白天育苗场所内气温控制在 15～20℃，夜间 5～10℃。一般这段时间不要浇水。如果午间个别地方的苗有萎蔫现象，只能在萎蔫的地方少浇点水，使小苗缓过来就可。不要大量浇水。

经过锻炼的幼苗抗寒力和耐旱力增强，定植后缓苗期短，甚至不缓苗。

31. 番茄育苗过程中容易出现哪些问题？如何解决？

(1) 土壤板结 土壤板结是由于土质黏重，有机质含量少和浇水不当引起的。床土表面干硬结皮，阻碍空气流通，妨碍种子呼吸，不利于种子发芽，已发芽的种子因被硬结层压住，无力顶破硬土钻出土面，种子闷死或幼苗茎细弯曲，子叶发黄，成为畸形苗。采取方法是增施土壤有机肥，改良土壤，播种时浇暗水后覆地膜保湿，不要浇明水。

(2) 出苗少 原因一是种子发芽率低；第二是种子消毒时药剂浓度过高或烫种时温度过高，降低了种子生活力；三是播种时地温过低，浇水量过大；四是土壤中混有除草剂，尤其是大田中使用的除草剂，或者覆土过厚。针对上述原因进行分析，并挖开检查，如发现种子已丧失发芽能力，只得毁种重种或购买壮苗。

(3) 出苗不齐 一是由于种子质量不好，出芽不整齐，有的出土早，有的刚发芽；二是施用生粪、化肥不均，整床质量差，地势不平，坷垃多，浇水、播种盖土不均匀；三是苗床地温不一致以及遮阳处地温低，苗少甚至不出苗；四是苗床滴水或有地下害虫等。要针对具体原因采取相应措施。

(4) 带帽出土 由于土壤干燥，覆土过薄，以致土壤对种壳压力不够引起的。应在种子拱土时盖一层土。

(5) 烧苗 由于施化肥或生粪、农药过浓以及氨气熏蒸造成的。

(6) 徒长苗 徒长苗特征前已叙述，主要产生原因：一是温度过高，特别是夜温过高，秧苗呼吸作用增强，消耗氧分多；二是偏施氮肥；三是水分充足，湿度过大；四是光照不足。解决的方法是增强光照，降低温度，当发现秧苗过密时，及时分苗，扩大营养面积；发现苗已徒长时，应及时通风降温，控制浇水，降低湿度，喷施磷、钾肥料；也可用0.2%的矮壮素或30毫克/升的多效唑喷施，使叶片浓绿，茎秆粗壮。

(7) 僵化苗 幼苗矮小，茎细，叶小，根少，不易生新根，花芽分化不正常，易落花、落果，定植后缓苗慢。主要原因是苗龄过长，长期处于低温、干旱状态造成的。所以，防止徒长的同时，也要注意僵化苗的产生。解决的方法是及时浇水，防止苗床干旱，适当提高苗床温度。

(8) 苗期病害 主要是猝倒病和立枯病。

①猝倒病。症状是发病初期，靠近地表处的茎基部，首先出现像开水烫过似的淡绿色病斑，病斑很快扩大并绕茎一周，使茎变软成为黄褐色线状病症，病情发展很快，以致子叶还未萎蔫（仍然是绿色）时，幼苗便已经倒伏而死亡。

防治方法是选用未种过菜的大田土作床土。如果用旧床土，必须进行高温发酵消毒。床土里拌均有机肥，必须经过充分发好腐熟。播种时应用药剂进行床土消毒。播种量不应过大，并应及时移苗。苗期管理时，床土不要积水，防止幼苗徒长。发现中心病株及时清除，并结合药剂防治。常用的药剂有代森锌、百菌清、多菌灵、克菌丹等。病苗拔除后，选用上面任何一种农药与清洁的干细土拌和后，撒在拔除病苗的附近床土表面。也可用铜氨合剂喷洒。

②立枯病。症状是患病的幼苗在茎的基部产生暗褐色病斑。刚开始患病，幼苗白天萎蔫，傍晚或早晨又可恢复。但病斑逐渐凹陷

并扩大，绕茎一周，幼茎收缩，导致幼苗死亡，幼苗并不立即倒伏，仍保持直立状态。拔起病苗，可看到茎的基部病斑处有淡褐色、蜘蛛网状的菌丝体，这些症状可与猝倒病相区别。在湿度过高、床土结构不好、通气差的苗床最易发病。防治方法同猝倒病。

32. 番茄为什么要提倡嫁接栽培？应用情况怎样？

由于受设施番茄连作生产的影响，近年来，番茄土壤传播病害（青枯病、枯萎病、根结线虫病等）的发生越来越严重，不仅减产严重，而且商品果率也明显降低，极大地影响了番茄生产。将番茄与其他蔬菜进行轮作换茬，虽然能够减轻番茄土壤传播病害的危害，但番茄的轮作时间比较长，一般需要3年以上，不符合现代番茄专业化和产业化生产的发展要求。药物防治法虽然在一定程度上能够控制番茄土壤传播病害的发生，但因受药效期的限制，一次施药后，往往只是短时间内有效，总体防病效果不佳。此外，大量使用农药也不符合绿色食品生产的要求。无土栽培法对控制番茄的土壤传播病害有较好的效果，发展前景较好，但因受无土栽培技术和生产条件的限制，目前在广大菜区大规模推广应用番茄无土栽培技术尚有一定的难度。

嫁接防病栽培是目前蔬菜生产上应用最为普遍、防治土壤传播病害效果最为明显并且符合绿色食品生产要求的一项重要防病措施。同其他蔬菜一样，在当前缺乏优良抗病番茄品种的情况下，只有采取嫁接育苗技术，用嫁接番茄苗进行生产，才能够有效地解决连作地块土壤传播病害危害严重的问题。另外，番茄嫁接栽培所用的砧木根系多较发达，吸收能力强，能够提高土壤中的肥水利用率，增强番茄的生长势，延长结果期，提高产量。据试验，嫁接番茄的茎粗、单株叶片数、叶片面积、单株结果数以及单果重量等均较非嫁接番茄明显增加，一般可提高产量20%左右，在重病地块的增产幅度达100%以上。此外，嫁接番茄除了对土壤传播病害有较强的预防作用外，由于植株的长势增强，对番茄病毒病也具有较好的抵抗作用，能够明显地减轻番茄病毒病的危害，也能够在一定程度上减轻番茄其他病害的危害程度。

番茄嫁接育苗的技术性比较强，费工费事，育苗成本较高，加上目前番茄嫁接用砧木品种数量少，购买困难，远不及黄瓜等瓜类蔬菜嫁接用砧木品种的数量多、供应渠道广泛，以及番茄土壤传播病害的发病程度也不及瓜类蔬菜严重，目前我国的番茄嫁接栽培规模明显不如瓜类蔬菜的大。但视具体情况不同，番茄嫁接栽培技术的应用程度也有很大差距。

以预防番茄青枯病、枯萎病为主要目的的地区，由于近年来已有了一些较为耐病或抗病的番茄栽培品种，嫁接栽培技术应用的不多，主要应用于一些重病区，特别是设施栽培区。

以预防番茄根结线虫病为主要目的的地区，由于目前尚缺乏抗病性优良的番茄栽培品种，嫁接防病栽培技术已成为该类地区重要的番茄栽培技术，番茄嫁接栽培较为普遍。

设施栽培番茄区由于常年连作原因，各类番茄病害均比较严重，嫁接栽培技术的使用率也比较高，在重病区，嫁接栽培率接近100%。露地番茄栽培区由于栽培时间比较短、适合进行间套作、发病率不高等原因，较少应用嫁接栽培技术。

从长远来看，随着番茄设施生产规模的不断扩大以及番茄专业化生产程度的不断提高，番茄病害也将随之加重，番茄防病嫁接栽培技术将会越来越受到重视。同时随着番茄嫁接用砧木品种数量和供应渠道的不断增多，蔬菜自动嫁接机器的广泛应用与番茄嫁接育苗成本的不断降低，大规模的番茄嫁接育苗将成为可能，从而推动番茄嫁接栽培技术的推广和普及。

33. 番茄嫁接栽培对砧木有哪些要求？怎样选择番茄砧木？

（1）番茄嫁接栽培对砧木的具体要求 目前，番茄嫁接栽培技术主要应用于设施番茄防病栽培中。由于设施番茄的主要供应期为晚秋、冬季和早春，此期番茄的市场价格较高，对果实品质的要求也比较严格，因此要求所用嫁接砧木不仅抗病性能好，而且还不能降低番茄果实的品质。

①高抗番茄土壤传播病害。要求所用砧木品种对番茄青枯病、枯萎病、根腐病和根结线虫病高抗或高耐病，并且抗病性稳定，不因栽培时期以及环境条件变化而发生改变。

②与番茄的嫁接亲和力和共生力强而稳定。要求与番茄嫁接后，嫁接苗成活率不低于80%，并且嫁接苗定植后生长稳定，不出现中途夭折现象。

③不改变果实的品质。要求所用砧木品种与番茄嫁接后不改变果实的形状、皮色、肉色和肉质，不出现畸形果，果实也不出现异味。

（2）选择番茄嫁接砧木的具体要求

①要根据所预防的病害种类来确定砧木的类型。一般来讲，凡是抗番茄青枯病的砧木往往不抗番茄根腐病；反过来，抗番茄根腐病的砧木则往往不抗番茄青枯病。因此，应根据当地番茄的主要土壤病害种类来确定所要选择的砧木品种类型。

②要根据番茄的栽培季节来确定砧木的类型。就番茄两种主要土壤病害（番茄青枯病和根腐病）的发生条件来看，青枯病主要发生在高温期，而根腐病则主要发生在低温期，两种病害往往很少同时发生。因此，高温期栽培番茄应尽量选抗青枯病的砧木，低温期栽培番茄应尽量选抗根腐病的砧木。

③要选择对番茄果实不良影响小的砧木。一般来讲，砧木的生长势越强，就越容易产生畸形果和空洞果。野生番茄与栽培番茄的杂交一代砧木往往在抗病性和生长势等方面表现出明显的优势，但却存在着容易引起番茄旺长以及导致果实畸形等一系列问题，选择时要注意。

34. 番茄嫁接栽培常用的砧木有哪些？各有什么特点？

我国由于不是番茄的起源地，番茄资源不足，加上嫁接育苗工作开展的较晚、规模也较小等原因，目前番茄嫁接育苗所用的砧木数量比较少，所用砧木主要来自番茄嫁接育苗工作开展较好的日本。

(1) BF兴津101 该品种抗番茄青枯病和枯萎病，对番茄果实品质的不良影响较小，但不抗根腐病，也不抗根结线虫病，要求高温，温度不足时，种子发芽以及幼苗初期的生长比较缓慢。

(2) PFN 该品种较耐番茄青枯病、枯萎病和根结线虫病，对嫁接番茄果实品质的不良影响也较小，但不抗番茄根腐病，对温度的反应比较敏感，种子出苗要求高温，温度偏低时出苗较差。

(3) PFNT 该品种对番茄青枯病、枯萎病、根结线虫病和烟草花叶病毒病的综合抗性较强，对番茄栽培品种的不良影响也较小，但不抗番茄根腐病，种子发芽以及幼苗初期生长对温度的反应比较敏感，要求高温。

(4) KVNF 该品种对番茄根腐病、枯萎病和根结线虫病有较强的抗性，但不抗番茄青枯病。该砧木的生长势比较强，容易引起番茄徒长，对番茄果实的品质也有一定的不良影响。

(5) 耐病新交1号 该品种较抗番茄根腐病、枯萎病和根结线虫病，吸肥吸水能力也比较强，但不抗番茄青枯病，也容易引起番茄徒长，导致坐果不良和降低果实品质。

此外，国内也有用茄子作砧木嫁接番茄的报道。

35. 12月上旬至翌年1月下旬在北方严寒地区培育番茄壮苗为什么要求人工补充光照？怎样补充光照？

12月上旬至1月下旬是全年气温最低、光照最弱、光照时数最少的时期。为了加强温室保温，覆盖物要求上午适当晚揭，下午适当早盖。这样每天自然光照的时间就更短了，只有6～7小时。另外，由于温室内外温差很大，农膜或玻璃上挂满水珠，也影响室内光照。所以，这时的光照满足不了秧苗正常的光合作用，光合产物积累很少，秧苗长得细弱。如果要想培育壮苗，就应当人工补充光照。具体做法如下：

要求选用冷光灯做光源（如日光灯、水银灯、生物灯等），灯距离苗 0.5～1 米，1 米^2 面积需 150～200 瓦。对光照要求严格的番茄苗，每天夜间应当补充 6 个小时光照。

如果没有补光条件，这一时期不能进行人工补充光照，可以采取夜间低温管理的方法，对喜温的番茄苗，这会使幼苗生长发育的速度减慢。因此，育苗的时间必须延长，适当提前播种育苗，才能培养出适龄壮苗。另外，由于夜温低，地温往往也会偏低，这对幼苗发根不利，也容易发生猝倒病。所以，应当注意提高地温（可采用电热线等方法），防止病害发生。

36. 番茄冬季育苗有哪八忌？

一忌播期盲目提前：番茄冬季塑料大棚栽培，冬季育苗的播种适宜时间，番茄为 12 月中旬左右，有些菜农错误地认为早播种即能早结果、早上市，因而盲目提早播期，结果造成苗龄过长，移栽时活棵慢，落花、落果严重。

二忌床土和营养土重复使用：为便于管理，苗床一般安排在住宅前面，因此苗床调茬受到限制，不少菜农又不注意换土，连年重茬使用，以致造成土壤病菌基数越来越高，苗期病害越来越重。

三忌种子不处理直接播种：部分菜农对种子处理的重要性认识不足，不对种子进行消毒、浸种、催芽等，就直接播种，结果造成出苗期延长，出苗不整齐，不便于管理。同时，使苗期病害发生较重。

四忌温度调控失当：齐苗后苗床的温度管理切忌偏高。原则上要低于出苗前 5℃左右，以便幼苗生长健壮，增强抗寒力、抗病力。两叶一心期切忌苗床保温措施跟不上，若温度持续偏低，会使花芽分化受阻，早春落花、落果严重，影响早期产量。晴天中午，苗床温度很容易偏高，此时切忌大揭大通风，以防造成幼苗由于温度变幅过大，失水过多而发生萎蔫或死亡。

五忌苗床湿度过大：苗期（尤其是越冬阶段），一般不需浇水，必须浇水时，要选晴天中午，浇少量温水，切忌浇水过量，以防造成苗床湿度过大，导致烂根、僵苗和病害滋生。

六忌幼苗见光不足：幼苗越冬阶段，常遇连阴雨天气，此时外界温度很低，不少菜农不敢揭草帘，造成幼苗多日不见光，因营养不良而影响幼苗花芽的形成和发育。

七忌忽视病虫害的预防：苗期由于温度低、光照弱，病虫害比较多，不少菜农不重视对病虫害的预防，不见病不喷药。等病虫害出现后再防治时，往往为害已经构成，且用药效果也比较差。

八忌不炼苗定植：在定植前5～7天，幼苗应有个炼苗过程，以增强幼苗抵抗力，适应定植后的环境，切忌不炼苗直接定植，以防造成定植活棵慢，死苗现象严重。

37. 夏季培育番茄等壮苗要抓好哪些技术环节?

夏季育苗虽然比早春育苗简单容易得多。但疏忽大意也会造成育苗失败。夏季培育壮苗要抓好以下一些技术环节。

(1) 遮阳 夏季育苗不存在温度偏低问题，相反的是高温，暴晒成为育苗的主要问题。

(2) 保湿和防止烤苗 夏季育苗播种后，如果赶上晴好天气，覆盖土容易被晒干。为了防止芽干，必须注意保湿。可以采取扣小棚的方法。但要防止白天棚内温度过高造成烤苗。所以，白天还必须及时在小棚上覆盖草苫或麻袋。另外，也可以在播种后，直接用旧草苫或旧草袋覆盖在苗床的土面上直到出苗。出苗50%以上要及时将覆盖物揭掉（如果天气晴好，最好在下午3、4点钟揭），第二天如果是晴天，应浇一遍透水，以后管理就按正常进行。

(3) 防除杂草 由于育苗期间气温高，正是各种杂草滋生迅速的季节。所以，不要选用杂草严重的地块育苗。育苗用的床土要求不带或少带草籽。对苗床中长出的杂草，要除早、除小、除了。

(4) 及时防治病虫害

①防病。大棚延后的秋番茄正是在夏季高温、多雨的季节育苗，各种病害均较严重，可在育苗期间喷1～2次500倍的百菌清或杀毒矾进行防治。

②防虫。夏季育苗期间，各种害虫为害严重，首先要防治育苗场所蝼蛄对幼苗的为害，并及时防治蚜虫。

(5) 控制水分 后期控制浇水和防止雨水浇透，造成秧苗徒长。

(6) 浸种催芽 番茄应进行浸种催芽后再播种，每天再用清水冲洗1～2次，5～7天可以出芽，待50%的芽出来即可播种。

38. 番茄苗期怎样防冻?

冬茬和冬春茬棚（室）番茄，常由于遭受低温和寒流侵袭，造成番茄生理冻伤。轻者推迟生育期，影响番茄产量，严重时会造成毁苗重种。

番茄苗受冷、冻害后子叶缘失绿，叶片向上卷曲，冻伤部位逐渐变黄。有时整个叶片萎蔫后枯死。定植后的番茄受冻后，不发新根，老根变黄，影响生长。生长点及新叶常因受冻枯死。番茄属喜温作物，如栽培温度低于10℃，植株即开始出现冻害，温度下降至6℃以下，且持续时间较长，则会造成死亡。如早春遇气温低于12℃，连续3天以上阴雨，很容易使番茄受冷、冻害。其主要防治措施是：

(1) 采取增温保温措施 密切注意天气预报，如有低温及寒流出现，及早加盖草苫或加扣小拱棚，必要时还应进行炉火加温及其他各种措施保证苗床温度在20℃以上。

(2) 选择温暖晴天定植 定植时要选择晴暖天气，定植后数日内天气晴暖，有利于缓苗，使幼苗健壮成长。如遇低温、阴雨，除应注意搞好增温、保温措施外，还应及时注意防止各种病害的发生。

39. 如何确定合适的定植时期？

番茄的定植期根据栽培方式而定。春露地番茄应在春季晚霜结束以后定植，可比茄子、辣椒早栽。一般是当地温稳定在10℃以上，夜间气温稳定在15℃以后，才可定植。此时定植番茄成活率较高。秋番茄的定植期宜在立秋以后，同时还需计算好在冬季来临前果实可以全部采收，以免受到冻害。春季塑料大棚早熟栽培番茄的定植期应根据大棚内的小气候条件确定。当10厘米地温稳定在10℃以上，最低气温在0℃以上（最好能达6～7℃），并能稳定5～7天时，即可定植。如定植过早，容易发生冻害。如在黑龙江省大棚、中棚番茄适宜定植期在4月20日左右，如果用临时加温或其他保温措施，如大棚内套小棚、围草苫，增加二层膜或热风炉等，定植期可提前7～10天。秋季塑料大棚番茄延后栽培的定植期要及时，不可过迟，哈尔滨地区一般7月中、下旬定植；塑料薄膜中、小棚番茄，只要植株不受冻害，定植越早越好，一般地温达到10℃以上，棚内平均气温稳定在5～8℃时则可定植；日光温室番茄栽培，定植时期主要根据历年的气象资料和当年的气候条件而定。一般在室内10厘米地温稳定在10℃以上，最低气温稳定通过2～3℃（5～7天）即可定植。从哈尔滨地区近年气候条件看，一般在3月24～28日较合适，比大棚早20～25天。

40. 常用的番茄定植方法有哪些？

番茄秧苗的定植就是把适龄的壮苗栽到田间的过程。常用的定植方法有以下几种。

(1) 挖窝点水定植 按株、行距定点窝内栽苗并浇水，水渗下后平窝或叫封穴。若再盖上肥料效果更好。此栽法地温高，土面不板结，省水。但当栽培密度大时，比较费工，一般适合春季中小棚番茄生产。行距0.5～0.6米，株距25～30厘米比较适宜。

(2) 坐水栽 按埯或沟先浇水，水未完全渗下按一定株距摆苗，水渗下后封埯。适当时可以在上面覆地膜。此方法地温上升快，缓苗快，土面不板结。适合春季中、小棚或温室内的番茄栽培。

(3) 明水栽 按埯或沟先栽苗，封土后浇埯水或顺着垄沟灌水。此方法省工，但需水量大，地温上升慢。定植后覆土在子叶下1厘米左右为宜，要及时覆盖地膜，以利保水、保肥。

(4) 开沟栽苗 按一定的行距开沟，深10～12厘米比较合适，按一定株距在沟中栽苗，灌水，水渗去后覆土封沟。这种方法较简便，省水、省工，适合番茄大面积栽培。

41. 定植番茄时，应该施用哪些肥料做基肥？

番茄一生中生长量大，产量高，定植前一定要施足基肥。如果前茬是粮食作物，土壤比较贫瘠，应多施基肥；菜田可以适当少施。作畦前每667米^{2}土地可施优质农家肥5 000～7 000千克，以猪粪、羊粪和鸡粪作基肥最好。在施农家肥的同时，可施入一定数量化肥做基肥，每667米^{2}土地施过磷酸钙或磷酸氢二铵20～30千克。然后作畦或作垄。做好垄后，每667米^{2}土地可再施大粪干400～500千克，草木灰100千克。一般有机基肥充足，番茄生长健壮、增产、品质好；有机肥不足，后期氮肥过多，番茄易徒长，抗病力差，品质下降。

42. 进行番茄田间栽培管理时，需要在哪些时期浇水？常用的方法有哪些？

番茄生长期长，枝叶繁茂，果实为浆果，含水量达90%以上。一生中需水很多，虽然有一定的耐旱力，但要获得高产，还必须重视水分的供给和调节。番茄的各生长期都要求适宜的土壤湿度。在栽培中，空气湿度除苗畦和塑料棚外，一般不能人为控制，浇水主要是调节土壤湿度。土壤含水量过大，根系小，植株脆嫩徒长，叶片发黄，甚至卷曲，严重者凋萎死亡。土壤水分过低，植株僵老细弱，叶片小，果实“豆化”，病毒病严重。浇水与否及大小，应“看天、看地、看苗”进行综合判断。

（1）定植水 番茄定植时地温较低，如浇水量大，容易降低地温，影响缓苗。所以，保持适量水就行。以浇暗水为宜。

（2）缓苗期 指定植后到幼苗开始生根冒新叶的时期。春番茄定植时最好不浇明水，如因劳力紧张浇了明水，一般一次即可缓苗生长。浇暗水者要在定植后3～4天，再在定植行间开小沟或开穴浇一水，即能缓苗。缓苗后即可中耕划锄。

（3）开花期 指缓苗后到第一穗果实坐住这一阶段。这个阶段是番茄的蹲苗期，以中耕为主，很少浇水，多者二水，少者一水。一般在第一穗果实坐住1～2个时浇一次足水，叫“催果水”。这次水很重要。浇早了往往会使植株徒长，营养生长过盛而将花“攻”掉，或坐果推迟，成熟期晚；浇晚了，枝叶生长受阻，果实变小，生长减慢。此期间主要是保持土壤疏松、地表干燥、促根壮秧。有了强大的根系，才能为以后植株旺盛生长打下基础。蹲苗期的长短，要根据土质、品种、气候等灵活掌握。蹲苗过度，特别是城市近郊多病的老菜田，易使病毒病加重。早熟品种因自封顶，植株矮，叶片少，长势弱，坐果力强，蹲苗期可短，甚至不蹲苗，一有“旱相”，即应浇水。如蹲苗过度，坐果集中，会累及营养生长，不发棵，出现小老苗现象。如土壤干旱，不必等到果实坐住后才浇水，可在开花时即进行适当浇水促秧。一般保水力强的黏壤土“催果水”可适当推迟，沙质土、山岭薄地可适当提前或多浇。

番茄喜疏松肥沃的砂壤土，特别喜河流两岸细沙壤土的夜潮地，定植后至坐果不浇水也不显干旱，在这样条件下可不浇“催果水”，让地表保持较长时期的疏松湿润，土壤不龟裂，根系发育完整，不少高产地块往往出于此处。

（4）盛果期 从第一穗果实坐住到拔秧。这段时期番茄不断开花、结果、采收，生长量大，采收数量多，水分管理分几个时期进行。

①前期。第一、二穗果实生长时期，我国北方大体在5、6月。这个时期气候较干燥，阳光充足，雨量较少，如合理灌水，适于番茄生长。此时不少地区有干热风危害，所以，要经常保持地表见干见湿状态，一般5～6天灌水二次。灌后进行浅锄，搭架或植株封垄后也可用小手锄浅锄，否则连续浇水，地面板结，蒸发更快。这时水分管理特点是保持土壤湿润，尽量提高地面株间空气湿度。干热风严重的中午，有条件可进行喷灌或喷水，水质以温度较低的地下井水为好。

②中后期。此时期是果实大量采收期。京、津一带大体在6月下旬和7月，此时雨量逐渐增多，灌水次数可适当减少。如已知近1～2天内有雨，那就不要浇水，否则，土壤水分过大，影响果实收摘，并能产生裂果、烂果。番茄收摘期，一般摘后浇水。大雨、暴雨后及时排水，不能让水长时浸泡植株。

43. 番茄整个生长期需要施几次肥？分别在什么时期进行？

番茄生长期都需要大量养分才能丰产。但番茄在不同生育期中对氮、磷、钾等元素的吸收量不同。番茄对氮、钾肥的吸收特点是植株生长前期吸收量少，结果期增多；磷肥则是前期吸收量多。所以番茄施用基肥时，应在有机肥中掺入适量磷、钾肥料，才有利番茄生长前期的需要。番茄追肥时也不应忽略磷、钾肥料，才能使果实味道好、色泽好、品质上乘。如追肥中光施用氮肥不施磷、钾肥，或氮肥施用量过多，易使植株徒长，枝蔓柔嫩，抗性差，病害多。此外，追肥需和浇水结合，以免发生肥害。追肥要采取少施、勤施的原则，才能使植株不致早衰，产量高，品质好。

一般情况下，番茄整个生长期需要施几次肥的具体时间和方法如下。

(1) 根外喷肥 番茄不仅可以从根部吸收营养，而且可以由叶片吸收矿质营养和糖，以促进果实的生长。所以，在果实生长期间，应进行2～3次叶面喷肥。可用0.2%～0.5%的磷酸二氢钾、

0.2%～0.3%的尿素混合施用效果好。同时，在开花期还可喷1次30毫克/千克的硼酸溶液，以提高番茄中的维生素C和可溶性固形物含量，以提高番茄的品质。一般应在早晨有露水或傍晚时喷，肥料浓度不能过大。

（2）第一次追肥 也叫提苗肥，在缓苗后蹲苗前。为了让刚定植成活的秧苗立即得到充足的养分，一般每667米^{2}施硝酸铵10千克或尿素7～8千克。结合提苗水进行，先将肥料撒在离根部6～7厘米处的地表，然后浇水，中耕，将肥料与土充分混合，再蹲苗。

（3）第二次追肥 又叫催果肥或促秧肥。一般在第一穗果实膨大、第二穗果实坐住时追施。每667米^{2}施尿素或氮磷钾复合肥20～25千克，在距根部10厘米处开小沟埋施后浇水。也可以每667米^{2}施腐熟的人粪尿500～1 000千克。这次追肥比较重要，既促进果实膨大，又促进植株生长，施用量大约占总追肥量的30%～40%。

（4）第三次追肥 又叫初果肥，即在第一穗果实开始采收后盛果期追的肥。这次追肥要追速效肥。一般每667米^{2}施用尿素或氮磷复合肥磷酸二铵10～15千克。也可667米^{2}土地冲施腐熟人粪尿800～1 000千克，或每667米^{2}土地冲施硫酸铵15千克，氯化钾10千克，然后灌水。这次追肥除了可以满足第一、二、三穗果实大量生长对养分需要外，还能防止因坐果多、果实大量采收引起的植株营养生长减弱或衰老现象。

（5）第四次追肥 也叫盛果肥，在第二次果实采收时施用。因为此时正是番茄采果盛期，需要较多的养分。一般每667米^{2}土地施用尿素和复合肥10～15千克。在盛果期还可以结合前面讲的根外追肥，叶面喷施磷酸二氢钾0.2%～0.3%溶液，有健壮秧苗、增进果实品质的作用。

44. 如何进行番茄生产的合理施肥？

在番茄施肥上实行有机肥与无机肥配合，氮肥与磷、钾肥配合，大量元素与微量元素及植物生长调节剂相配合。采取施足基肥，重施果肥，辅以叶面喷肥等技术，可以促进番茄的生长，提高番茄的产量和改善品质。现将其施肥技术介绍如下。

（1）满足番茄对氮、磷、钾的需求 番茄对三元素的吸收量以钾肥最多，氮肥次之，磷肥最少。生产5 000千克番茄，一般要从土壤中吸收氮18千克，磷5千克，钾25千克，其比例为1∶0.3∶1.4。

（2）施足底肥 番茄生长期较长，足够的有机肥做基肥，能促进根系发育，不易脱肥，植株稳长健长，叶面积增大，光合作用增强。一般以每667米^{2}施腐熟的有机肥5 000千克为宜。施用方法是将80%的有机肥撒于地表，然后翻耕埋入土中，20%的有机肥在畦中间开沟施下。定植时，苗子不宜直接栽在基肥上，以防肥料烧苗。

（3）配施磷钾肥 磷肥有利根系发育、幼苗健壮和新器官形成。磷肥在土壤中移动性较差，因此，宜做底肥一次施入。钾肥不但可以增加产量，增强番茄抗性，而且可以改善番茄品质。由于钾肥在土壤中易流失，而且番茄在生长中后期需钾量较高。因此，钾肥可分两次施用。一般以50%做基肥，50%在第一果开始膨大时施用。

（4）重施果肥 由于番茄结果期和采收期长，养分消耗多，因而要及时补足果实生长所需的养分，特别是结果期要重施果肥。具体方法是，在第一花序果坐稳，果实有拇指大小时，追施速效氮肥，一般每667米^{2}施硫酸铵15～20千克或尿素10千克左右。在第二、三穗果迅速膨大时，还必须不断供应养分才能满足生长的需要，否则会造成后期脱肥而影响果实发育。及时施肥应做到勤施猛促，一般每隔10天左右施1次腐熟的人粪尿，每667米^{2}施1 000千克。

（5）适时叶面喷肥 叶面喷肥能及时调节作物体内养分，促进生长发育，从而提高产量和改善品质。①喷施稀土。稀土不但含有多种微量元素，也是较好的生长剂，不仅能提高产量，改善品质，还能提早成熟。在番茄整个生育期共喷 2 次，即盛花期和始果期分别喷 0.05%浓度的稀土液 1 次。喷施稀土液一般应选在阴天或晴天下午 4 时后进行。②番茄进入采收期后，根的吸收能力开始下降，这时要进行叶面喷肥，即用 0.2%～0.4%的磷酸二氢钾和 0.3%～0.5%的尿素混合液喷施 2～3 次，效果较好。

45. 温室番茄叶面施肥注意哪些问题?

温室番茄叶面施肥一般从坐果后开始，直到植株拉秧为止，在番茄产量形成过程中起着重要作用。叶面施肥要及时针对不同情况而采用不同的管理方式。具体应注意以下几点：

（1）要根据番茄的生长情况确定营养的种类 一般来讲，结果前期，植株生长比较旺盛，易徒长，应少用促进茎、叶生长的叶面营养，可选用磷酸二氢钾、复合肥等。结果盛期，植株生长势开始衰弱，应多用促进茎、叶生长的叶面营养来促秧、保叶，可选用尿素、糖及大源 1 号、稼棵安等各类叶面专用营养液。

（2）要根据天气情况确定营养的种类 阴雪天气，温室内的光照不足，光合作用差，番茄的糖供应不足，叶面喷糖效果比较好。

（3）叶面及时喷施钙肥 番茄果实生长需要较多的钙，土壤供钙不足时，果实容易发生脐腐病。因此，在番茄结果期主张喷施氯化钙、过磷酸钙、氨基酸钙、补钙灵等钙肥，以满足番茄对钙素的需要。

（4）番茄叶面施肥的间隔时间要适宜 番茄叶面施肥的适宜间隔时间为 5～7 天。其中叶面喷施易产生肥害的无机化肥间隔时间应长一些，一般不短于 7 天，有机营养的喷施时间可适当短一些，一般 5 天左右为宜。

（5）番茄叶面施肥应注意与防病结合 进行温室内冬春季节叶面施肥往往会造成保护地内空气湿度明显增大，易引起番茄发病。因此，连阴天叶面喷施肥料次数要少，施肥时加入安泰生、杜邦易保等保护性杀菌剂，并在施肥后进行短时间通风，以减少发病率。

(6) 叶面肥使用不当 发生伤叶时，要用清水冲洗叶面，冲洗掉多余肥料，并增加叶片的含水量，缓解叶片受害程度。土壤含水量不足时，还要进行浇水，增加植株体内的含水量，降低茎、叶中的肥液浓度。

46. 为什么叶面追肥既能增产又能防病？怎样进行叶面追肥？

番茄叶面具有吸收营养的功能，向叶片喷施速效肥的施肥方法叫叶面追肥，也有人称为根外追肥。叶面追肥不仅能增强植株叶片的营养，而且能刺激植株根系对水分和营养的吸收。叶面追肥可增强营养，延长叶片寿命，促进生长发育，防止落花落果，增强植株抗病能力。因而既能增产又能防病，是生产上增产增收的有效措施。在不良环境条件下（如日光温室冬季番茄生产），进行叶面追肥，是必须采用的增产增收措施。

叶面追肥最好在露水见干的上午或蒸发量较小的下午进行，防止叶面肥在叶片迅速干燥，影响植株吸收。叶面追肥不要在烈日当头的中午进行。露地番茄在刮风天、下雨天不宜追肥。叶面追肥可选用0.2%～0.4%的磷酸二氢钾或500倍的复合微肥，或500倍台湾产的碧全植物健生素等。目前各类叶面肥和激素很多，应根据使用说明正确使用，最好能交替使用。

47. 整枝对番茄产量和品质有何影响？

在番茄栽培中通过整枝来控制茎叶营养生长，控制徒长，促进花及果实发育是获得高产高效益的关键技术之一。适时适当整枝是挖掘植株内在增产潜力的有效方法。对番茄植株进行适宜的整枝，可以提高坐果率，提早成熟，增加单果重，提高果实整齐度，果实发育及着色良好，可以明显增加产量和改善品质。番茄整枝主要是通过打杈、摘心等操作来进行，不同的打杈、摘心方式形成了各种不同的整枝方法。

48. 番茄有几种整枝方式？整枝时应注意什么？

番茄生长的环境，尤其是保护地中，湿度大、通风差、光照弱，要想控制番茄徒长，预防病害蔓延，促进花及果实发育，获得高产、高效，合理整枝是一项关键技术。对番茄进行适时、适当整枝，可以控制病害、提高坐果率、提早成熟、增加单果重、提高果实整齐度，使果实发育及着色良好，可以明显增加产量和改善品质。常用的番茄整枝方式有以下几种（图 6）。

（1）单干整枝 单干整枝法是目前番茄生产上普遍采用的一种整枝方法。单干整枝每株只留一个主干，把所有侧枝都陆续摘掉，主干也留一定果穗数摘心。打杈时一般应留 1～3 片叶，不宜从基部掰掉，以防损伤主干。留叶打杈还可以增加植株营养面积，促进生长发育，特别是附近果实的生长发育。摘心时一般在最后一穗果的上部留2～3 片叶，否则，这一果穗的生长发育将受到很大影响，甚至落花落果或果实发育不良，产量、品质显著下降。单干整枝法的优点是适合密植栽培，早熟性好，技术简单易掌握。缺点是用苗量增加，提高了成本，植株易早衰，总产量不高。

（2）双干整枝 双干整枝是在单干整枝的基础上，除留主干外，再选留一个侧枝作为第二主干结果枝。一般应留第一花序下的第一侧枝。因为根据营养运输由“源”到“库”的原则和营养同侧运输，这个主枝比较健壮，生长发育快，很快就可以与第一主干平行生长、发育。双干整枝的管理与单干整枝的管理相同。双干整枝的优点是节省种子和育苗费用，植株生长期长，长势旺，结果期长，产量高。缺点是早期产量低，早熟性差。

（3）改良式单干整枝 在主干进行单干整枝的同时，保留第一花序下的第一侧枝，待其结 1～2 穗果后留 2～3 片叶摘心。改良整枝法兼有单干和双干整枝法的优点，既可早熟又能高产，生产上值得推广。

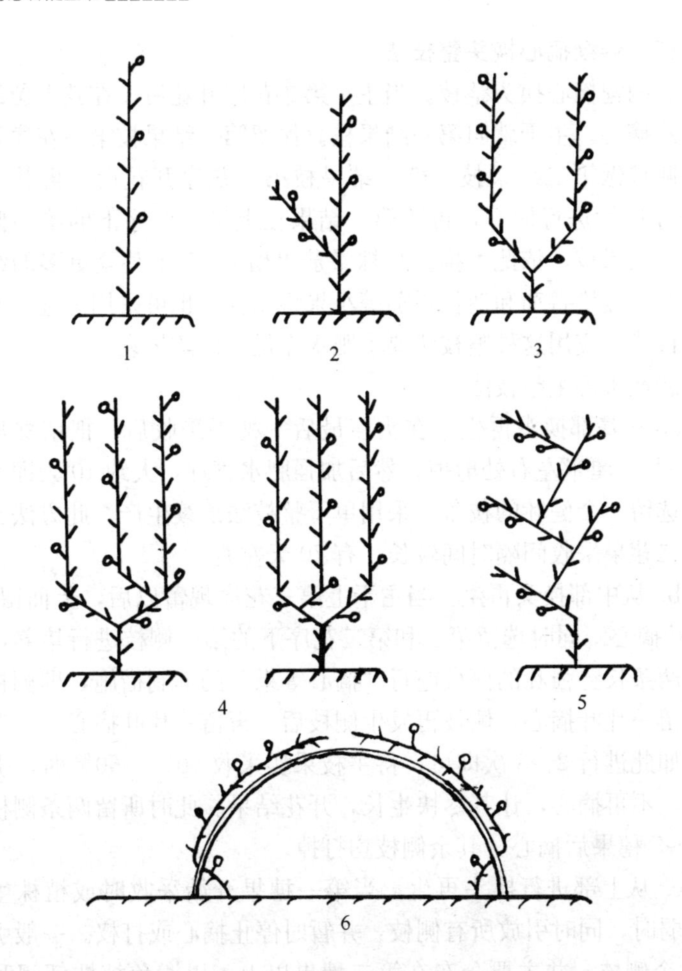

图6 番茄整枝示意图

1. 单干整枝 2. 改良单干整枝 3. 双干整枝

4. 三干整枝 5. 连续摘心整枝 6. 倒U形整枝

（4）三干整枝法 在双干整枝的基础上，再留第一主干第二花序下的第一侧枝或第二主干第一花序下的第一侧枝做第三主干，这样每株番茄就有了三个大的结果枝。这种整枝法在栽培上很少采用，但在番茄制种中有所应用。

（5）连续摘心换头整枝法

①两穗摘心换头整枝。当主干第二花序开花后，在其上留2～3个叶片摘心。主干就叫第一结果枝。保留第一结果枝第一花序下的第一侧枝做第二结果枝。第二结果枝第二花序开花后，再其上留2～3个叶片进行摘心，再留第二结果枝上第一花序下的第一侧枝做第三结果枝，依此类推。每株番茄可留4～5个甚至更多的结果枝，对于樱桃番茄和迷你番茄等小果型品种，也可采用三穗摘心换头整枝法。应用这种整枝法要求肥水充足，以防早衰。

②换头再生整枝法。

a. 从基部换头再生。在头茬最后一穗果采收后，把植株从靠近地面10厘米左右处剪掉，然后加强肥水管理，大约10天即发新枝，选留一个健壮的枝条，采用单干整枝法继续生产。此方法头茬果和二茬果采收间隔时间较长，有70天左右。

b. 从中部换头再生。当主干上第三花序现蕾以后，上面留2～3片叶摘心。同时选留第二和第三花序下的第一侧枝进行培养，并对这两条长势强壮的侧枝施行“摘心等果”的抑制措施，即侧枝长出后留一片叶摘心，侧枝再发生侧枝后，再留一片叶摘心，一般情况下如此进行2～3次即可。待主枝果实采收50%～60%时，引放侧枝，不再摘心，让其尽快生长，开花结果。此时所留两条侧枝共留4～5穗果后摘心，其余侧枝均打掉。

c. 从上部进行换头再生。当第一穗果开始采收时或植株生长势衰弱时，同时引放所有侧枝，并暂时停止摘心或打杈。一般引放3～4个侧枝，并主要分布在第二穗果以上，以避免植株郁闭和通风透光不良。当几乎所有植株都已引放出侧枝时，每个植株选1～2个长势强壮、整齐、花序发育良好的侧枝作为新的结果枝继续生产，其余侧枝留一片叶摘心。新结果枝一般留2～3穗果后，留2～3片叶摘心。新结果枝再发生侧枝应及时打杈。

（6）倒U形整枝 结合搭弓形架，先把番茄按单干整枝整理，然后绑到架上，弓形架最高点与番茄第三穗果高度基本一致。这样，番茄植株上部开花结果时，上部花穗因为弓形架高度的降低而降低，从而改善它的营养状况，提高了上部果穗的产量、品质。使用这种方法也要经常去老叶、病叶，以防植株郁闭，影响通风透光。

番茄整枝中应注意的问题：对于病毒病等病植株应单独进行整枝，避免人为传播病害；整枝时顺序先健后病，并经常用肥皂水洗手；植株上不做结果枝的侧枝不宜过早打掉，一般应留 1～2 片叶制造养分，辅助主干生长；打杈、摘心应选晴天下午进行，以利伤口愈合，不要在雨天或水未干时进行，防治病原菌感染；结合整枝应进行绑蔓及植株矫正，及时摘除老叶、病叶及失去功能的无效叶。

49. 番茄如何进行打杈、掐尖、疏花疏果、打老叶？

（1）打杈 在番茄的栽培中，除应保留的侧枝外，将其余侧枝全部摘除的操作过程，即打杈。科学的打杈是番茄高产栽培中非常重要的一环。然而，很多的菜农对这一环节缺乏足够的重视，认为无关紧要，从而引起一系列的不良后果。所以打杈时要注意以下事项。

①注意杈的生长速度，做到适时打杈。菜农的做法往往是杈无论大小，见了就打。当然，打杈过晚，消耗养分过多，会影响坐果及果实膨大。但是，在番茄生长前期，植株营养同化体积较小，打杈过早，影响根系的生长发育，造成生长缓慢，结果力下降。尤其是早熟品种及生长势弱的品种愈加明显。正确的做法应该是，待杈长到 7 厘米左右时，分期、分次地摘除。对于植株生长势弱的，必要时应在杈上保留1～2 片叶再去打杈心，以保障植株生长健壮。

②把握好打杈的时间。在 1 天中，最好选择晴天高温时刻进行打杈。早晨打杈产生伤流过大，造成养分的流失；中午温度高，打杈后伤口愈合快，且伤流少；如果下午 4 点钟以后打杈，夜间结露易使伤口受到病菌侵染。

③打杈前做好消毒工作，防止交叉感染。因人手特别是吸烟者的手往往带有烟草花叶病毒及其他有害菌，如消毒不彻底极易引起

大面积感染。所以，在进行操作前，人手、剪刀要用肥皂水或消毒剂充分清洗。在打杈时，要有选择性。即先打健壮无病的植株，后打感病的植株，打下来的杈残体要集中堆放，然后清理深埋，切忌随手乱扔。

④适当留茬。很多菜农在打杈时将杈从基部全部抹去。这种做法的缺点在于，一旦发生病菌侵染，病菌很快沿伤口传至主干，且创伤面大，不利伤口愈合。正确的做法应该是打杈时在杈基部留1～2厘米高的茬，既有效地阻止病菌从伤口侵入主干，又能使创面小，有利伤口愈合。

（2）掐尖 掐尖的科学说法叫摘心。就是说当番茄植株生长到一定高度时，将其顶端摘除。它是与整枝相配合的田间管理措施。通过摘心可以减少养分的消耗，使养分集中到果实上。摘心的早晚应根据番茄植株的生长势而定。如植株生长健壮可延迟摘心，生长瘦弱可提早摘心。一般在拔秧前40天，即花序基本长大，第一花蕊长足时进行。对早熟品种或早熟栽培，一般有4～5个花序后可摘心，而晚熟品种要5～6个花序才可摘心。摘心时，顶端花序上面应留2片真叶，以防果实发生日烧病。

（3）疏花疏果 番茄为聚伞花序或总状花序，每穗花数较多，如气候适宜，授粉受精良好，坐果较多，而鲜食品种常为大、中型果。由于结果数太多而养分不足，常使单果重减轻，碎果、畸形果增多，影响商品品质和经济效益。所以，每穗果实坐果以后要进行疏果，将碎果、畸形果等摘去。一般大果型品种留果2～3个，中果型品种3～5个，小果型品种5～10个即可。但如果是加工品种，则果型较小，每个果实都能长成，大小比较均匀，就可以不疏果。

番茄一般不疏花。但有些品种在早春低温下，第一花序的第一朵花常畸形，表现出萼片多，花瓣多，花柱短而扁，子房畸形，这样的花坐果发育后容易形成大脐果或畸形果，所以，应及时摘除，以提高果实的商品品质。

（4）打老叶 栽培番茄尤其是保护地栽培的，下部的叶片，在果实膨大后已经衰老，本身所制造的养分已经没有剩余，甚至不够消耗，应及时摘除基部老叶、黄叶，增加通风透光，对促进果实发育是有利的。一般打老叶的时期是在第一穗果放白时，就应把果穗下的老叶全部去掉。摘除的老叶应及时予以深埋和烧毁。

50. 番茄生产中为什么有时出现只开花不结果现象?

番茄生产中有时出现植株长得高大、粗壮，叶深绿肥厚，只开花不结果的现象。这种现象又称为“寡妇棵”。这种植株很容易与一般植株区分。这种植株在田间的出现率很小，在杂种中的出现率比品种高3～5倍。发生这种现象的原因有两种可能，一种是多倍体，一种是不孕系。如果是不孕系有可能是生理的不孕，也有可能是遗传的不孕。生产上一旦出现这种植株应及时拔除。育种工作者一旦发现这种现象，可进行自交、杂交，有可能发现有用的自交系。

51. 番茄落花落果的原因是什么？对产量会产生什么影响?

(1) 番茄落花落果的原因　番茄除因发生各种病害、虫害造成落果外，一般落果现象较少，而落花现象比较普遍。试验证明，番茄落花主要与植物体内的生长刺激素含量有关。如果环境条件及营养条件适宜，番茄花的发育及授粉受精正常时，果实的发育也正常，这时体内生长素的形成量不断增加并维持较高水平，一般不产生落花现象。如果环境条件及营养条件不适宜，授粉受精不正常，花和果实的生长发育就会受到影响，这时体内生长素水平则较低，易产生落花现象。从外部形态上看，番茄落花的部位是在叶柄中部的离层处。离层是由具有10～12层的离层组织细胞所构成。这些离层细胞组织不论番茄花是否脱落，都会自然形成。但当离层产生能溶解细胞间中胶层的酶时，则花果从此脱落。使用生长素能阻止这种酶的活动，因此可以防止落花落果，并促进果实生长发育。

引起番茄落花落果的原因很多，主要有：不良的生态条件、不良的栽培技术、机械损伤等。其中不良生态条件的影响最为显著。生态条件虽然不是造成番茄落花落果的直接原因，但在栽培上若进行严格控制，使番茄生长发育良好，则保花保果率显著提高。在不良生态条件下，采用人工辅助授粉和生长素（番茄灵等）处理，保花保果率可显著提高。

番茄不同栽培形式及栽培季节其落花落果原因不尽相同。冬春茬番茄栽培中低温（13℃以下）和气温骤变是引起落花落果的主要原因。越夏番茄栽培高温（30℃以上）和干燥（或降雨）是引起番茄落花落果的主要原因。不论哪种栽培形式，栽培技术不当，如栽植密度过大，整枝打杈不及时，引起植株徒长，管理粗放等都会引起落花落果。

（2）番茄落花落果对产量的影响 番茄以成熟的多汁浆果为产品，没有花果就没有产量，因此防止落花落果即保花保果是冬春茬栽培和越夏栽培的重要技术环节。一般生产上平均落花率为15%～30%，有时高达40%～50%。落花落果大部分出现在第一花序或第二花序。高架多穗果栽培上部花序落花落果也比较严重。因此，落花落果对产量和效益影响很大，生产上应引起重视。

52. 防止番茄落花落果的主要技术措施是什么？

（1）适时定植 避免盲目早定植，防止早春低温影响花器发育。定植后白天温度应保持约25℃，夜间约15℃，促进花芽分化。

（2）加强肥水管理 干旱时及时浇水，积水时应排水，保证植物有充分营养，合理整枝打杈。花期用8～15毫克/千克2,4-D蘸花或用毛笔蘸稀释液涂抹花柄和雌蕊柱头，可有效地防止因低温或高温引起的番茄落花、落果，并可使番茄提前成熟5～7天。也可喷洒番茄灵，当每个花序上有2～3朵花开放时喷洒1次即可。其浓度因温度变化而不同。一般温度20℃喷洒50毫克/千克，20～30℃喷洒25毫克/千克，30℃以上喷洒10毫克/千克。

53. 番茄坐果激素有哪些？如何使用？

对番茄具有保花保果作用的所有外源生长素类物质，这里统称为坐果激素。坐果激素已在生产中广泛应用。目前应用较多的有：番茄灵（又叫防落素，化学名称为对氯苯氧乙酸，PCPA)；2,4-D（也叫2,4-滴，化学名称为2,4-二氯苯氧乙酸)；2M-4X（2-甲基-4-氯苯氧乙酸)；BNOA（B-萘氧乙酸)，及其由此产生的一些复合坐果激素等。其中前两种坐果激素应用最为普遍。1992年沈阳农业大学研制的番茄丰产剂2号综合了番茄灵和2,4-D的优点，克服了二者的缺点，保花保果效果更显著。

番茄坐果激素的使用通常采用涂抹法、蘸花法和喷雾法。不同激素种类的使用方法不同。

(1) 涂抹法 应用2,4-D时采用此种方法。2,4-D使用浓度为10～20毫克/千克。高温季节取浓度低限，低温季节取浓度高限。首先根据2,4-D的类型及其说明将药液配制好，并加入少量的红或蓝色染料做标记，然后用毛笔蘸取少许药液涂抹花柄的离层处或柱头上。这种方法需一朵一朵的涂抹，比较费工。2,4-D处理的花穗果实之间生长不整齐，成熟期相差较大。使用2,4-D时应防止药液喷到植株幼叶和生长点上，否则将产生药害。

(2) 蘸花法 应用番茄丰产剂2号或番茄灵时可采用此种方法。番茄丰产剂2号使用浓度为20～30毫克/千克。番茄灵使用浓度为25～50毫克/千克，生产上应用时应严格按说明书配制。将配好的药液倒入小碗中，将开有3～4朵花的整个花穗在激素溶液中浸蘸一下，然后将小碗边缘轻轻触动花序，让花序上过多的激素流淌在碗里。这种方法防落花落果效果较好，同一果穗果实间生长整齐，成熟期比较一致，也省工、省力。

(3) 喷雾法 应用番茄丰产剂2号或番茄灵也可采用喷雾法。当番茄每穗花有3～4朵开放时，用装有药液的小喷雾器或喷枪对准花穗喷洒，使雾滴布满花朵又不下滴。此法激素使用浓度及效果与蘸花法相同，但用药量较大。

54. 使用番茄坐果激素有哪些注意事项？激素使用不当造成的症状是怎样的？

配制药液时不要用金属容器。溶液最好是当天用当天配，剩下的药液要在阴凉处密闭保存。配药时必须严格掌握使用浓度，浓度过低效果较差，浓度过高易产生畸形果。蘸花时应避免重复处理。药液应避免喷到植株上，否则将产生药害。坐果激素处理花序的时期最好是花朵半开至全开时期，从开花前3天到开花后3天内激素处理均有效果，过早或过晚处理效果都降低。在使用坐果激素时，应加强生态条件的管理。

由于使用2,4-D或防落素等植物生长调节剂蘸花或喷花，造成药物蒸散。激素洒布到番茄的叶部，未成熟时遇高浓度的药效成分后，常发生萎缩，特别是洒布在新叶上，就要产生与叶脉相平行的突起，完全拧曲，不展开，稍稍硬化后则破裂。光照不足，塑料薄膜发旧，结果过多时危害更重。在使用2,4-D后，没有精心管理；或者将激素洒布在心叶上时，都容易发生危害。番茄生育变劣，生长点生长迟缓，因此花房和生长点的距离非常接近，这些都是由于坐果激素处理不当造成的。严重时叶部变成柳叶状，拧转萎缩在一起。

55. 为什么人工辅助授粉可提高番茄坐果率？怎样进行番茄人工辅助授粉？

番茄花粉在夜温低于10～12℃时，日温低于20～22℃时，没有生活力或不能自由地从花粉囊里扩散出去。如果夜温20～22℃，日温高于32℃，也会发生类似情况。有些品种花柱过长，在开花时因柱头外露，而不能授粉。番茄植株有活力的发育良好的花粉，通过摇动或震动花序能促进花粉从花粉囊里撒出，并落到柱头上，从而达到人工辅助授粉的目的。摇动花序或震动支柱的适宜时间为上午 9～10 时。当花器发育不良，花粉粒发育很少时，同时采用震动花序和激素的方法，比单独使用激素处理，保花保果效果更好。激素要在震动花序 2 天后处理，否则会干扰花粉管的生长。如果植株没有有生命力的花粉产生，那就必须采用激素处理。

番茄露地栽培时，人工辅助授粉要摇动整个植株，以利于花粉扩散。也可用高压背负式喷雾器喷清水或结合根外追肥进行喷雾震动。以色列农业工程火山研究所发明一种拖拉机牵引的脉冲喷气震动器，用这种震动器在花发育时，每隔 4～7 天震动 1 次，则结果数增多，总产值可增加 15%，高者可达 20%。

番茄设施栽培时，人工辅助授粉可通过摇动或震动架材来震动植株，以促进花粉授精。也可以通过人来回走动来带动植株。也可用高压喷雾器进行喷雾震动。在人工辅助授粉的基础上，如果保花保果困难，则要使用坐果激素处理花序。番茄保花保果应注重正常的授粉受精以致开花结果，乱用坐果激素将影响品质。

56. 番茄花期如何进行栽培管理？

番茄保花保果除了培育壮苗，花期人工辅助授粉，以及使用坐果激素等措施外，还要加强花期的栽培管理。开花期的适温为25～28℃，一般在 15～30℃的范围内均能正常开花结果。如果温度低于 15℃或高于 33℃就容易发生落花落果。

设施冬春茬番茄栽培应注重增温保温。越夏番茄可进行遮阴防雨栽培。番茄是强光植物，光照不足也会造成落花落果。设施冬季生产可在温室后墙张挂反光幕增光。同时要适当稀植。开花期土壤不能干燥，要湿润，空气湿度也不能过高或过低。高温干燥或低温高湿及降雨易引起落花落果。开花期一般不灌大水。番茄是喜肥作物，要保证肥水充足。番茄从第一果穗坐果以后，始终是营养生长和生殖生长同时进行，如果植株体内营养供应不足，器官之间就会引起养分的竞争，易使花序之间坐果率不均衡。栽培上可通过疏花疏果、整枝打杈、摘叶摘心等措施，人为调整其生长发育平衡，以促进保花保果，开花期除上述栽培管理外，根外喷施磷酸二氢钾或植保素等叶面肥或激素也有利于保花保果。花期二氧化碳施肥，也可提高坐果率。开花期还应注意病虫害防治。

57. 番茄棚室生产中会发生哪些土壤养分障碍？如何防治？

（1）土壤养分障碍

①土壤氮、磷、钾比例失调，蔬菜体内硝态氮含量高。氮肥的直接效应导致菜农在用肥中偏施氮肥的情况十分普遍。据白纲义等（1982）在北京调查，蔬菜产量达 6 000 千克时，约自土壤中携出 N 18.6 千克、P_2O_5 9.4 千克、K_2O 23.1 千克，而当年施肥量与产品携出量相比较，氮是 3.4 倍，磷是 2.2 倍，而钾仅为携出量的 86%，这种氮、磷、钾三要素施入与携出的不协调，再加上氮、钾的移动性及损失又比磷多，从而使菜地土壤在肥力提高过程中全磷和速效磷高度富积，水解氮中度积累，速效钾积累不多，甚至入不敷出。又据在杭州郊区采集的 254 个土样测定（1995），速效钾含量<160 毫克/千克的缺钾土壤已占测试点的 93%，土壤缺钾十分突出。

氮肥的超量施用不仅造成土壤氮、磷、钾比例失调，而且还使蔬菜体内的硝态氮含量增加。据庄舜尧等（1997）研究，大白菜体内硝态氮含量与氮肥用量呈线性关系，即氮肥用量多，大白菜体内硝态氮含量也高。此外，钾、钼等元素缺乏，也会导致蔬菜体内硝态氮含量增加。虽然硝态氮对人没有直接危害，但被人食用后，可以在胃内还原为亚硝基，如与二级胺作用，可形成二级胺，这是一种强致癌物质。

②钙、镁及微量元素不足。蔬菜吸收钙、镁及硼等元素较多，但菜农对此常常认识不足。设施蔬菜基本不施钙、镁及微肥，因此生理性病害十分普遍。如缺钙引起番茄、甜椒脐腐病，大白菜干烧心病，甘蓝心腐病；缺镁引起下位叶褪绿黄化，叶脉仍保持绿色，

形成清晰网目状花叶；缺硼芹菜易得茎裂病，萝卜、芜菁肉质根褐心病，糖用甜菜心腐病，花椰菜肉质茎心部褐化、开裂；缺钼蔬菜叶片呈鞭尾状叶、杯状叶或黄斑叶等。

③土壤重金属污染严重。我国蔬菜生产基地多集中在大中城市郊区和工矿区的邻近地区，常年施用垃圾、污泥、磷肥及污水灌溉和喷洒某些农药等，常导致菜园土壤重金属污染。特别是老菜园土中某些重金属（铅、汞、镉、锌、铜、铬、砷等）含量较高，有的已经严重超标。据戴军（1995）报道，广州市菜地约有9.5%被污染，其中以铅的污染最为严重，其次是镉、砷的污染。

(2) 防治措施

①平衡施肥。平衡施肥主要是指蔬菜必须的各种营养元素之间的合理供应和调节，以提高肥料利用率，满足蔬菜产量和改善产品品质，提高土壤肥力和防止环境污染。在当前蔬菜施肥中，除应施用有机肥料外，一定要控制氮、磷肥用量，增施钾肥、钙肥、镁肥以及硼、钼等微量元素肥料，以不断提高土壤肥力和蔬菜的产量和品质。锌、锰、铜能提高番茄可溶性糖、维生素C及糖酸比（任军，1997），从而使蔬菜品质得到改善。

②控制重金属污染源。为了减少重金属污染，提高蔬菜品质，不少城市已停止施用垃圾、污泥和污水灌溉。如南昌市从1996年开始已停止施用垃圾和污泥。有的城市如哈尔滨、杭州等地，已建有垃圾处理场，垃圾经处理后再施用。化肥中的磷肥含有较多的镉、铬、汞、镍、铅等重金属，也应控制施用。

58. 番茄棚室生产中为什么会发生土壤盐分升高？如何防治？

(1) 土壤盐分障碍的原因

①施肥量高。进行棚室生产的施肥量比露地高，一般为露地施肥量的4～6倍。一般认为，施到菜园土壤中的氮肥，除部分被蔬菜吸收及土壤胶体吸附、固定和挥发外，残留在土壤中的氮肥可氧

化成硝态氮，并以各种硝酸盐的形式溶解在土壤溶液中。同时，化肥的副成分，如氯化钾中的氯离子（Cl^-），也能与土壤中的钙离子离子（Ca^{2+}）或钠离子（Na^+）结合形成氯化钙（$CaCl_2$）或氯化钠（NaCl）而溶解于土壤溶液中，从而导致土壤溶液中的盐浓度提高。据此可以认为，肥料的高投入是土壤中可溶性盐分增加的根本原因。

②土壤中水分向土表运动导致盐分向表层积聚。露地土壤水分总是时上时下地运动，而棚室设施是一个封闭或半封闭系统，棚内温度高，有利于土表水分汽化，致使地下水和土层内的水分不断上升，从而使盐分随水带至表层，另外，设施内没有雨水淋洗，造成盐分在土壤表层积聚，致使盐分含量比露地高。据上海市蔬菜科学技术推广站报道，有的设施内耕层土壤（0～25 厘米）全盐含量可为露地土壤的 10 倍左右。

③不当的栽培措施。浅耕、土表施肥和泼浇，均能加剧盐分向表层积聚。此外，设施土壤地下水位高，灌溉水矿化度大也容易引起土壤盐分增加。

（2）防治措施

①施肥要标准化。应根据轮作中蔬菜的需肥量、肥料利用率及土壤供肥能力进行平衡施肥，并采用少量多次的施肥方法，防止一次用肥过多。同时，要注意肥料种类，因为不同肥料其致盐能力不同。一般认为，常用化肥致盐能力由高到低的顺序为：氯化钾＞硝酸铵＞硝酸钠＞尿素＞硫酸铵＞硫酸钾。1995 年对杭州郊区常用的几种肥料致盐情况做过研究，即在等用量情况下，各种肥料的致盐能力从高到低依次是：氯化铵＞氯化钾＞尿素＞过磷酸钙。可见，含氯化肥的致盐能力较强，在设施内施用时要严格控制用量。同时，尽量不要连续使用含有高盐分的大粪，以防盐分积累。

此外，大力提倡根外追肥。使用长效肥料或缓效性肥料能避免速效性肥料短期内浓度急剧升高的弊病，对防治盐害具有一定作用。

②以水化盐。设施内土壤中积聚的硝酸根离子、钙离子等，虽

然都是蔬菜生长所必需，但它们大量积聚后会提高土壤溶液中的盐分浓度，引起根部吸收障碍，产生盐害。目前可采用两种方法防治：一是利用闲季间隙连续灌深水，对减少盐害及病害有良好效果；二是在夏季撤除薄膜，经雨水淋洗，并挖深设施周围的排水沟，使耕层多余盐分随水排走。

③选种耐盐品种，注意避盐育苗。不同蔬菜耐盐能力各异。综合各地报道，耐盐性强的蔬菜有花椰菜、菠菜、食用甜菜等；耐盐中等的蔬菜有番茄、芦笋、莴苣、胡萝卜、洋葱、茄子；耐盐性差的蔬菜有甘蓝、甜椒、黄瓜、菜豆等。因此，在积盐较重的设施内，宜选种花椰菜、番茄、茄子等，只有当土壤盐分降至0.2%左右时，才可种植黄瓜、甜椒等，并注意肥水等综合管理措施。

④采用间、套技术，增加地面覆盖。间、套作物可以消耗土壤中各种营养元素，采用间、套方法不仅增加了地面覆盖率，减少水分蒸发，而且因间、套速生蔬菜需要经常浇水，也使土表盐分得到冲洗。此外，利用种植间隙，可栽上一季耗盐多的植物，如6月种苏丹草，经1个月草高可达2米，其土壤中盐分能够迅速下降，效果十分明显。

⑤施用作物秸秆。豆科作物和禾本科作物秸秆施入土壤后，在被微生物分解过程中，能消耗土壤中的速效氮，从而有效地降低土壤中可溶性盐分的浓度。据报道，1 000千克没有腐熟的稻草可以固定7.8千克无机氮。通常在夏季拉秧后，每667米^{2}施300～500千克秸秆，盐渍化较严重的地块可以提高到1 000～1 500千克。用前把秸秆切碎，均匀翻入土壤耕层，15天后就可定植。施用秸秆不仅可以减轻土壤次生盐渍化，而且还能提高土壤有机质，平衡土壤养分，增加土壤有益微生物数量，抑制病原菌活性，减少蔬菜病害等作用。

⑥利用地膜等覆盖物，减少土表盐分积聚。畦面覆盖透明、黑色或银灰色地膜，除原有的保温、保水、保肥和驱蚜等作用外，还有抑制土表盐渍化的效果。据童有为（1989）对盖膜与露畦的对比测定，0～5厘米土层盖膜的盐分含量为露畦的57%；25～50厘米

土层为露畦的35%；而5～25厘米土层却为露畦的160%。说明盖膜后土面水分蒸发受抑，土壤层次间的盐分分布也因此起了变化。0～5厘米土层可能受地膜回笼水的影响，含盐量明显降低，而较多地积累在5～25厘米土层内，但0～50厘米整个土层内总盐量并未比露畦显著减少。因此，揭膜后盐渍的潜在威胁仍然存在。

59. 番茄棚室生产中为什么会土壤酸化？如何防治？

在当前蔬菜生产中，菜园土的酸化问题十分突出。据报道，常州市强酸性菜地（pH＜5.5）已占菜地面积的50%，无锡市也占到36%。杭州郊区的调查表明，pH低于5.5的菜地面积占调查面积的30%。一般认为，大多数蔬菜适宜在中性及微酸性土壤中生长，在强酸性土壤中（pH＜5.0）生育不良，而且产量低。洋葱在pH 5.2的土壤中产量只有pH 6.2土壤中的50%；当pH为4.2时，栽培的第一年产量只有生长在pH 6.2土壤中的37%，到了第二年几乎绝收。因此，对菜园土壤酸化进行矫治是获得蔬菜优质高产的重要措施之一。

（1）土壤酸化原因 导致菜园土壤酸化的原因有酸雨、高温多雨、过量施肥和施酸性及生理酸性肥料等，但对设施土壤来讲，主要是后两个原因。

①超量施用氮肥。施到土壤中的氮肥除被蔬菜吸收一部分外，大部分残留在土壤中，特别是在多年连续进行设施栽培时，氮的累积越来越多。由于蔬菜土壤处于通气条件，土壤中氮肥会进行硝化作用形成硝酸，因而使土壤酸度增加。不同氮肥品种对土壤的致酸能力各异。其中以硫酸铵致酸能力最强，其次是硝磷酸铵，而硝酸铵钙最弱。

②施用酸性及生理酸性肥料。酸性肥料如过磷酸钙本身就含有5%的游离酸，所以会使土壤pH降低。而生理酸性肥料如氯化铵、氯化钾、硫酸钾等，施到土壤中后因蔬菜选择性吸收铵（NH^+）

和钾（K^+），从而把根胶体上的氢（H^+）代换出来，使土壤酸度增加。长期大量偏施这些肥料常导致土壤酸化。

（2）防治措施 土壤酸化的治理除控制氮肥用量、少用酸性及生理酸性肥料、增施有机肥料外，其针对性措施是施用碱性物质。施用碱性物质，是以适宜蔬菜生长的土壤 pH 6.5 来作为确定标准的，其用量决定于土壤 pH 高低、土壤质地及钙肥种类。如用石灰，强酸性菜地（pH＜5.5）每隔 1 年每 667 米^{2}施 150～200 千克，或第一年用后第二年适当减少。施碱性物质应翻入土中，并和土壤充分混合，用于表层的降酸效果不大。

60. 番茄棚室生产中为什么会发生连作障碍?

有些病原菌和虫卵易在土壤中残存，种过番茄的土壤营养成分易产生不平衡或缺乏，地力越差则不平衡或缺乏越重，因而番茄连作容易发生病虫害，植株长势衰弱，减产减收，这种现象叫作连作障碍。番茄连作年限越长，病虫害越重，产量和效益越低，即连作障碍越重。设施内因高效益作物种类较少，轮作倒茬困难，连作常常是不可避免的，因而连作障碍比露地更重。连作障碍已成为高产、优质栽培必须克服的技术难题。连作障碍不仅是我国的技术难题，也是世界各国的技术难题。据日本农林水产省（1976）的调查，连作障碍的原因有病虫危害、土壤化学性质不良、土壤物理性质不良、生理障碍、忌地现象等。其中，又以病虫危害及土壤化学性质不良最为突出，分别占到统计总数的 71%和 8.9%。

（1）病虫为害 连作条件下，由于土壤与蔬菜关系相对稳定，容易发生相同病虫害，尤其是土传病害，如黄瓜、西瓜枯萎病；茄子黄萎病、褐纹病、绵疫病；番茄早疫病、晚疫病、白绢病、青枯病、病毒病；辣椒炭疽病；菠菜、葱类霜霉病；菜豆叶枯病；豇豆煤霉病；大白菜软腐病、根肿病，以及线虫、根蛆（种蝇、葱蝇）等，因获得适生环境而大量繁殖。

（2）土壤化学性质不良 设施土壤蔬菜连作，不仅因为大量施肥容易产生盐分积累，而且因为同一种蔬菜的根系分布范围及深浅一致，吸收的养分相同，致使某种养分消耗量增加，而造成缺乏。据对杭州郊区设施蔬菜调查，蔬菜缺钾、缺镁、缺钙、缺硼情况十分普遍。

此外，根系分泌的有害物质，也加重了连作障碍。如西瓜连作减产严重，除与枯萎病有关外，根系分泌的水杨酸也是导致减产的原因之一。

61. 采取什么措施能消除大棚番茄连作障碍？

（1）改善土壤条件，重视土壤消毒

①配制无毒营养土。大棚早春番茄栽培常在头年 11 月初进行冷床播种育苗，因此应配制无毒营养土。

a. 利用自然堆温杀菌。在每年的 7 月即可开始配制营养土，按体积比，一份熟土或塘泥，一份优质有机肥，一份垃圾或谷糠灰，三者充分拌匀后堆制，上盖塑料薄膜，让其高温发酵，较长时间保持 50～60℃，达到杀菌和腐熟的目的。经 1～2 个月堆制后，翻堆晒干，贮存备用。

b. 药剂消毒。来不及高温发酵消毒或消毒不彻底的营养土，可采用药剂消毒。

福尔马林消毒：播种前 10 天左右，用 40%甲醛 100 倍液处理营养土，1 千克福尔马林原液配制的稀释液可处理 4 000～5 000 千克营养土。先把药液均匀地喷在营养土上，后将营养土反复搅拌后堆成土堆，盖上薄膜，密闭 2～3 天进行消毒，然后将药土摊开，待药土中气体挥发后方能使用。此法也可先将营养土铺在苗床上，再对床土进行消毒。

五氯硝基苯或多菌灵消毒：每平方米苗床用 40%五氯硝基苯粉剂或 50%多菌灵粉剂 8～10 克拌细土 4～5 千克翻成药土，播种前先将 2/3 的药土均匀撒在底面上为垫土，然后将种子播在垫土上，再将余下的 1/3 药土均匀地覆盖在种子上。覆土后，土壤表面应洒水，使表土保持湿润。以上方法可任选一种，均能有效地防止猝倒病和立枯病等苗床病害的发生。

②栽培田的土壤处理。

a. 撒生石灰。准备栽培番茄的大棚，在定植前一个月左右翻耕晒田，结合整地施底肥，每 667 米^2 土地撒施 150～200 千克生石灰进行土壤消毒。为了保持定植时土壤干燥，应在整地时将大棚膜盖上或整地后在畦面上用地膜盖严，以防雨水淋湿畦面。施石灰可以调节土壤 pH，增加钙质营养，改善土壤团粒结构，增加土壤通透性，有利于植株生长，不利于病原繁殖，对减少番茄的土传病害是最简单有效的方法。

b. 定植穴内撒五氯硝基苯或多菌灵药土。用 40%五氯硝基苯或 70%敌克松或 50%多菌灵，每 667 米^2 土地用药 1～2 千克，与 200 千克干细土拌成药土，撒在定植穴底部或周围，每穴 40～50 克，注意植株不要直接栽在药土上。此法可有效防止土传病害发生。

③改善土壤条件。

a. 选地。选择地势高燥、排灌方便的地块建造大棚。

b. 盛夏返水，深耕烤土。为了有效地打破番茄生产的连作障碍，有效的办法之一就是每隔 1～2 年在 6 月中旬当番茄完全罢园、残株清洁干净后，将大棚四周围起，灌水至土面 6～7 厘米，保持 30 天左右。晴天中午水温可达到 50～60℃，在 7 月底至 8 月初放水干土，满田撒石灰，每 667 米^2 撒 200 千克。土干至不沾翻土工具时，深耕烤土 10～25 天，整地施肥，8 月中旬可移栽下茬菜。

(2) 选用优良抗病品种，培育无病壮苗

①选用优良抗病品种。可选用早熟、产量较稳定、成熟快、上市集中的大棚栽培品种。

②种子处理。用 50～55℃温水浸泡 15 分钟后晾干即可。也可先用清水浸泡 3～4 小时，后用磷酸三钠或 40%甲醛 100 倍液处理 15～20 分钟，前者可直接用清水冲洗干净，后者用湿布包好，放入密闭容器中闷 2～3 小时，然后用清水冲洗干净，晾干即可播种。

③培育无病壮苗。采用大棚栽培早春番茄，宜采用越冬育苗，即在头年11月初冷床播种育苗，1～2片真叶时，在初霜前选晴天在大棚内将苗排入营养钵中，营养钵之间要挤紧，如有空隙，要用土填满。排苗后保持较高的棚温，以促发新根，加速缓苗。幼苗安全越冬，保温防冻是关键。在严冬到来前，幼苗2～4片真叶时，喷洒矮壮素或多效唑均能控制植株生长，提高抗寒力。棚内防寒的有效措施就是多层覆盖，既要保温，又要尽量使秧苗多见光，多通风换气。后期要根据秧苗生长情况扩大苗距，使种苗生长整齐健壮。对幼苗的越冬管理可概括为十六字，即“早揭晚盖，外揭内盖，内揭外盖，宁干勿湿”。到第二年开春，苗龄90天左右，8～9片真叶，带大花蕾时即可定植。

（3）加强大棚管理，创造有利于番茄生长、不利于病害发生的环境

①前期既要保温，又要通风降湿。大棚要在定植前半个月盖膜，一般在2月下旬定植。前期管理主要是保温促生长，定植后在畦面上用小拱棚覆盖，根据天气通风换气，以降低湿度，减少灰霉病、叶霉病、早疫病、晚疫病等病害的发生。

②后期要充分发挥遮阳网的避雨作用。番茄生长进入5月后，气温逐渐升高，同时也进入了雨季，这时应在大棚上加盖遮阳网降温，适时撤去大棚膜。遮阳网既可通风降温，又可防止雨水对棚内植株和土壤的直接冲刷，切断土壤和雨水传播病害的途径。

（4）大棚内宜采用地膜全覆盖技术 由于早春气温低，必须采用地膜覆盖技术。如果棚内包括畦面、路沟全部覆盖地膜，可切断土壤向大棚蒸发水分的途径，有效控制湿度，从而控制各种高湿环境下病害的发生和流行。

（5）合理施肥，科学整枝

①合理施肥。大棚早春番茄栽培，以施基肥为主，一般在整地时一次性下足肥料，每667米^{2}土地施腐熟人畜粪等有机肥3 500～5 000千克，复合肥50千克，要求肥料与畦土充分混合。同时注意和其他微肥配合使用。

②科学整枝。为了保证早期产量，大棚早春番茄一般应密植，行株距为20厘米×55厘米，每667米^{2}土地栽5 000株左右。采用单干整枝或一干半整枝，即只留主枝或再留第一花穗下的第一侧枝，侧枝着1～2个穗果后摘心。用人字架或篱形架及时搭架整蔓，防止倒伏，中后期要及时摘除底层老叶和畸形花果，控制病害发生。

(6) 合理用药，防治病虫害

①带药定植。定植前宜在苗床喷一次药肥混合液，用75%百菌清600～800倍液加0.2%～0.3%磷酸二氢钾，使苗带药带肥下地，增强抗病能力，促进缓苗。

②及时检查，对症下药。

a. 早疫病、灰霉病、叶霉病。在晴天用75%百菌清800倍液或64%杀毒矾500倍液或50%异菌脲1 500倍液或50%腐霉利2 000～2 200倍液防治。如遇阴雨天，棚内湿度大，则用10%百菌清烟剂，每667米^{2}土地每次用药300～400克，分成4～5处，于傍晚时封棚，由里向外按顺序点燃，7～10天用1次，连续用2～3次。

b. 青枯病。发病初期用70%敌克松1 000倍液连续灌根2～3次。

c. 枯萎病。发病初期用50%多菌灵1 000倍液或70%甲基硫菌灵1 000倍液或10%双效灵400倍液灌根，每7天1次，连续2～3次。

③及时处理病株或病残体。在番茄生长过程中，发现病株要及时拔除，满穴撒石灰粉消毒，病花、病叶、病果及时摘除，远离大棚销毁，并及时对症下药。

④防治蚜虫。具体见173问番茄主要害虫的防治。

62. 预防棚室番茄低温冷害有哪些措施?

一部分温室和塑料大棚番茄生产户，在没有很好保温措施的情况下，如保温的纸被、天幕、小拱棚等，就盲目提早育苗、超前栽植，结果造成番茄秧苗的低温冷害。其症状是苗期长时间低于8℃，叶片暗绿无光泽，花芽分化不正常，结果后裂果和畸形。定植后经常低于7℃，幼茎短小，子叶背向返转。低于6℃，叶片发生缺绿、白化或造成花青素增加而使茎、叶显紫色。低到3～5℃，产量大减，秧苗开始萎蔫或枯死。一般是徒长和弱苗先受害。受低温冷害的秧苗，易受病菌侵染而诱发猝倒病、立枯病、根腐病、疫病、叶枯病等病的发生。

预防的措施：①选用耐低温弱光的品种。一般北方地区育成的品种都较抗低温，如L402、利生8号。②培育壮秧。培育秧苗时控制温度在13～25℃，浇水要不旱不浇水，万不能小水勤浇。特别是夜温一定控制在13～18℃，用低温、低湿育壮秧，来增加抗病能力。③增施农肥和磷、钾肥。一般是百米长棚施腐熟农肥10～15米^3，过磷酸钙70～80千克，硫酸钾30～35千克，尿素7～8千克，拌匀撒施后深翻两次，最好不施用磷酸二铵，防止脐腐病的发生。④提早定植的一定备好保温被，盖好地膜或小拱棚，并有临时加温措施。⑤高垄栽植。能提高地温，有一定的抗低温能力。⑥栽苗前浇足水，栽后除特殊干旱到秧苗萎蔫时浇一次水外，一般不浇水，一直到开花后坐果时才能及时适量浇水、保持地面湿润，加强中午时的高温放风排湿、增加秧苗的抗低温冷害能力。

63. 预防番茄热害有哪些措施？

番茄在夏季遭热害后，会影响花芽分化，烈日灼伤番茄叶缘、果实后严重枯萎，果实着色不良，品质大大降低。防御措施一般有以下几种。

（1）选用耐热品种 番茄选用历红2号、强力米寿耐热品种。

（2）采取冷凉灌溉 在傍晚或清晨，用井水或低温河水浇灌，要均匀浇透，最好早晚各浇一遍。

(3) 合理整枝摘心 番茄等摘心时，要在果上部留2～3片叶，以覆盖上部果实，或采用圆锥架、人字架，并将果穗配置在架内叶荫处以防止日灼。

(4) 进行化学处理 黄瓜2～4叶时用500毫克/千克乙烯利喷洒，促其雌花发育。防止番茄、甜椒、茄子等落花、落果，用2,4-D、番茄灵蘸花或喷花，高温时，喷洒0.1%磷酸锌、硫酸锌、硫酸铜、硼酸等防止日灼、裂果。

64. 大棚番茄受冻后的补救措施有哪些?

大棚番茄栽培，常因为异常的天气变化而导致不同程度的冻害。大棚番茄受冻后，除冻害严重的要进行补种外，受冻较轻的可采用以下措施进行补救。

(1) 灌水缓解降温 大棚番茄受冻后及时灌水，可增加大棚土壤的热容量，防止地温继续下降，灌水后还可以稳定地表层的大气温度，使气温平稳，受冻组织液恢复正常生长。

(2) 放风降温 大棚番茄受冻后，不要马上闭棚升温，而要放风降温，使棚内温度缓慢上升，给受冻组织以充分的时间吸收因受冻而脱出的水分，从而促进受冻组织复活，减少组织死亡。

(3) 人工喷水 在大棚内用喷雾器喷水，增加棚内的空气湿度，从而稳定棚温，抑制受冻组织脱水，促进受冻组织吸收。

(4) 遮阳避光 在棚上搭盖遮阳物，防止阳光直射，使番茄组织脱水干缩，失去生活力。

(5) 追肥喷药 受冻番茄缓苗后，要及时追施速效肥料，剪除死亡组织，使番茄快速生长。同时，还要加强管理，及时用药防治病虫害。

65. 温室番茄栽培，遇到灾害性天气时怎样进行温室管理?

冬春利用日光温室进行番茄生产常遇到低温、阴雨、风雪等灾害性天气，如管理不善，会影响温室番茄的正常生长发育，轻则减产，重则造成植株死亡而绝收。因而搞好灾害性天气的温室管理很重要。

（1）连续阴天、下雪天气 短时间的阴雪对温室番茄生长影响不大，停后马上打扫即可。如遇连续阴天下雪，白天应及时清扫，防止雪把薄膜压破，并且在每天中午揭开草苫1～2小时，使温室每天能见光。不能数日不揭。天气骤晴时，草苫不能全部揭开。因为室内蔬菜数日见光时间短，且光照很弱，对骤晴后的强光适应不了，而使番茄萎蔫。正确的管理方法是在天晴后隔一个草苫揭一个草苫，并注意番茄是否有萎蔫现象，如萎蔫需再放下几个草苫。如此2～3天恢复正常后，再进入正常管理。也可在天晴后在室内番茄上喷洒与温室内气温相同的冷水，以防天晴后温室内温度上升过快，使番茄大量蒸腾失水而萎蔫死亡。

（2）连续阴冷天气 遇到这种天气，温室草苫应晚揭早盖。揭盖时间应根据温室内的温度变化而定。若揭盖后室内温度不下降，盖苫应适当晚些，揭苫后室内温度略有回升，可适当延长受光时间；如揭苫后温度下降，甚至降到番茄生长发育的下限温度时，每天只在中午揭开草苫2小时。但不能全天不揭草苫。因番茄在连续几天的黑暗条件下生长，只消耗养分，不制造养分，植株本身消耗养分过多，突然揭开草苫会使植株萎蔫死亡。另外，还要加强保温措施，如加盖纸被、棉被。值得注意的是遇阴冷天气尽量不用炉火加温，如加温，时间要短，以防因光照弱，白天制造的养分少，夜间大量消耗养分，致使番茄生长受阻。

（3）突然降温天气 这种情况常在连日晴天后出现。农户应注意每天收听天气预报，在大寒流到来之前，要加强温室夜间保温措施，如加盖纸被、棉被、加小拱棚等。

（4）大风天气 大风天气温室尽量不放风，防止冷风直接吹入室内损伤番茄秧苗。白天刮风应紧固压膜线，风太大时放下几个草苫把膜压住，防止风鼓膜；夜间刮风，把草苫等覆盖物固定，并注意巡视，以防风把草苫吹跑，冻坏秧苗。

66. 日光温室番茄栽培应特别注意哪些问题？

最近几年日光温室生产番茄面积逐年增多。但由于栽培技术跟不上，使生产中出现不少问题。

（1）栽培时间选择 日光温室冬春栽培番茄育苗最佳时间11月中、下旬，有的菜农缺少栽培知识，误认为日光温室栽培番茄育苗越早越好，因此，任意把播期提前在10月上、中旬。10月中、下旬育苗期间正处严寒季节，气温和地温低，光照弱，光质差，日照时数少，不利于幼苗生长，特别在定植时期正处于小寒前后，没有保温设备，只靠光照满足不了幼苗生长需要，幼苗生长缓慢，植株瘦弱，不但没有提前上市，反而比11月上、中旬播种收获还晚1个月，产量、质量都低于11月上旬播种的。因此，日光温室番茄生产栽培时间选择十分重要。

（2）品种选择 冬春栽培品种应选早熟和中早熟品种为宜，如西粉3号、西粉1号、283。11月上旬育苗，次年4月上旬上市。此时正处于蔬菜淡季，番茄既当水果又当菜，商品价值高，经济效益也比较可观。有的菜农选择中熟品种如L402、沈粉3号，大约在次年5月上、中旬上市，产量较高，但产值偏低，所以，选择早熟品种比较理想。

（3）栽培管理

①育苗管理。冬季育苗室内应设有如烟道、电热线苗床等保温设备，以及二层棚，室内气温白天保持20～25℃，夜温16～17℃。

②移苗管理。分苗后要促进幼苗迅速缓苗，恢复根系和新叶正常生长，又要为幼苗的花芽分化创造条件。白天温度25～30℃，夜温18℃左右，温度最低不能低于15℃。如果长期处于低温状态，会造成幼苗生长缓慢，影响花芽分化，导致裂果、畸形果出现。

③定植后管理。定植时地温必须稳定在12℃以上。定植后如果遇低温，可采取挂防寒膜、临时炉子加温等办法进行增温。春季日光温室生产，由于室内蒸发量小，浇水要适当掌握，切忌大水漫

灌，以免降低地温，影响作物生长。同时，在低温、高湿的环境中，还会诱发病害。

④激素处理。日光温室栽培番茄，必须进行激素处理。常用的是防落素。1克防落素加水30～40千克，每隔3～4天喷1次为好。在应用激素时一定要掌握好浓度，浓度过大会导致裂果、畸形果。

67. 大棚番茄药害如何解除？

大棚番茄喷药时，因药理不清、用量不准、时间不宜，会产生药害。轻者生长失调，出现徒长或萎缩；重者叶片干枯、果实畸形。均会直接影响经济效益。所以，大棚番茄喷施药剂或叶面肥后，要及时跟踪观察，特别是初次使用的新型药剂，最好先小面积喷施试验，然后再整棚施用。当发现错用或有药害症状时，要迅速采取以下措施解除药害。

（1）清水喷淋 发生药害后，迅速喷淋清水冲洗。碱性药剂造成的药害，喷水时可加入适量食醋；酸性药剂造成的药害，喷水时可加入0.1%的生石灰，能够中和药剂，使之尽快分解失效。天气条件适宜时，应注意棚室通风，散湿、降温，利于有害气体排出。

（2）摘除受害枝叶 遭受药害后，褪绿变色，失去生理机能的枝叶要及时摘除，遏制药剂在植株体内的渗透传导，使植株尽快萌生新芽、新叶，恢复正常生长。

（3）及时浇水 棚菜浇水可增加植株体内细胞水分，促进新陈代谢，减少有害物质的相对含量，同时冲淡植株根部积累的有害物质，促进根系生长发育，降低棚室温度，缓解药害。

（4）平衡施肥 结合浇水，适度追施速效复合肥或叶面喷施全营养叶肥，增强生长势，促苗复壮，提高对药害的抵抗能力。

（5）喷施缓解剂 如0.5%的生石灰水可以缓解铜制剂造成的药害；0.2%的肥皂液可以缓解有机磷农药造成的药害；0.05%的九二〇溶液可以缓解生长抑制剂造成的药害。

68. 温室大棚番茄增产有何方法？

（1）种子处理法

①低温处理。把泡胀后将要发芽的种子放在0℃左右的温度下处理1～2天，然后播种，可促进发芽，增强秧苗抗寒性。

②变温处理。把将要发芽的种子，每天在1～4℃温度下放置12～18小时，接着转移到18～22℃温度下放置6～12小时，如此反复处理7～10天，能提高秧苗抗寒力，并加快其生长发育速度。

（2）刺激法 此法能防止苗徒长。在幼苗长出一片真叶后，每天上、下午定时用布轻拂幼苗4～5次，持续处理2周，管理与常规相同。

（3）喷洒激素和根外追肥 幼苗二叶一心至开花前，用1 000倍液矮壮素，早晚喷洒2～3次，能有效抑制徒长，形成壮苗。苗期喷2～3次丰产素600倍液或叶面宝9 000倍液，可促壮秧，增强抗病性。连续阴天后的晴天早上喷0.3%的糖或尿素液，能防萎蔫及抗病。

（4）喷施稀土 在苗期和始花期喷施300～500毫克/千克稀土溶液，可使叶片增大，叶色变深，植株生长健壮，增产10%～15%。

（5）应用植物生长调节剂 温室大棚栽培番茄因室内湿度大，植株温度、光照差异大，易引起授粉或发育不良落花、落果。对正开放的花用15毫克/千克的防落素喷洒，可减轻落花、落果，提高坐果率。

（6）早熟高产整枝法

①留叶整枝法。主枝留4穗果进行摘心封顶，在第一花序下方两个侧枝长到6厘米左右时各留一叶摘心。

②连续摘心整枝法。在主枝留二穗果进行摘心封顶，在主枝第一花序下方留2～3个侧枝，每一侧枝再结1～2果摘心封顶，每株番茄结4～6穗果。此法可降低植株高度，增强棚室内通风透光，

促使番茄早熟、高产。

69. 保护地内常有哪些有毒气体危害番茄生产？如何防除？

保护地番茄栽培，由于加温或施肥方法不当，或使用有毒塑料薄膜、塑料制品等，容易产生一些对番茄有毒的气体。如果通风管理不好，很容易使保护地内有毒气体积累过多，使番茄中毒，严重影响番茄的早熟和增产。保护地内常见的有毒气体主要有以下几种。

（1）氨气 一般生产中保护地内的施肥量都很大，如果大量施入未发酵的生粪，以及施入过量的硫酸铵、硝酸铵等化肥，都容易产生大量氨气。当空气中氨气含量达到5%～10%时，会使蔬菜受到不同程度的危害。

（2）二氧化硫气体 烟道加温温室和塑料大棚早春临时加温，由于烧含硫的煤，最容易产生二氧化硫气体，由烟道缝隙或炉子倒烟而扩散到保护地内。土壤中施入未经腐熟的大粪、畜禽粪以及饼肥等有机肥料，在分解过程中，除产生氨气外，也能释放出大量二氧化硫气体。当空气中二氧化硫气体达到百万分之零点二二时，经过2～3天后，有些蔬菜就开始出现中毒症状，能闻到一股臭鸡蛋味，说明空气中二氧化硫气体含量已经比较高了。当二氧化硫气体达到百万分之一左右时，经过4～5小时，对二氧化硫敏感的蔬菜就表现出中毒症状。当含量达到百万分之十至二十，再遇上保护地内空气湿度大，如阴雨天、雾天或气温较低，保护地通风不好时，大部分蔬菜都会出现中毒症状，甚至死亡。

（3）亚硝酸气体 保护地内施用氮肥过多或施肥方法不当，常发生亚硝酸气体危害（尤其是在沙性大的土壤中施用更易产生亚硝酸气体）。此外，在保护地内使用小型拖拉机或机动喷雾器，也容易产生亚硝酸气体。当空气中亚硝酸气体含量达到百万分之五至十时，蔬菜就开始中毒。

（4）邻苯二甲酸二异丁酯 在生产农膜、塑料管道、育苗箱、育苗钵中还需加入一些增塑剂和稳定剂，如果把正丁酯、邻苯二甲酸二异丁酯作为增塑剂，对蔬菜作物都是不安全的。因为邻苯二甲酸二异丁酯，即使在棚温白天30℃，夜间10℃以上的正常条件下，也会释放出来，经过6～7天番茄幼苗就开始出现中毒症状。温度越高，游离出的邻苯二甲酸二异丁酯越多，危害越严重，枯萎的速度也越快。

(5) 乙烯　聚氯乙烯薄膜在使用过程中也会挥发出一些乙烯气体，达到一定浓度时（百万分之零点一时）也会使蔬菜中毒。

(6) 氯气　保护地中多数是因土壤消毒处理不当造成的，同时塑料薄膜原料不纯也容易挥发出氯气。当保护地内氯气浓度达到百万分之零点一时，2小时后就会出现中毒症状。低于百万分之零点一，时间持续长也会受害。

有毒气体的防除方法：加强通风管理；施入充分腐熟的有机肥；科学施用化肥；应在播种或定植前7～10天进行土壤消毒，消毒后要及时敞开门窗，翻耕土壤；在育苗或蔬菜生长期，不要在保护地内堆放农药、化肥，更不要在保护地内配制或熔化农药，以免使蔬菜受到其他有毒气体的危害；选用无毒农用薄膜，保护地生产必须使用安全可靠的农用塑料薄膜和塑料制品。

70. 为什么温室、大棚番茄早熟栽培进行二氧化碳气体施肥效果明显？怎样合理进行？

(1) 温室、大棚番茄早熟栽培施二氧化碳气体的原因　在温室、大棚内增加空气中的二氧化碳浓度，由于有玻璃或塑料薄膜覆盖，不容易扩散到外面去，在一定温度和光照下，很容易被植物吸收。然而温室、大棚进行番茄早熟栽培，由于当时外面气温较低，为了保温，一般很少通风或通风量很小，当太阳出来后，叶片迅速吸收二氧化碳进行光合作用，棚室内二氧化碳含量迅速减少。如果棚室不通风，处于密闭状态，外面空气中的二氧化碳又不能补充，就会严重影响番茄的光合作用。因此，这时若能进行二氧化碳气体施肥，效果是十分明显的。

（2）施用二氧化碳的时间 在晴天太阳出来后半小时开始，每天停止施用二氧化碳的时间，可根据棚室内的气温来决定。当温度升高到30℃时，开始进行通风，就应停止施用。所以，从太阳出来后半小时到上午10时左右为施用二氧化碳的时间，最晚不要超过12时。生产后期，温度较高，通风窗昼夜打开，通风量很大，就不必进行二氧化碳施肥了。

（3）二氧化碳施肥方法

①燃烧法。通过在棚室内燃烧煤、油等可燃物，利用燃烧时产生的二氧化碳作为补充源。使用煤作为可燃物时一定要选择含硫少的煤种，避免燃烧时产生的其他有害物对蔬菜的影响。

②化学法。利用浓硫酸（使用时需要稀释）和碳酸氢铵混合后化学反应释放的大量二氧化碳进行补充。

③微生物法。增施有机肥和稻麦秸秆，在微生物的作用下缓慢释放二氧化碳作为补充。在棚室内可用腐熟有机肥进行地面覆盖，每半个月更换一次，既防止土壤水分蒸发，保持土壤疏松，提高土温，又可增加空气中二氧化碳含量，是一种简便易行的有效措施。但覆盖用的有机肥一定要充分腐熟，不能用新粪或未充分腐熟的粪，以免产生有毒气体。

上述几种传统方法，都存在着操作繁琐不便或是效果不佳弊病。

④施用双微二氧化碳颗粒气肥。只需在大棚中穴播，深度3厘米左右，每次每667米^{2}土地10千克，1次有效期长达1个月。一茬蔬菜一般使用2～3次，省工、省力，效果较好，是一种较有推广和使用价值的二氧化碳施肥新技术。

71. 番茄果实成熟过程大体分几个时期？

番茄果实成熟可分为5个时期：

（1）未熟期 果实正在发育膨大，果全都是绿色。

（2）绿熟期 果实已经充分长大，为绿色，顶部由绿变白。这时候果实含糖量低，风味也较差。秋后延迟栽培的番茄，可在这个时期采收，经催熟后上市。

（3）变色期 果实顶部开始变色，挂点红色。这时期采收的果实经短期贮藏就可大部着色。果实内的种子已经基本成熟，风味好，略酸。就地供应的番茄可在这一时期采收。

（4）成熟期 果实从顶部变红发展到整个果实的3/4变红，但果肩仍然有绿色，果实还坚硬，果实内的种子已经成熟，外观色泽鲜艳。这时的果实营养价值高，风味好，最适合生食或熟食。但不耐贮运，采收3天后就完全变红。

（5）完熟期 果实全部着色，色泽鲜艳，甜度大，含酸量低，品质好，种子也已经饱满。但不耐贮放。一般用于留种或加工成番茄酱。

72. 如何根据番茄果实的不同用途选择合适的采收时期？

采收番茄时，应根据采后不同的用途选择不同的成熟度。用于长期贮藏或长距离运输的番茄应选择在绿熟期采收。因为这种成熟度的果实抗病性和抗机械损伤的能力较强，而且需要较长一段时间才能完成后熟，达到上市标准，即食用的最佳时期。短期贮藏或近距离运输可选用转色期至半熟期的果实。立即上市出售的果实则以半熟期至坚熟期为好，因为这时果实即将或开始进入生理衰老阶段，已不耐贮藏，但营养和风味较好，故宜鲜食。而完熟期的果实含糖量较高，适宜作加工原料。

73. 什么是番茄催熟三法？

（1）植株用药催熟 在果实长够个以后，可用200倍的过磷酸钙浸出液喷果实及整个植株，能促进果实早熟2～4天。用乙烯利500～1 000毫克/千克喷或浸长够个的果实，可早熟3～5天，但不能把药液喷到细嫩的茎、叶上。

（2）拢秧增加光照 当第一果穗长够个，第二果穗也接近够个时，可把秧子拧拢在一个垄沟，让秧子充分受到光照。这样，第一穗可提前3～4天成熟，第二穗还可提前更多时间。此法适于早熟自封顶型品种，或复种秋菜的番茄地。

（3）采摘后催熟 果实采收后放到温度较高的室内或温床、温室、大棚内，可加速成熟。也可用1 000～4 000毫克/千克的乙烯利溶液放在大容器内，把果实浸蘸一下取出，放到20～30℃条件下经2～4天，能提前成熟3～6天。

74. 番茄催红四不宜的内容是什么？

番茄因气温达不到茄红素生长的要求迟迟不能转红，采用株上药剂催红可促进番茄提前上市。在催红过程中，由于处理不当抑制植株的生长，有的还会造成药害。因此，使用药剂催红应注意：

（1）催红不宜过早 一般要求果实充分长大、果色发白变成炒米色时，催红效果最好。如果实处于青熟期、未充分长大便急于催红，易出现着色不匀的僵果现象。

（2）药剂浓度不宜过高 番茄催红药液浓度过高会伤害基部叶片，使叶片发黄。通常用40%乙烯利50毫升加水4千克，充分混合均匀后使用。

（3）催红果实数量一次不宜太多 单株催红的果实一般每次1～2个为好。因为单株催红果实太多，受药量过大，易产生药害。

（4）催红药液不能沾染叶片 在催红过程中用药要仔细操作，可用小块海绵浸取药液，涂抹果实表面。也可用棉纱手套浸药液后，套在手上均匀轻抹果面。

75. 如何防止番茄植株早衰？

（1）番茄植株早衰的症状 植株叶片薄而且小，色淡绿，上部茎细弱，且色淡，下部叶片黄化，花器小，即使使用生长调节剂处理，也不能坐果或坐果少，且果实小。

(2) 发生的原因 品种不适宜、前期徒长、施肥方法不合理、整枝留果不合理、轻防重治病害蔓延。

(3) 预防措施

①选择适宜品种。选择生长势强、适应性广、抗病、无限生长类型的中晚熟品种。

②挖定植沟深施基肥。将基肥施在30厘米左右、50厘米以内较为适宜。做法是：温室内南北向大小行定植，小行距40～50厘米，大行距90～100厘米。在计划定植小行距的两行位置上，挖80厘米宽、90厘米深的定植沟。挖沟时，两边放土以防乱层。将总施肥量的1/3施入沟底，拌匀后回填下层土至60厘米深处，再将总施肥量的1/2施入沟内，与下层土拌匀，最后将上层土和余下的肥料混匀填入沟内，拍平压实。在定植沟上按小行距开沟定植。缓苗后，培土成垄，覆盖地膜。

③栽前造墒，预防徒长。定植前墒情重时，应覆盖温室，耕翻土地晒垡，大通风散湿，并防再度雨淋；可移动营养钵，加大株间距离，蹲苗待栽。未用营养钵的，应切块、移块蹲苗。直至土壤墒情适宜时定植。土壤墒情很低时，应结合定植沟回填土及施肥，浇水造墒。一般与回填土相应浇两次造墒水，浇水量宜少。跨度8米的日光温室，第一次施肥填土后每沟浇水不超过100千克；第二次填土施肥后，每沟浇水量不超过150千克。水渗后，浅翻1次，待墒情适宜时抓紧时间定植。

④足墒、适墒定植，浇足定植水，缓苗后逐步起垄盖地膜。基本能保证第一穗果鸡蛋大小之前不用浇水，对于防止前期徒长非常有利。

⑤换头整枝，计划留果。整枝时，将第二穗果下部的1个侧枝留2片叶摘心（主侧枝），如其叶腋再生侧枝，同样留2片叶摘心，其余侧枝全部摘除。主蔓留3穗果，第三穗开花时，留2片叶摘心。待主蔓的第三穗果基本成型时，所留侧枝放开生长，并将主蔓

基部叶片摘去，促进侧枝生长和主蔓果着色。主侧枝开花坐果后，再在第二穗果下部留侧枝（次侧枝），主侧蔓留 2～3 穗果后打顶。以后每隔 2～3 穗果换 1 次头。每穗留 3～4 个果，多余的花特别是畸形花和果全部摘除。使用生长调节剂处理计划留的花，保证每朵花都坐果，每个果都形正个大，商品性好。

⑥防病为主，治病及时，采取综合措施预防病害。种子进行消毒处理；育苗用营养土要用至少 3 年未种过茄科作物的土壤，有机肥要经过堆沤腐熟；苗床撒药土防病；定植前用硫黄或百菌清烟雾剂熏蒸温室；定植沟内及垄面撒药土，一般每 667 米^2 用 1.5%～2.0%百菌清或甲基托布津混合干细土 15～20 千克；定植后，每隔 15～20 天用 1 次药，代森锰锌、百菌清、杀毒矾等几种药剂交替使用。阴雨天或浇水后，要用百菌清烟雾剂熏蒸。注意放风排湿，及时处理病残体，蘸花用药配好后加入 0.2%的异菌脲等杀菌剂。

76. 怎样延长番茄结果期？

（1）压枝法 当第一代番茄收获后，剪除枯枝，保留生长旺盛的新枝。在植株一侧挖一条长 25 厘米，深 15 厘米的沟，施上肥，将茎秆埋在沟内，然后浇水。压在土中的茎秆很快生根。新根、老根共同吸收水肥，植株很快壮大，再次开花结果，产量比第一代增加 1 倍。

（2）移枝法 有的植株生长分蘖苗，将这类枝苗移栽后，生长结果很快，一般 1 周即可结果。也可在番茄植株四周培土浇水，促进侧根分蘖。当枝苗根稍见白点（新根）时，便可移栽成活，并能迅速开花结果，产量可比第一代高两成。

77. 采收前有哪些因素对番茄贮运保鲜及品质有影响？

（1）选择耐贮藏的品种 番茄贮藏期的长短和损耗率与品种的关系极为密切。不同番茄品种的贮藏性、抗病性有很大差异，以贮运为目的的番茄应选用抗病性强、果皮较厚、果肉致密、果实硬度较高、水分较少、干物质含量高、心室少或心室多而肉较硬的品种。一般加工型品种、某些微型（樱桃）番茄品种比鲜食大果型品种较耐贮藏，晚熟品种比早熟品种耐藏，呼吸强度低和含有 *rin* 等迟熟基因的品种较耐藏。目前国内较耐运藏的品种有苏抗 5 号、合作 903、合作 905、英石大红、合作 908 等。

（2）采前管理　同一品种不同栽培季节、不同栽培地区、不同栽培管理措施，其果实耐藏性也有差异。用于贮藏的番茄生产田，应适当控制氮肥用量，增加磷、钾、钙肥比例。后期控制灌水，以增加干物质含量和防止裂果。注意及时整枝打杈、疏果，防止果实过小和空果。雨后或灌水后不能立即采收，否则贮藏期间易腐烂。晚秋要随时注意天气变化，防止突然降温，造成冻害和冷害。

（3）采前防病虫　对蛀果害虫如棉铃虫等以及造成果面煤污的温室白粉虱等要提前及时防除。对早疫病、晚疫病，应坚持定期喷药，采前 7～10 天喷 25%多菌灵可湿性粉剂加 40%三乙膦酸铝可湿性粉剂（简称多乙合剂），其贮后病害可降低 38%。

（4）使用代谢调节剂　据江苏省农业科学院试验，田间喷施 0.4%氯化钙和 0.6%硝酸钙各 4 次，以及每 667 $米^2$ 施氧化钙 254 克，贮后同期好果率较对照提高 2.5%～13.96%，而且每 667 $米^2$ 产量也提高 6.29%～15.59%，其中以硝酸钙的效果最佳，可明显推迟后熟和延长贮藏寿命。

78. 怎样进行番茄的夏季贮存保鲜？

准备贮藏的要首选果肉厚实、果形圆整、无病害、无开裂、无损伤的青熟果。在采摘、装箱和运输装卸过程中，都应轻拿轻放。最好从植株上采摘下来就直运仓库，以减少运输和中间环节，避免不必要的机械损伤。

（1）简易贮藏　夏秋季节利用地窖、通风库、地下室等阴凉场所贮藏番茄，箱或筐存时，应内衬干净纸或 0.5%漂白粉消毒的蒲包，防止果实碰伤。番茄在容器中一般只装 4～5 层，包装箱码成

4个高，箱底垫砧木或空筐，要留空隙，以利通风。入贮后，夜间应经常通风换气，以降低库温。贮藏期间，应7～10天检查1次，挑出腐烂的果实。此方法20～30天后果实全部转红。秋季如果将温度控制在10～13℃，可贮藏1个月。

（2）盖草灰土贮藏法 在贮藏室或窖内，铺一层筛细的草灰土，摆一层番茄，撒一层草灰土，堆5～6层，最顶上和四周用草灰土盖住，再用塑料薄膜封严实。如用箱或筐装番茄，一层果一层草灰土装好，再用塑料薄膜封严实，每7～10天放气1次。

（3）塑料帐气调贮藏 将装好的番茄堆码在窖或通风库中，用塑料薄膜将码好的垛封住口成为塑料帐。利用番茄本身的呼吸作用，使塑料帐内的氧气逐渐减少，而二氧化碳逐渐增加，来减弱番茄的呼吸作用，以延长贮藏期。在贮藏期间，每隔2～3天将塑料帐揭开，擦干帐壁上的小水滴，待过15分钟左右重新套上，封住口，以补充帐内新鲜空气，避免番茄得病腐烂。每隔10～15天翻垛检查1次，挑出病果。用这种方法，一般可贮藏1个多月。

（4）薄膜袋贮藏 将青番茄轻轻装入厚度为0.04毫米的聚乙烯薄膜袋（食品袋）中，一般每袋装5千克左右，装后随即扎紧袋口，放在阴凉处。贮藏初期，每隔2～3天，在清晨或傍晚，将袋口拧开15分钟左右，排出番茄呼吸产生的二氧化碳，补入新鲜空气，同时将袋壁上的小水珠擦掉，然后再装入袋中，扎好密封。一般贮藏1～2个星期后，番茄将逐渐转红。如需继续贮藏，则应减少袋内番茄的数量，只平放1～2层，以免相互压伤。番茄红熟后，将袋口散开。采用此法时，还可用嘴向袋内吹气，以增加二氧化碳的浓度，抑制果实的呼吸。另外，在袋口插入一根两端开通的竹管，固定扎紧后，可使袋口气体与外界空气自动调节，不需经常打开袋口进行通风透气。

79. 怎样进行番茄的冬季贮存保鲜？

（1）室内贮存 在普通用房中，保持不受8℃以下的冻害，可用普通地膜、报纸、塑料框包装贮存，等果实红熟后再把温度降到5～7℃保存。此方法简便、经济、实用，尤其适合中、小规模贮存。

(2) 恒温贮藏库、地窖和地下室贮藏 方法可以参照夏季番茄的简易贮藏，但温度要严格控制。

(3) 室内缸存 选不太大的缸，洗刷干净，用0.5%～1%的漂白粉消毒，缸底铺上麦秸，然后一层一层摆放。摆满后用塑料薄膜封口，膜两边各留一个小孔。一般15～20天打开检查倒缸一次。

80. 番茄制种中怎样防除黑籽和秕籽？

番茄制种中，黑籽、秕籽每年都有发生，近几年尤为严重，既降低了种子产量，又影响了种子质量，使生产者利益受到严重损失。症状和具体的防除措施如下。

(1) 症状 收获的种子呈灰褐色、黑色，籽粒扁秕，远不如正常籽粒饱满。

(2) 防除措施

①实行3年以上的轮作，避免重茬种植。前茬以葱、蒜、韭菜等辣茬为宜，瓜、萝卜茬次之，白菜等茬不宜选用。若实在调不开茬口，每667米^{2}可施200千克石灰消毒。

②定植保留适应的株行距。按一垄一沟133厘米宽作畦，畦宽83厘米，沟宽50厘米。栽苗时，苗行距按畦面宽，株距大、中棵架40～43厘米，小棵架33厘米。这样可改善田间通风透光条件，减轻病害发生。

③施肥的原则。底肥以有机肥与无机肥混合施用为主。有机肥一定要经过腐熟。无机肥应氮、磷、钾配合施用。每667米^{2}施磷酸二铵25～30千克，过磷酸钙50～60千克，硫酸钾肥15～20千克。追肥原则为“适期适量，分期施入”。要在距根部10厘米处追施，以防烧根。要“薄肥勤施”，避免氮肥1次施入过多。授粉结束前7～10天，每667米^{2}追施复合肥15～20千克、磷酸二铵15

千克或硫酸钾 10～15 千克做催果肥，促使果实膨大。追肥后一定要浇水。杂交授粉结束后，叶面喷施 3%～5%的过磷酸钙溶液或 1%的磷酸二氢钾溶液，增磷补钾，并使钙量充足，防止脐腐病的发生。

④浇水。以保持畦面湿润为度。过干过湿既不利植株生长，还易造成病害发生。浇水要与施肥相配合，追肥一次浇透水一次。一般返苗后浇透水一次，杂交授粉前浇一次水。第一果穗膨大到果实采收结束若不下雨，每隔一周浇一水，雨季注意排水，严防积水。

⑤整枝打杈。最好在晴天 10～16 时进行，断面易封口，下雨前后及露水未干前不能进行。有限生长型品种采用三干整枝，留主干及紧邻第一花序上部、下部的侧枝，其余侧枝全部打掉。无限生长型品种采用二干整枝法，留主干及第一花序下部的一侧枝，其余侧芽全部去除。先整健株，再整病株，以防病害传播。

⑥有计划地去雄授粉。大棵架品种每花序留 4 或 5 朵花授粉，杂交后能保持 4 个杂交果。小棵架品种留 3 或 4 朵花授粉，最后能保留 3 个杂交果。每花序上多余小花全部打掉，整个植株共留 7 个或 8 个花序，共 24～32 个果为宜，多余的花序可以摘除，防止多余小花徒耗养分。

杂交授粉结束后，下部老叶要及时清除以便清除病源，通风透气，减少无功能叶养分消耗。老叶剪后应带出大田，晒干烧毁或掩埋。

⑦及时用药剂防治病虫害。以预防为主，切忌病虫害发生后才治疗。防治病害可用 75%甲基托布津 500 倍液或 75%代森锰锌 800 倍液、25%瑞毒霉可湿性粉剂 600～800 倍液、64%杀毒矾可湿性粉剂 500 倍液，每周轮换喷撒一次。几种农药交替使用，延缓害虫抗药性的产生。开始两次搭配 400 倍液病毒 A 使用，防病毒病发生。防虫可用敌杀死、灭扫利、速灭杀丁或 40%氧化乐果 1 500倍液防治蚜虫、棉铃虫，地下害虫可用毒饵或 50%辛硫磷 1 000倍液灌根。

⑧种子采收。病果、烂果单收、单打，收获种子晾干后认真筛

选，清除黑籽，筛掉秕籽。

81. 提高番茄杂交制种产量有哪些措施？

(1) 重施底肥 底肥是番茄制种产量高低的基础。底肥不足，易引起植株后期早衰，造成种子千粒重和发芽率降低。底肥应根据当地情况多施磷、钾肥，少用氮肥。必须保证每667米^{2}施用有机肥5米^3、磷酸二铵50千克、钾肥30千克、磷肥50千克。鸡粪充分腐熟后均匀撒施于地面，深翻约30厘米，再开沟施入磷酸二铵、磷钾肥。起高垄覆盖地膜，有利苗期发育。肥料充足，到果实成熟、种子发育完全时植株仍能保持旺盛生活力，提高种子的千粒重。

(2) 合理密植 密度大小是影响产量的又一关键因素。密度过大，田间通风透气性差，不易坐果，易引发病害，也给去雄授粉带来困难；密度过小，不能充分利用地力，造成总体产量降低。不同的植株类型适用不同的密度。一般情况下，有限生长类型品种密度在每667米^{2}4 000株左右，而无限生长类型密度掌握在每667米^{2}3 500株左右为宜。

(3) 适时去雄授粉 选择大小适宜的花蕾去雄十分重要，一般应选开花前2～3天的花蕾进行去雄。此时花药呈柠檬色，花瓣外白内黄（外部看为乳白色，内部为黄色）。前期温度较低，花药颜色以黄中带绿为宜。后期去雄温度高，花药颜色绿中带黄即可。不同的授粉时期对结实的影响也不同。结果率、单果种子数和千粒重等指标均以开花当天授粉的为最高，一般去雄后二三天开始授粉。授粉时母本花必须盛开，花瓣呈鲜黄色，于上午露水干后授粉。最佳温度20～25℃，超过30℃须停止授粉。花粉量以蘸满柱头为宜。如遇雨天，还须进行二次授粉。

(4) 制取优质的花粉 花粉的质量直接影响结果率和单果种子数。父本花要采取当天盛开的花，取出花药，将花药在树阴下摊开晾干，一定不能暴晒。阴雨天最好采用石灰干燥法，干燥时间10～

15 小时。制取花粉筛眼不能过大，以 100～150 目为宜，否则易使花药残片落入花粉中，影响花粉净度，降低授粉效果。纯净花粉为灰白色，放置 24 小时后生活力减弱。

82. 番茄在杂交制种中如何降低成本提高经济效益？

经济效益与种子价格、产量和成本密切相关。种子价格提高是有限的，必须努力提高单位面积种子产量，并尽量降低生产成本。

（1）增加制种产量 种子产量高低取决于生产地区的管理水平、制种技术和特异的杂交组合。实践证明，在选择气候较好、组合适宜、技术熟练的基点进行生产，每 667 米^2 产量可稳定达到 10 千克。为了提高杂交结实率和种子产量，除了认真过细地进行操作外，还需要注意以下几个方面。

应选择盛开期生活力强的花粉，不用过期衰老花粉。从父本植株上采到开花后期的花朵，往往一朵花可以有很多花粉，但这些花粉已接近或达到衰老期，影响 F_1 的坐果率。

番茄病害多，而且日趋严重，所以应选择早熟，植株不早衰，生长势强、抗病性强的亲本做母本，以免采种量过少。同时在正反交差异不大的组合中，为了提高杂交种子的数量和质量，应尽量选择开花多、花期长、繁殖系数高的品种做母本。一般情况，果实小、果数多的品种比果型大、果数少的品种采种量多；单花序比复花序采种量多；早熟品种比晚熟品种采种量多。

番茄雌蕊开花前 2 天至开花后 4 天有受精能力，雄蕊开花后 7～15 天内（低温情况下）有受精能力。所以，番茄在开花前1～2 天去雄，在母本开花当天授粉。一般午前授粉，午后去雄。番茄杂交在花朵初开期比花蕾期去雄授粉结实率高，杂交结实率可提高 31%～60%，平均单果种子增加 29.6～63.6 粒。番茄杂交采取蕾期去雄，花期授粉比蕾期去雄，蕾期授粉结实率高，单果种子数均有显著增加。蕾期到开花进行授粉，日平均温度14～18℃时，需间隔 2～4 天；日平均温度 21～25℃时，需间隔1～2 天。另外，重复授粉对提高杂交结实率和单果种子数有显著效果，结实率增加12%～51.1%，单果平均种子数增加10～17.8粒。其中温度是影响番茄杂交结实率和种子数的主要因子。日平均温度在14℃以上，一般杂交结实正常，但种子数不很多；日平均温度升高到22.5℃，杂交果实数显著提高；日平均温度达28.2℃，最高温度34.1℃，杂交结实率和种子数急剧下降。

不同花序和花朵杂交结实率显著不同。少量杂交时，以2、3花序中1，2，3朵花杂交坐果率和采种量较多。但大量杂交为了提高坐果率，可不分花序。

(2) 降低生产成本 生产成本包括育苗、肥料、农药、父本管理、人工和其他费用。这些支出中，人工费约占总支出的70%。可见节支的关键在于节省人工费用。而在人工费用中主要又是制种用工。为了降低生产成本，应加强以下几方面的工作：一是培训技术骨干。结合实际，研究我国切实可行的杂交制种技术规程和培训制种技术人员，以提高工作效率。这是降低生产成本的关键。二是选择适宜地区，建立稳定基地。番茄的杂交制种要求在制种期间，约有30天温度在25℃左右，日照充足，雨水较少的气候条件。因此，应选择气候条件较好，交通方便，有一定种子经验和技术骨干的地区建立基地。基地应适当集中连片，并实行合同制，以便检查指导。三是实行生产责任制。刚开始制种的单位，为了保证制种质量，应采取有效的责任制。

为了保证制种质量，可每7～10人组成一个制种小组。设组长1人，负责检查质量，以保证杂交纯度。同时，为本组人员供应花粉，取送和装好授粉玻璃管，随时解决授粉工人的具体问题。为了节省人力和保证花粉质量，花粉的制取应当全队统一安排专人负责。每公顷母本制种田，约有7.5人采制花粉。综合各地经验，以每人落实500～600株制种任务为宜。

单果种子数。根据授粉质量的好坏，可在数粒至百余粒，大多为50～100粒。中、小型果以平均单果结籽50粒计算，每株平均产果20个，则每株可产籽1 000粒。按千粒重3克计算，每株可产籽 3 克。每人 500 株共可产籽 1 500 克。按每公顷52 500株，7 人制种，可产种子 157.5 千克。这个指标是可以达到的。

83. 为什么番茄压枝可增产？怎么压枝？

压枝的方法是在番茄结果盛期过后，留下主茎底部生长出来的 1～2 个侧枝，等侧枝长到 23～27 厘米时，摘掉 2/3 高度的叶片，使其弯向地面，用土压埋固定，顶端露出 2～3 个叶；一个畦里的侧枝全部固定后浇 1 次水。这样，在温度适宜时，土压部位就会长出强大的根系。当番茄主茎上的果衰落后，马上从所压侧枝上部剪掉主茎，加强肥水管理，侧枝很快就会开花结果。因此，番茄压枝能增产，在温室和大棚栽培的番茄更是增产明显（图 7）。

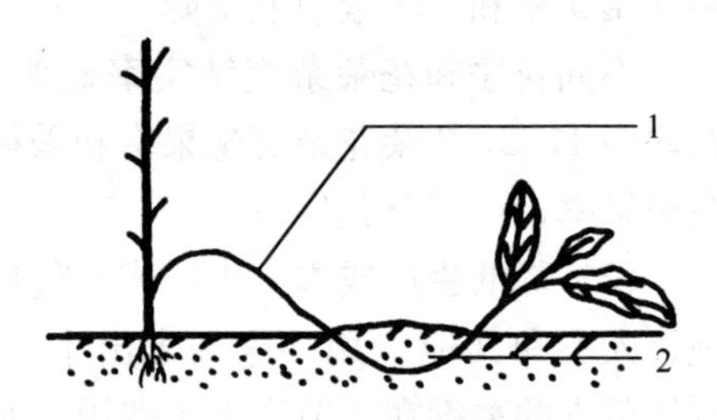

图 7　番茄压枝示意图
1. 侧枝　2. 压土

温室大棚番茄在压枝后，为了不影响主茎后期的果实生长，利于侧枝生根，白天温度控制在 20～25℃，晚间控制在 10～15℃，土壤湿度 60%～70%，空气湿度 45%～55%。

84. 大棚番茄等果菜类蔬菜夏季拆棚膜还是保留棚膜好？

大棚种植番茄等果菜类蔬菜，棚膜即使到了夏季，也不应当拆除，大棚膜还是保留好。因为棚膜一直保留，有利于促进蔬菜早熟增效；可以避免拆棚后环境条件变化突然，造成生理障碍而影响番茄产量和质量；保留棚膜，棚内环境条件容易控制，并且可以防止夏季暴雨袭击，所以有利病虫害防治和产品质量的提高。另外，保留棚膜，棚内温、湿度适宜、稳定，能促进秋季延后番茄生长发育，对延后栽培十分有利。

85. 在我国北方寒冷地区为什么冬季不宜进行番茄生产？

我国北方，冬季不仅气候严寒，而且光照弱、光照时间短。温室冬季生产为了保温，夜间需要盖覆盖物，这就使得本来就很短的日照时数变得更短了。例如，黑龙江省 12 月至翌年 1 月这两个月的隆冬期间，由于光照弱、光照时间短，如果光靠自然光照，绿色植物白天所制造的光合产物仅仅够维持植物晚间的呼吸消耗。在这段时期就是种植小白菜等速生性叶菜，也长不好。由于没有什么物质积累，小白菜长得又弱又黄，叶片很薄，产量极低，没有生产价值。如果在这段时期生产果菜类蔬菜，就更不现实了。

86. 在大棚和温室内，高秧的番茄等蔬菜上架采用架条好，还是吊绳好？

温室和大棚中由于风力很小，可以采用吊绳代替架条为高秧番茄等蔬菜上架。其优点是成本低，不伤根，不遮阳，不带病菌或少带病菌，并且当棚室内有微风吹动时能够颤动，有利于棚室中的气体流动。所以，在棚室中高秧番茄等蔬菜上架，还是采用吊绳好。

目前生产中采用的吊绳主要有聚丙烯捆扎绳（即撕裂膜）、聚丙烯线绳和麻绳。但是使用撕裂膜必须选用耐老化的，否则不等番茄和黄瓜等高秧蔬菜结束，撕裂膜就老化落架了，给生产造成很大损失。

87. 多层覆盖的保温效果怎样？与番茄生产的关系如何？

大棚保温效果约 5℃。在我国北方寒冷地区的春季大约相差 30 天左右。所以，大棚番茄的定植期可比露地提前 30 天左右。例如，黑龙江省中部以南地区，终霜期一般在 5 月 20～25 日，番茄、黄瓜等喜温蔬菜露地栽培应在终霜期后（5 月 20～25 日）定植，大棚栽培就可以在 4 月 20～25 日定植。

小棚保温效果约 3.5℃，春天相差 15～20 天，番茄小棚栽培就可以在 5 月上旬定植。

无纺布或微棚覆盖保温效果 1.5～2℃，春天相差 7～10 天，番茄无纺布或微棚覆盖栽培可在 5 月 15 日前后定植。

大棚加小棚保温效果约 8℃，春天大约相差 45 天，番茄大棚加小棚栽培可在 4 月上旬定植。

大棚加小棚加无纺布（或加微棚）保温效果约 10℃，春天大约相差 50 天，番茄大棚加小棚加无纺布（或加微棚）三层覆盖栽培可在 3 月 25～31 日定植。

小棚加无纺布（或加微棚）保温效果 4.5～5℃，春天相差 25～30 天，番茄小棚加无纺布（或加微棚）二层覆盖栽培可在 4 月 25～30 日定植。

大棚加二层幕加小棚加无纺布（或加微棚）四周围草苫保温效果约 17℃，春天相差 65 天左右，采取这种五层覆盖栽培番茄可在 3 月 17～18 日前后定植（图 8）。

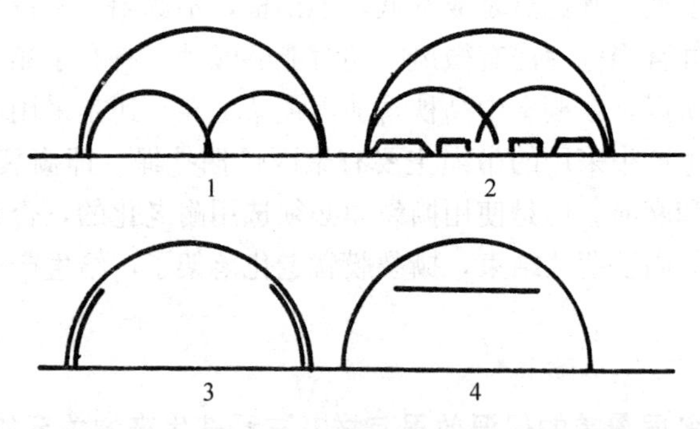

图 8　多层覆盖示意图

1. 大棚加小棚　2. 大棚加小棚加无纺布或地膜

3. 幕裙　4. 二层幕

88. 进行日光温室番茄越冬生产有哪些新措施？

冬天进行日光温室番茄越冬生产，常因冬季阴、雨雪或大雾等天气，带来了极大的危害。如侵染性病害加重，低温生理障碍加重，低温番茄果实着色不良、耐贮性差等，严重制约着番茄的产量和品质。针对连续低温寡照的天气，在生产实践中可采取以下措施。

（1）隔绝温室内地温向外传导 在温室前沿外侧薄膜与地面交接处，依地势，向外下方铺垫50～60厘米宽，1～2厘米厚，与温室等长的发泡塑料布，可有效隔绝棚内外地温的传导。

（2）草帘上加盖薄膜保温 傍晚放草帘后，在草帘上加盖一层聚乙烯薄膜，幅宽等同草帘的长度，幅长等同温室的长度，薄膜周围用装有沙的编织袋压实。这样既能防止雨、雪或雾打湿草帘以及雪后无法清除积雪，又能提升温室内温度2～3℃，简便易行。

（3）温室内张挂反光膜增光 在温室北墙内侧张挂镀铝反光膜，无论阴天、晴天，都能增加棚内光照强度，提升棚温2℃左右，改进光线的分布情况，加强高秧番茄下部叶片和果实的光照，增加光合作用强度和果实转色所需的有效积温。

（4）作业行（大行）内填充麦糠 先沿作业行内略向下挖土，向两侧培垄土，能增大光照地面积，利于根系生长发育。再向作业行内填充10～15厘米厚的麦糠或碎稻草，这样有利降低棚内湿度，增加土壤透气性，提高地温，增加二氧化碳浓度。

（5）用烟雾剂、粉尘剂预防病虫害 越冬茬番茄在连阴雨天发生的病害大部分是由高湿、低温引发的。因此，预防的前提就是不增加棚内湿度。烟雾剂、粉尘剂在控制病虫害的同时，并不增加温室内湿度，而且效果不错。

（6）低温下的浇水施肥措施 连续阴雨天，尽可能不浇水，浇水应在晴天中午进行，宜小水浇灌。施肥不宜使用化学肥料，最好随水冲施活性生物菌类肥料。同时，结合喷施叶面肥（活性氨基酸类叶面肥、硼肥、钙肥、钾肥，再加1%的葡萄糖液），能补充低温寡照条件下养分的供给，减轻低温生理性病害的发生。

(7) 及时去除多余叶片　及时去除病叶、老叶、黄化叶和侧枝。去除时要从其基部摘掉（切忌留下一小段）。当果实长至青熟期时，根据番茄长势，可去除青熟果以下全部叶片。去除后喷洒一遍广谱性杀菌剂。这样不仅能防止老叶消耗养分，促进果实膨大，而且也能促进植株通风透光，利于果实着色。

(8) 辅助授粉　番茄属自花授粉作物，坐果受环境条件影响很大，可采取辅助授粉措施。方法①：药剂处理花序前2天，在温室内湿度较小的情况下，振动花序辅助授粉；方法②：在低温季节，也可在晴天上午9时后，每天振动花序1～2次，辅助授粉。

(9) 促提前上市　低温栽培的番茄，往往因转色期长，导致果色茶黄，耐贮性差，可用红果88连喷2～3次，利于果实着色，增加商品率，并能提前1周上市。

89. 为什么棚室栽培适宜进行番茄膜下软管滴灌？

目前我国棚室蔬菜生产中大多采用沟灌或畦灌。这种传统灌水方式不仅浪费水，而且灌水后地温明显降低，还造成土壤板结、硬化，紧实度增大，通气性不良，时间久了就会破坏土壤结构，使其理化性质恶化。这种土壤生态环境极不利于植株的生长发育，尤其是根系的发育。另外，还造成棚室内空气相对湿度明显增加，致使病虫害加重。因此，棚室内生态环境的特殊性已引起有关研究人员和生产者的关注。人们从多种途径来寻找创造棚室内良好生态环境的办法，其中较为有效的就是滴灌技术的应用。滴灌具有节水、省工、操作简便、减轻作物病害、提高作物产量和促进早熟等许多优点。在国外发展较快，已被广泛应用在各种农作物上。我国自20世纪70年代引进滴灌技术以来，发展速度比较缓慢，原因是滴灌设备造价高，投资大，并且管式滴头易堵塞，所以，限制了滴灌技术的发展。直到1986年从日本引进膜下软管滴灌技术，用滴灌带代替以往的滴头进行滴灌，不但克服了滴头易堵塞的缺点，而且成本低，操作简易，很快就获得了大面积的推广应用。

(1) 节水、省地 软管滴灌克服了传统沟灌和畦灌由于土壤、渠道水分大量流失的弊病，因而省水效果明显，一般比沟灌节水50%～60%，比畦灌节水80%以上。另外，输水软管及滴灌带基本上不占用有效土地面积，可提高棚室内的土地利用率。

(2) 减少肥料淋失，提高肥效 传统沟灌和畦灌用水量大，所施用的肥料易随水下渗到土壤深层，使作物难以利用。而滴灌追施的肥料，大都集中于作物根际部位，避免了肥料的淋失，提高了肥料的利用率。

(3) 改善土壤物理性状 传统的灌水方式易造成土壤板结，而滴灌的土壤疏松、土壤容重小，孔隙度适中，有利于番茄根系生长。

(4) 提高棚室内土温和气温 膜下软管滴灌由于避免了沟灌和畦灌的大量用水，又加上覆膜的作用，所以，能够提高地温和气温，对番茄早熟栽培十分有利。

(5) 减轻病虫为害 棚室由于密闭高湿，病害发生严重。滴灌浇水量小，又有膜覆盖，土壤水分蒸发少，从而降低了棚室内空气相对湿度，推迟或减轻了病害的发生。

(6) 促进作物生长，提高产量 膜下软管滴灌为作物生长创造了良好的水、肥、温、气等环境条件，因而采取该项技术番茄生长快，发育早，生长健壮，加之病害轻，从而为番茄的增产奠定了坚实基础。

(7) 省工、省力 膜下软管滴灌不用人工作渠、改口，也不用人工除草，比沟灌和畦灌省工50%左右。

(8) 安装、拆卸方便 软管滴灌设备、输水软管、滴灌带、连接部件均采用塑料制成，轻便，易安装和拆卸。

90. 在番茄育苗过程中，如何巧施矮壮素，使番茄苗矮又壮？

在番茄育苗过程中，有时由于外界气温过高，肥水过多，密度过大，生长过快等原因而造成秧苗过度生长。对此，除进行分苗假植、控制浇水、加强通风外，还可应用激素来处理秧苗，防止徒长。在众多激素中，以矮壮素的应用效果较好。经处理的番茄秧苗，生长缓慢，叶色浓绿，茎秆粗壮，根系发达，耐寒和抗逆性都有提高，并使果型增大。

矮壮素稀释液的施用方法有喷雾、喷洒或浇施。通常根据秧苗大小、徒长程度灵活掌握施用量。秧苗较小，徒长程度轻微的，可使用喷雾器均匀地进行喷雾，使秧苗的叶和茎秆表面完全均匀地布满细密的雾滴而不流淌为度；秧苗较大，徒长程度重的，可使用喷壶进行喷洒或浇施，每平方米用稀释液 1 千克。无论何种方法，务必注意用药均匀，防止局部过多，造成药害。

矮壮素的施用效果与温度有关。一般 18～25℃时为最适温度。因为矮壮素进入秧苗体内速度较慢，所以处理秧苗时要选择在早、晚或阴天进行。施药后要禁绝通风，冷床需盖上窗框，塑料大棚必须扣上小棚或关闭门窗，以便提高空气温度，促进药液吸收。施药后 1 天内不可浇水，以免降低药效。

91. 如何贮藏番茄种子？

（1）吊藏、挂藏和罐藏 将收获或购买的种子写上名称放入布袋内，吊挂在阴凉通风处。雨季要勤翻晒，防止霉变或生虫。也可用瓦罐等容器贮藏，但需在罐内放入生石灰、氯化钙或硅胶等吸湿剂，再放入种子，盖紧盖严，可长期保存。袋装种子或用剩的种子可重新密封好放入冰箱冷藏室保存。

（2）种子包衣 由靠种子最近的保护层（黏结剂和滑石粉），中间的营养层（杀虫剂、杀菌剂、生长调节剂、营养元素、肥料、微生物菌肥等），第三层扩大层（填充料），和最外一层染色层（染色剂）共同人工合成的四层一心的种子单粒丸。包衣种子在贮藏销售过程中，既可防止病虫侵染，又能防潮，而且含水量低，不易裂解，延长了种子寿命，提高了发芽率。在栽培育苗中，还具有省工、省肥、省药，幼苗健壮等特点。

(3) 注意事项 蔬菜种子含水量高，皮薄，质软，易吸潮、发热，如果保管不好，就会发生虫蛀、霉变现象，降低种子生活力，影响种子发芽。保存蔬菜种子要注意以下几点。

①经常晾晒。晾晒不仅能降低种子含水量，还能杀死病菌和虫卵。贮藏前，选择晴天连晒2～3天，以后每隔1个月晾晒1次。

②防止烟熏。烟中含有大量有害气体，如二氧化碳、二氧化硫等。这些气体都会破坏种胚的活力，造成播后出苗缓慢，出苗率低。因此，要把贮藏种子的坛罐放在距灶较远的地方，避免和烟气、煤气接触。

③药剂处理。如果种子在贮藏期间发生虫害，可用90%敌百虫800～1 000倍液喷洒，喷后晾干。

92. 番茄设施栽培中常用哪些植物生长调节剂?

(1) 乙烯利 抑制徒长。育苗期间由于高温、高湿及移植或定植不及时引起幼苗徒长，在3叶1心时，用0.03%的乙烯利水溶液喷叶，可控制徒长，使幼苗健壮，叶片增厚，茎秆粗壮，根系发达，抗逆性增强，增加早期产量。

催熟。涂花梗：果实白熟时，将0.03%的乙烯利水溶液涂在花序的倒二节梗上，3～5天可红熟。涂果：将0.04%的乙烯利水溶液涂在白熟果实花的萼片及其附近果面上，可提早6～8天红熟。浸果：将转色期果实采收后放在0.02%的乙烯利溶液中浸泡1分钟，再捞出放在25℃的地方催熟，4～6天后即可转红，但催熟的果实颜色不如植株上自然成熟的鲜艳。大田喷果：在番茄生长后期，若外界条件不适合其生长，或因加工要一次性采收时，用0.1%的乙烯利水溶液在采收前喷果即可。

(2) 赤霉素 促进坐果。开花期用0.001%～0.005%赤霉素液喷花或蘸花1次，可保花、保果，促进果实生长，防空洞果。

(3) 多效唑 防止徒长，番茄苗期徒长时喷施0.015%的多效唑液，能控制徒长，促进生殖生长，利于开花结果，使收获期提前，增加早期产量和总产量，早疫病和病毒病的发病率及病情指数也会明显下降。无限生长型番茄用多效唑处理后，受抑制期短，定植后不久就可恢复生长，有利于茎秆变粗壮，抗病性增强。

（4）矮壮素 防止徒长。在番茄育苗过程中，有时由于外界气温过高，肥水过多，密度过大和生长过快等原因造成秧苗徒长，除进行分苗假植、控制浇水、加强通风外，可于3～4叶至定植前7天，用0.025%～0.05%矮壮素进行土壤浇施，以防止徒长。秧苗较小，徒长程度轻微的可喷雾，以秧苗的叶和茎秆表面均匀地布满细密的雾滴而不流淌为度；秧苗较大，徒长程度重的，可喷洒或浇施。一般在18～25℃时，选择早、晚或阴天进行。施药后禁止通风，大棚必须扣上小棚或关闭门窗，提高温度，促进药液吸收。施药后1天内不可浇水，以免降低药效，中午不可用药。喷药后10天开始见效，效力可维持20～30天。如果秧苗未出现徒长现象，最好不用矮壮素处理，即使使用矮壮素，次数也不能超过2次。

（5）2,4-D 保花保果。开花期间，夜温低于13℃，或高于22℃都会发生大量落花。用0.001%～0.002 5%的药液浸花，温度低时浓度高些，反之，浓度低些，可有效防止落花，提早10～15天成熟，增加早期产量。

（6）防落素 保花保果。若夜间温度低于13℃或高于22℃就会发生大量落花。当花穗有2～3朵开放时，用0.001%～0.005%的防落素喷雾，气温高于30℃时，用0.001%；20～30℃时，用0.002 5%～0.003%；低于20℃时，用0.005%。用手持喷雾器喷洒花穗，1个花穗喷1次即可，同一田块的不同植株和不同花穗，可每隔3～5天喷1次，以喷湿花朵为度。

（7）钙盐 减少裂果。采收前半个月用0.1%钙盐溶液喷洒植株，可减轻裂果程度；将果实在0.1%钙盐溶液中浸一下，能减少运输途中和贮藏期间裂果的发生。

（8）萘乙酸 促进生长。播前浸种：育苗前，用0.000 5%～0.001%萘乙酸溶液浸种10～12个小时，清水洗净，催芽播种后，出苗整齐，幼苗壮，抗寒性提高，可预防苗床内的疫病。苗床使用：出苗后，如果幼苗生长细弱，叶片发黄，用0.000 5%～0.000 7%萘乙酸溶液全株喷洒1次，可恢复正常生长。中后期，苗床温度26～28℃，用0.000 5%～0.000 7%萘乙酸溶液喷洒1次尤其必要，可防治早疫病。定植前后使用：定植前6～7天，用0.000 5%萘乙酸溶液喷洒1次，壮棵，促使早现蕾。定植复活后，每10～15天喷洒1次0.000 5%萘乙酸溶液共喷2次，可防治早疫病、病毒病。盛果期使用：幼果长到鸡蛋大小时，用0.01%萘乙酸溶液每7天喷洒1次，连喷2次，可促进果实膨大，果肉增厚，含糖量增加，提高品质。后期使用：无限生长型的番茄，在结果后期，用0.001%萘乙酸溶液全株喷洒1次，可防植株早衰，延长采收期，提高总产量。除浸种外，在整个生育期喷洒萘乙酸液5～6次。

(9) 缩节胺 保花保果。在初花期喷施1次，若气候条件适宜，用0.006%的浓度，若雨水多，可提高到0.008%，若气候干燥，植株生长瘦弱，以0.004%为宜。喷后6小时内遇雨及时补喷，连续阴雨天气一定要补喷，可使控调适当，植株不旺不滞，株型紧凑，增产、增值。

二、番茄栽培技术

93. 嫁接番茄生产的关键技术是什么?

番茄的设施栽培实施嫁接栽培是解决土传病害、克服连作障碍的有效途径。番茄嫁接栽培不仅可以避病，还由于砧木比原接穗根系发达，吸水、吸肥能力强，可以显著提高产量。番茄生产采用优良砧木嫁接也是实现优质高产的有效措施之一。

(1) 砧木选择 应该选择根系发达、不定根少且对青枯病、根腐病、枯萎病、黄萎病和根结线虫等主要土传病害具有抗性，同时又具有适宜长季节栽培优点的砧木。

(2) 接穗品种选择 接穗可依据各自栽培的时间和目的（早熟或高产）而定。

(3) 嫁接方法

①劈接法。砧木比接穗提前5～10天播种。嫁接时，先将砧木在第二片叶处连叶片平切掉，保留下部，然后用刀片将茎向下劈切1～1.5厘米；接穗在第二片叶处连叶片平切掉，保留上部，然后用刀片将茎削成1～1.5厘米楔子。再将接穗紧密地插入砧木的劈开部位，夹上嫁接夹，遮阳保湿5天左右，嫁接苗成活即可进入正常苗期管理（图9）。

②靠接法。接穗和砧木同时播种，待接穗和砧木长出3片真叶，子叶与第一片真叶间的茎粗为3～4毫米时进行嫁接。切口选在子叶和第一片真叶之间，先在砧木苗上由上而下斜切1刀，切口长1厘米左右，深度为茎粗的2/5，然后在接穗相应部位由上而下斜切一刀，切口长度与深度同上，将两切口吻合，用特制塑料夹将

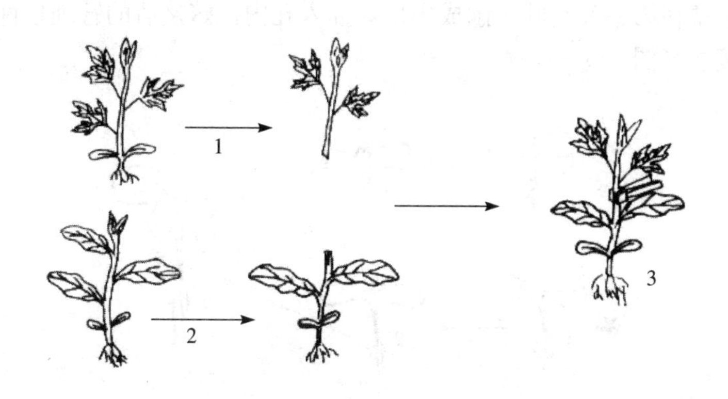

图 9　劈接法示意图
1. 接穗　2. 砧木　3. 嫁接

接口夹住。嫁接后尽快把嫁接苗植入事先准备好的营养钵中，移入大棚或温室内，2～3 天内保持较高的温度和湿度，并适当遮光，避免阳光直射。嫁接后 7 天，将嫁接部位上方砧木的茎及下方接穗的茎切断一半，3～4 天再将其全部切断（图 10）。

③插接法。接穗比砧木晚播 7～10 天播种，砧木有 3～4 片真叶时为嫁接适期。嫁接时在砧木的第一片真叶上方横切，除去腋芽，在该处用与接穗粗细相同的竹签向下插一深 3～5 毫米的孔，

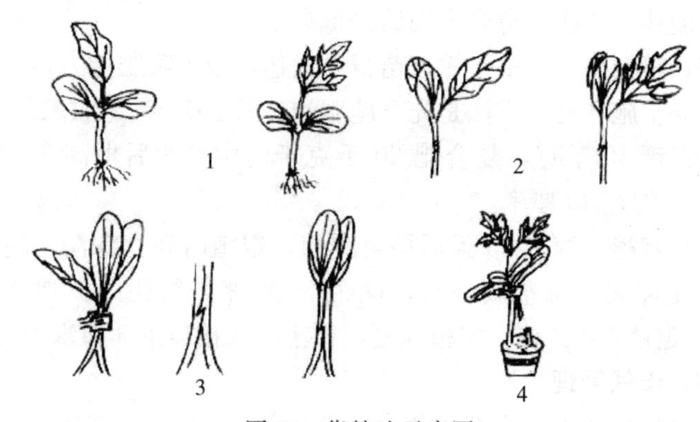

图 10　靠接法示意图
1. 接穗　2. 砧木　3. 嫁接　4. 接穗断根

将接穗在第一片真叶下削成楔形，插入孔内。嫁接后的管理条件同靠接法（图 11）。

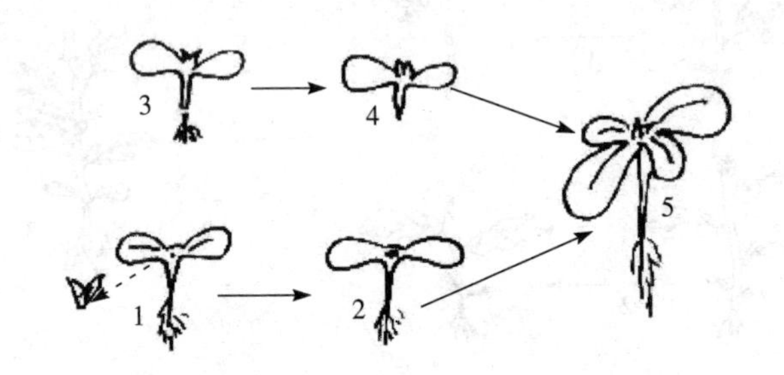

图 11　插接法示意图
1. 砧木切除心叶　2. 用竹签向下扎孔
3. 接穗断根　4. 削成楔形　5. 插接穗

（4）嫁接苗的环境调控　嫁接苗的最适生长温度为 25℃，温度低于 20℃或高于 30℃不利于接口愈合，影响成活率。嫁接后育苗场所要封闭保湿，嫁接苗定植后要充分浇水，保证嫁接后 3～5 天内空气湿度为 99%。嫁接后 2～3 天可不进行通风，第三天以后选择温暖而空气湿度较高的傍晚和清晨通风，每天通风1～2 次。开始通风要小，逐渐加大。通风期间棚内要保持较高的空气湿度，地面要经常浇水，完全成活后转入正常管理。成活后及时摘除砧木萌发的侧芽，待接口愈合牢固后去掉夹子。

（5）整地施肥　由于嫁接苗根系发达，吸水吸肥能力强，在翻挖后，要重施底肥，方法是先开施肥沟，每 667 米^2 施农家肥3 655 千克，普钙 50 千克，复合肥 20 千克于沟中，然后埋高垄，垄宽 60 厘米，沟宽 40 厘米。

（6）定植　嫁接 23 天后即可定植。定植时要挖深洞，使嫁接苗根系能伸展，每垄栽一行，株距 50 厘米，行距 100 厘米，每 667 米^2 定植 1 333 株。定植深度以覆土至嫁接口下 3 厘米为宜。

（7）田间管理

①去掉嫁接夹。当嫁接苗伤口愈合牢固后要去掉嫁接夹。

②搭架引蔓。当嫁接苗长到 30～40 厘米时应搭架。可以用竹

子搭架或尼龙绳牵引，牵引时，每生长20厘米就把植株在绳子上缠绕一次。

③整枝打杈。嫁接番茄生长茂密，容易相互遮阴，消耗养分。通过整枝，可控制侧枝生长，常用双干式整枝，除保留主茎外再留一条花序下叶腋抽生出的侧枝，其余侧枝全部摘除。一般当侧枝长到3～5厘米时摘除。

④追肥。番茄是营养生长和生殖生长同时进行的作物。除施足底肥外，应适时追肥，定植成活后10天，每667米^{2}追施7千克进口复合肥作提苗肥，以后视不同生长情况，结合浇水，每次每667米^{2}追施尿素8千克、进口复合肥5～10千克作提苗肥、促花保果肥，初花期用千分之一硫酸二氢钾根外追肥有利于保花保果。

⑤摘萌芽疏果去老叶。嫁接口愈合后，要及时用剪刀将砧木萌芽剪掉，应注意不要损伤接口处，在果实坐牢后，将病果、小果、畸形果摘掉，每一穗保留3～4个健康果，并去掉果穗下部黄叶，使茎秆下部通风好，减少病害发生。

⑥防治病虫害。番茄嫁接后抗病能力增强，同时，防止了土传病害的发生，通过嫁接减少农药用量，也是生产无公害番茄的一种有效途径。在生长过程中主要喷施58%甲霜灵锰锌防疫病，快杀灵防蚜虫。

94. 温室番茄扦插育苗技术是什么?

番茄采用半嫩枝扦插育苗较常规育苗时间缩短25～40天，且秧苗健壮、花芽分化良好，具有开花期、坐果期、成熟期等相对集中的特点。现将温室番茄扦插育苗技术简述如下。

(1) 苗床设置 在日光温室中选择光照条件好、温度稳定的地段做苗床。苗床宽12米、长5米、土埂高0.25米（定植每667米^{2}需要苗床60米^2），然后将床底耧平踏实。苗床土配制：取大田土6份，腐熟的有机肥3份，炉灰或河沙1份，混合拌匀过筛，1米^{3}苗床土加入尿素2千克、磷酸二氢钾1千克，并充分拌匀后铺入苗床内，厚0.15米，耧平后，扣小拱棚提高苗床地温（有条件的，使用地热线更好），以备扦插。

（2）扦插

①扦插枝的选取。10月初至第二年3月底，从大棚或温室中栽植的品种上，选择无病、健壮、长15厘米左右、具有4～5节、生长点完好的主枝或侧枝，将其截取。

②扦插枝的处理。摘除已现蕾的花序，将较大的叶片切除1/2，同时剪去下部4厘米的叶片，下端切口要求平滑，然后将扦插枝下端浸入50毫克/千克的萘乙酸溶液中，保持10秒，取出后用清水冲洗，准备扦插。

③扦插方法。将处理好的枝条，按13厘米×13厘米一枝扦插到苗床上，深度5厘米，扦插完毕，浇足水，打好小拱棚。

（3）扦插后管理

①前期管理（伤口愈合期）。苗床气温白天保持在18～30℃，夜间16～18℃；地温保持18～23℃。气温超过30℃时遮阴降温，不能通风，防止枝叶萎蔫。空气湿度保持在95%以上，湿度低时及时向苗床喷洒清水。追施尿素、磷酸二氢钾、红糖各0.1%的混合溶液1次。

②中期管理（生根期）。扦插5天后，枝条伤口已愈合，开始萌发不定根，此时枝条已有一定的吸水吸肥能力。此期气温白天保持在25～28℃，夜间15～17℃，地温仍保持在18～23℃。增加光照时间和强度，开始适量通风，轻微萎蔫及时喷清水，较重时遮阴5～7天，追施1次叶面肥，注意预防病害发生。

③后期管理（成苗期）。扦插15天后，枝条下端已萌发5～7条新根和许多短的不定根。此时根系吸水、吸肥能力基本满足扦插枝生长需要，扦插枝已形成完整的新株体，可以按正常苗进行管理。苗床气温白天保持在25～28℃，前半夜14～16℃，后半夜12～13℃。撤去小拱棚，浅中耕，追施叶面肥2次。注意控制秧苗徒长，定植前一周，进行炼苗。在扦插25～30天后，扦插枝已形成健壮的秧苗，第一穗花序部分开花时进行定植。定植时，宜在连

续 3～4 个晴天进行。定植密度大行距 70 厘米，小行距 50 厘米，株距 33 厘米。定植方法是在平地上按大小行距开沟 10 厘米深，浇足水，每 667 米^2 均匀撒施矮丰灵 2 千克。按株距将起好的苗摆入沟中，然后在行间取土封垄，每株浇水 1 千克，垄高 10～13 厘米。在小行沟上铺地膜，一膜双行。

（4）田间管理 由于扦插育苗花芽分化集中，定植后出现3～4 穗花序同时开花、坐果现象，因此需要较多的营养物质。缓苗后，结合浇水追复合肥。对整枝、病虫害防治等与常规番茄栽培技术相同。

95. 温室番茄整枝技术有哪些？

番茄在生产过程中，由于茬口安排的不同，盲目整枝，使其不能充分利用空间、时间及地力，导致产量下降、品质变劣。另外，选用的品种不对路，不能充分发挥番茄的增产潜力，栽培中所选用的品种必须依茬口而有所侧重。

（1）秋冬茬整枝技术 秋冬茬番茄，一般留果不多，多采用单干整枝。每株只留一个主干，把所有侧枝都陆续摘除。单干整枝单株结果数减少，但果型大，可以增加早期产量和总产量。如果是有限生长的早熟品种可任其自然封顶。中晚熟品种，要在第三个花序出现后，在其上留 2 个叶打顶，可用竹竿支蔓，也可用尼龙线吊蔓。

（2）冬茬栽培番茄整枝要求 采用连续摘心整枝，具体整枝技术是：

①确保基本枝。定植后第一花序和第二花序相继开花，在对第一花序进行激素处理后，第二花序的第一朵花即将开放时，留上面 2 片小叶摘去其生长点，以此为第一基本枝，然后利用紧靠第一花序下部节间长出的健壮的侧枝。同样，待长出第三花序和第四花序后，留第四花序前 2 片叶子摘心，以此为第二基本枝。依此类推，确保达到 4～7 个基本枝。

②掐芽。定植后的第一次掐芽，在第一基本枝摘心时或扭枝前进行最合适。首先要掐去影响第一基本枝和花序的多余的10厘米以上的侧枝。

③扭枝。在第一、二花序开花时，捏着第一花序着生位置向右或向左扭半圈即可。扭枝后应把第一基本枝全部顺向透光性好的通道一侧以利透光。第二基本枝应顺向与通道相反的一侧。这样，凡奇数基本枝顺向通道一侧，偶数基本枝顺向与通道相反的一侧。

④摘叶。在长期栽培中摘叶极为重要。摘叶过晚影响侧枝正常生长，导致花芽发育不良，基本枝扭枝后要将主茎下部的叶片全部摘除，应尽量在靠近枝干部位上摘除叶片。注意不要留叶柄，以免产生灰霉病。

（3）冬春茬番茄整枝采用单干或一半整枝（改良单干整枝）改良单干整枝是除留有主干外，在第一果穗下留相邻果穗的一个侧枝。待这一侧枝着生1～2穗果之后，在其上留2片叶摘心，对其余侧枝全部掐除。这样可进一步提高单株产量。

96. 番茄如何落蔓（绑蔓）？

利用番茄茎部半木质化的特点，选在晴天下午茎不易折断时落蔓。每株插1根1米长的竹竿，竹竿的上端系1根塑料吊绳，吊绳上端系在专设的南北向钢丝上（也可全用竹竿）。除前沿第一组外，竿和绳总高度约2米。

每6株为1组，每株下部收获3～4穗果，单株高度约2米时开始落蔓。每组从南向北第一株沿地面匍匐到第三株基部并绑在竹竿上，再将植株上半部斜绑在第四株竹竿上，并绑上下两道，使植株直立，同时摘除近地面的叶片。第二株绑在第四株竹竿基部，上部斜绑在第五株竹竿上。同样方法第三株绑在第五、第六株上。第四、第五、第六株则倒过来从北往南以同样方法落蔓。

落蔓后，拉破匍匐茎下地膜，使茎紧贴地面，上压湿土，待长出不定根后，植株生长量和抗逆性将大大增强。

97. 番茄的老枝如何再生？有哪些方法？

番茄易生不定根、茎的分枝能力强，花序下的侧枝生长特别旺盛，利用番茄的这种习性，可进行老株的再生栽培。番茄老株再生前栽培同温室常规栽培基本相同，主要应注意以下三点。

首先，要选择生长势强，结果集中，耐低温，耐弱光，高产，抗病，无限生长类型品种。如毛粉 802、强力米寿、中蔬 5 号。用 10 厘米×10 厘米的大营养钵培育壮苗，当幼苗长到 20 厘米、8～9 片真叶、70%左右的植株现蕾时，适时定植。其次，番茄的再生栽培生长期长，收获期也长，所以要多施底肥，以防后期脱肥。667 米^2 土地施优质农肥 80～100 千克、磷酸二铵 100 千克、硫酸钾 50 千克，整地后南北起垄，按 40 厘米×30 厘米株行距定植。每 667 米^2 保苗 3 700 株。最后，加强再生前的管理。肥水的管理掌握“浇果不浇花，采一穗果浇一次水，追一次肥”的原则。定植后5～7 天浇一次透水，然后控水蹲苗。当第一果穗生长至拇指大小时，再开始浇水追肥，每次追施磷酸二铵 15 千克。再生前的整枝用单干整枝，其余的侧枝一律摘除，每株留三穗果，摘心后每穗留 4～5 个果，不能多留。三穗果采收完后进行再行栽培。

（1）老株打叶促新枝再生法 于 1 月末 2 月初开始在温室内播种育苗，3 月末至 4 月上旬定植。7 月 15 日第二穗果将要采收完毕时，用剪刀剪掉番茄的全部病叶、老叶、果柄，只留顶部各枝的新叶。将打下的老叶、病叶和果柄清除到温室外。去老叶在 7 月 20 日前完成。然后打药灭菌 1 次，防止病害的发生。一周左右，老株上长出许多新枝，选留一强壮新枝，作为再生生长枝，15 天左右第一穗花即能开放。整枝时仍留 3 个果穗，每穗4～5 个果。第三穗果在 8 月 25 日左右开大。优点是解决了高温、高湿条件下育苗容易得病的弊端。另外，此法第三穗果采收完毕后，可利用新枝的侧枝进行再生栽培。

（2）去老茎促新枝再生法 当主茎上所留的果实全部采收完成

后，将原株用剪刀在离地面5厘米的地方剪去，然后浇1次水，随水追施尿素125千克、过磷酸钙25千克或磷酸二铵20千克，一周左右从被剪茎上长出许多小枝，选优去劣，以后管理与整枝同方法1。

（3）基部侧枝压条法 选留主茎基部长出来的1个侧枝，等侧枝长到23～26厘米时摘除侧枝上2/3高度的叶片，使其弯曲向地面，用土压条固定，顶端露出2～4片叶，一畦的侧枝全部固定以后浇水1次。温度适宜条件下，土压部位萌生出强大的根系，棚内的温度，白天控制在20～25℃，晚上10～15℃，土壤的湿度60%～70%。番茄主茎上的果实采收以后，立刻从所压侧枝的上部剪掉主茎，加强管理。整枝同方法1。

（4）埋老茎再生法 主茎所留果穗全部收完以后，拔除支架和生长势弱的植株，选留强壮的植株，去掉老叶，在原垄中央开沟，将番茄老茎埋入土中。埋茎时注意调整方向，使预留的侧枝在田间均匀一致，并培好土垄以便浇水。预留好果枝，每次最后一穗果坐定以后，应选留1～2个健壮侧枝，培养成结果枝，这样可使再生果尽早上市。再生栽培初期长出的花蕾应摘除，等到植株生长旺盛时，保留花穗坐果。

（5）侧枝扦插法 选择带花蕾但未开花，长为15～20厘米的枝条，去掉下部叶片，每枝的顶端留3～4片叶，然后直接扦插到整好的栽培畦中，扦插后5～9天便生根，成活率达98%。缓苗期间保持土壤湿润，两周以后进入正常管理。整枝同方法4。58天以后第一穗果开始采收。再生栽培的后期管理与常规温室栽培基本相同。要注意协调营养和生长的关系，先期要促进生长。现蕾开花以后，每隔7天喷1次糖氨液。糖氨液的配方为0.5千克白糖，0.25千克尿素，对50千克水，叶面喷施。

98. 番茄双株高产栽培技术要点是什么？有何优点？

（1）栽培技术要点

①科学浸种催芽，正确掌握播种期。

a. 品种选择。越夏露地栽培一般选择佳粉 10 号、毛粉 802。也可根据当地的生产消费习惯选择适宜的栽培品种。

b. 浸种与催芽。同棚室番茄栽培的浸种和催芽。

c. 播期。温室栽培一般在 11 月中、下旬至 12 月中旬，越夏露地栽培在 2 月下旬至 3 月下旬。

②培育壮苗。每 667 米^2 播种量 50 克。播种要抢寒尾暖头天气进行。将浸泡或催芽的种子撒播或条播在整平的床土上。播种前，先浇足底水，播后覆盖 1 厘米厚培养土，再用薄膜平铺在床上。70%幼苗出土后，立即将平铺膜改为小棚膜，并接着在土面覆一层薄细土保湿，促进根系生长。出苗后，苗床温度白天 20～25℃，夜晚 10～15℃，不能低于 5～7℃。当幼苗长到 1 叶 1 心时，抢寒尾暖头天气，按 3 厘米行株距分苗。如果幼苗生长瘦弱，可追施稀薄的人粪尿 1～2 次。也可用 0.15%磷酸二氢钾进行叶面喷雾。移栽前可用甲霜灵或杀毒矾喷 1 次。

③规格定植。番茄叶片生长茂盛，密度不宜过大，每 667 米^2 栽 2 500 株（两株苗），间隔 6.66 厘米，支架插在中间，每 667 米^2 用蔬菜专用复合肥 50 千克。开沟施肥起垄，垄宽 75 厘米，沟宽 40 厘米，每垄栽两行，穴距为 40 厘米和 50 厘米，宽窄相同。4 根支架为一组，成人字架，内空为 50 厘米×60 厘米，每组支架间隔 40 厘米。

④田间管理。

a. 水分。在 5～6 月注意排水，做到雨停沟干。天旱时要3～4 天灌 1 次水。

b. 施肥。移栽后 7 天每 667 米^2 施尿素 8 千克或人粪尿 500 千克提苗。在第一穗果实达到一分硬币大小时要重施 1 次催果肥，每 667 米^2 施尿素或者复合肥 20～25 千克。在第二、第三穗果实开始迅速膨大时再各施 1～2 次肥，每 667 米^2 施尿素或复合肥 10～15 千克。

c. 及时绑蔓整枝。双株绑在支架两侧，只留主干，及时摘除多余的侧芽，保留 3～4 穗果，适时摘心封顶，以利增强植株中、下部叶片的光合强度，改变田间群体结构，使番茄果实采收集中，适时结束生长。

d. 摘除老叶。及时摘除老叶，改善番茄植株中、下部的通风透光状况，减少病虫害的发生。

e. 及时采收。越夏番茄一般从 7 月中旬开始采收。此时正值多雨季节，为避免烂果、裂果，应在果实转色变红时立即采收。

⑤病虫防治。同棚室或露地番茄病虫害防治。

（2）双株栽培的优点

①结果早，提前上市，价格好。双株栽培采用单干整枝比双干整枝成熟期可提前半个月。

②节约支架，减少投资。双株栽培，每 667 米^2 栽 2 500 株（两株苗），比单株双干整枝每 667 米^2 栽 3 000 株，少 500 根支架，比单株单干整枝每 667 米^2 栽 3 500 株少 1 000 根支架，分别节约投资 500 元和 1 000 元。

③改善群体结构，通风透光条件好。越夏番茄要渡过高温、多雨的盛夏，定植密度大了，造成田间郁闭而诱发各种病害和导致植株早衰。双株栽培，合理组合，空间大，有利通风透光，减少病害的发生。

④省工、省力，成本低。由于双株共用 1 个支架，绑蔓和施肥可比单株单干整枝每 667 米^2 栽 3 500 株减少一半的工和力。

⑤产量高，效益好。番茄一般头 3 穗果实大而重，往上果实越来越小，越来越轻。采用双株栽培单干整枝，只留头 3 穗果就摘心封顶，每穴保证 6～7 穗果，每穗果 3～4 个，果重 2～2.5 千克，每 667 米^2 栽 2 500 株，稳产 5 000～6 250 千克，而单株栽培双干整枝的每株只有 10～12 个果实能上市，果重 1～1.5 千克，每 667 米^2 栽 3 000 株，产 3 000～4 500 千克。

99. 如何获得露地栽培番茄高产？

（1）品种选择　栽培番茄时，应根据各地无霜期长短，消费习惯和栽培目的，选择品种。一般露地大架栽培时，可以选用抗病丰产的中杂 9 号、L402、霞光等品种。小架早熟栽培时，选用东农 702、东农 704 等品种。用于加工的番茄露地栽培时，应选用东农 706、红杂 16 等品种。

(2) 适时播种 番茄的播种期由番茄的苗龄大小确定。为了培育一定苗龄的秧苗，育苗期的长短主要由育苗期间的温度决定。在番茄生长适宜温度范围内及正常日照条件下，番茄从出苗到第一花序开始分化，约需 600℃有效积温，花芽发育整个过程又需 600℃有效积温。因此，欲培育出即将开花的大苗，应保证有 1 000～1 200℃的有效积温。如果白天温度控制在 25℃，夜间 15℃，日平均温度按 20℃计算，需要 50～60 天的苗龄。如果拟定栽苗期为 5 月 25 日，则需要在 3 月 20 日前后播种育苗。

(3) 苗床管理

①育苗温度。应在幼苗生长的不同期间不断地调节温度。播后至出苗前的温度要高些，昼温 28～30℃、夜温为 24℃有利于出苗。待苗出齐后，要降温。白天床温降至 20～25℃、夜间17～18℃。降温主要采用通风方法，先放小风，逐渐加大放风，缓慢降温。第一片真叶展开至分苗前是小苗生长阶段，应创造良好条件，地温应保持 20℃以上，促进根系发育。育苗中期白天温度要维持在 25～27℃，前半夜的温度保持 14～16℃，后半夜 12～13℃，昼夜温差一般为 5～8℃，有利于同化物质形成，夜温稍低可抑制呼吸，并有利于物质运输。当幼苗达到 1～2 片真叶时，进行移苗（播种后 1 个月左右）。移苗晚，易徒长，而且影响花芽分化和发育。苗距 8～10 厘米×8～10 厘米。为了保持根系完好，采用营养钵、塑料筒、纸筒、营养土块等育苗。移植后保持白天温度 25～28℃，夜间 18℃，地温 20℃，头两天不要放风，使幼苗尽快长出新根，加快缓苗。缓苗后，逐渐放风，白天控制在 20～25℃，夜间控制在 12～15℃。定植前 7～10 天，对幼苗进行低温锻炼，逐步降低夜间温达 7～8℃，以增强幼苗的抗寒性。

②苗期水分管理。番茄幼苗根系发达，吸水力强，生长速度

快，容易徒长。番茄幼苗吃小水，即每公顷浇水量小，浇水次数要少。浇水量大，将导致幼苗徒长。因此，要十分注意水分调节。应以控水为主，控促结合。保证晴天的适宜空气湿度50%～60%，土壤湿度为75%～80%；阴天的适宜空气湿度50%～55%，土壤湿度为60%～65%。出苗后选晴朗无风天气，覆一次干燥的床土，厚约2厘米，以利保墒移苗，一直到移苗前尽量不浇水。发现表土干燥，午间幼苗发生萎蔫，傍晚又不能恢复时，表明床土湿度小，需要浇水。浇水后要覆土保墒，防止土壤龟裂。同时注意阴雨时不要浇水。在锻炼幼苗阶段，应尽量少浇水，只是在定植前一天，在苗床内浇透水，便于起苗。

③苗期营养。苗期除施足有机肥料外，还应施用氮、磷、钾等化肥。苗期施用化肥效果显著。在分苗后，要施1次氮肥。并在幼苗生长的30～40天内，每10天根外追肥1次，用2%的过磷酸钙溶液或0.2%的磷酸二氢钾溶液，弥补苗期有机肥不足，可使植物体内干物质含量增加。喷磷后，幼苗由蓝紫色转变成深绿色。幼苗4～6片真叶时施用效果较好。

④整地施肥。应选择排水良好，土层深厚，富含有机质，保水、保肥的土壤栽培番茄。番茄最好的前茬是葱蒜蔬菜，其次是豆类蔬菜、瓜类蔬菜，最次是白菜类、甘蓝类、绿叶菜类。有的地区采用番茄与大田作物小麦等轮作，效果也较好。实行3～5年的轮作，不仅能保持与提高地力，而且能减少防治病虫害次数。头年秋翻25～30厘米深，翻后不耙，以利土壤风化。春季耙地，耙碎、耙平。施足底肥，每公顷施优质腐熟农家肥75 000～150 000千克，以猪粪、羊粪和鸡粪做基肥最好。在施足农家肥的同时，可施入一定数量化肥做基肥，每公顷施375～425千克过磷酸钙或磷酸氢二铵。然后做畦或做垄。畦宽1米，垄宽60～70厘米。

⑤定植。番茄是喜温作物。在晚霜结束后定植，可比茄子和辣椒早栽。当地温稳定在10℃以上，夜间气温稳定在15℃后，方可定植。这时定植番茄成活率较高。起苗时一定采取护根措施，尽可能减少伤根，提高成活率。苗应随起随栽，不要放置时间过长，影

响幼苗的成活率。定植时，要把健壮苗、徒长苗、老化苗分开定植，便于田间管理。刨埯、浇埯水栽苗比开沟灌水栽苗土温高，缓苗既快，又省水。健壮苗的定植深度以子叶稍高于地面为宜；可用"卧栽法"，促进根系扩大，促使番茄幼苗迅速缓苗。

定植密度要根据品种、整枝方式、留果多少、生育期长短等灵活掌握。矮秧自封顶的品种应密，高秧品种应稀；单干整枝应密，双干整枝的应稀；早熟品种应密，晚熟品种应稀；肥力差的应稀，肥力高的应密。齐研矮粉直立茎自封顶品种，畦作行距50～55厘米，株距20～25厘米，垄作行距60～70厘米，株距20～25厘米。东农704等有限生长类型早熟品种，植株体积比直立茎品种大，可适当地放宽株距。畦作行距50厘米，株距30厘米；垄作行距60～70厘米，株距25～30厘米。中晚熟强力米寿等品种，生育期较长。如果单干整枝畦作行距50～60厘米，株距33～40厘米；垄作行距60～70厘米，株距30～35厘米。

⑥田间管理。

a. 肥水管理。番茄对水分很敏感，易疯秧，必须注意水分的调节。定植后3～5天要灌一次缓苗水。以后经过多次中耕松土，促根保持土壤水分，适当蹲苗。垄作结合蹚地进行培土，促进茎基部发生不定根。在搭架前完成三铲三蹚。不同品种蹲苗期不一样。早熟和极早熟品种营养生长较弱，往往生殖生长对营养生长抑制作用较强，可提前结束蹲苗。有时干旱年可以不蹲苗。早熟品种在坐果时，中晚熟品种在果实长鸡蛋黄大小时，开始浇催果水，盛果期每4～6天浇1次水，保持地皮不干，促进秧果并旺，并有利于钙的吸收，减少脐腐病的发生。雨季注意排水，防止发生涝害。

番茄需肥量较大。除多施基肥外，还需要追施些速效性肥料。早熟品种往往秧小结果多，容易出现坠秧现象。及早追肥，促进秧苗生长。因此，早熟品种结合浇缓苗水施1次提苗肥，每公顷150～225千克。中晚熟品种可少施或不施提苗肥，以防徒长。结合灌催果水追催果肥，氮、磷肥结合施用，每公顷施氮磷复合肥225～300千克。第一穗果开始采收时，是吸肥盛期，结合灌水追第三次肥，促进第二穗、三穗果的发育，防止植株过早衰老，每公顷施复合肥300～375千克。进入8月中、下旬以后，比如黑龙江省气温开始下降，根系活动弱，吸肥能力差，再给根部追肥，效果不好。这时可进行根外追肥，用1%～2%的过磷酸钙或10倍的草木灰浸出液喷洒叶面1～2次。喷磷可以改善植株的磷素营养，增加叶的厚度，叶色转为深绿色，对花芽发育有促进作用。喷磷时，用1～2千克过磷酸钙加水10千克浸泡，并不停地搅动，一天后取上清液加水100千克，即为1%～2%的过磷酸钙浸出液。为提高喷磷效果，应注意：第一，要求每个叶片正反两面全喷到，并要喷匀。第二，喷磷最好在傍晚进行，这时温度低，湿度大，喷在叶面上的磷肥浸出液不易干燥，容易被叶片吸收。阴天可全天喷。但雨天不宜进行根外追肥，以免肥料被雨淋失。

b. 番茄植株调整。包括整枝、打杈、摘心和摘叶、疏花、疏果、搭架、绑蔓。整枝与打杈的目的就是调整植株营养生长和生殖生长的平衡。适当整枝和摘除多余的侧枝，不但有利加强通风透光，防止植株徒长，而且可以减少养分的损耗，以集中更多的光合产物供果实生长，从而增加单果重量和提高单位面积重量。同时，使植株之间不至于过分郁闭，减少病害的发生和蔓延。否则，茎、叶生长过于繁茂，会延迟果实的发育。番茄的整枝方法根据品种及栽培方式不同而异。可采用单干整枝、双干整枝、一干半整枝或改良单干整枝。

为了防止番茄病毒病的人为传播，在整枝、打杈、摘心作业的前一天，应有专人将田间出现的病株拔净，烧毁或深埋。整枝或摘心时，一旦双手接触了病株，应立即用消毒水（来苏儿）或肥皂水清洗，然后再操作。整枝、打杈与摘心时摘除的枝叶应及时清理，远处销毁，防止传播病菌。

在进行番茄的搭架绑蔓时，除少数直立型品种及罐藏加工的番茄采用无支柱栽培外，栽培的番茄大部分是蔓生性，其直立性差。若不搭架，植株匍匐地面，容易遭受病毒病为害，生长不良，产量低。搭架后，叶面受光好，同化作用强，制造养分多，花芽发育好，落花率低，产量高，品质也好。因此，当植株长到大约30厘米高时，应立支架，并将主茎绑缚在支架上。支架用的材料有竹竿、高粱秆或树枝等，可就地取材。支架的形式主要有单杆架、人字架、四角（锥形塔形）架与篱形架4种（图12）。

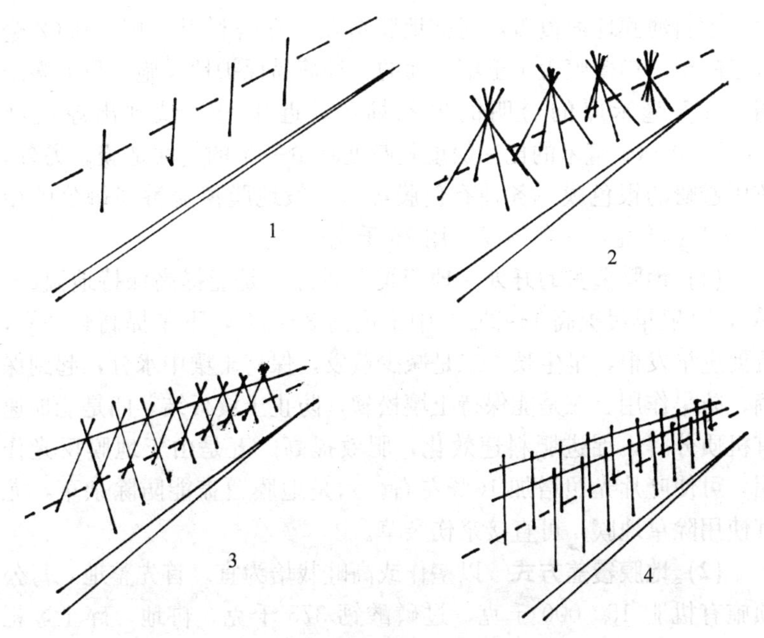

图12 番茄搭架的4种形式

1. 单干架 2. 四角架 3. 人字架 4. 篱形架

⑦采收。番茄从开花到果实成熟，所需日数因温度和品种而有区别。早熟品种40～50天，中晚熟品种50～60天。果实成熟过程中淀粉和酸的含量减少，糖的含量增加，不溶性果胶转化为可溶性果胶，食用品质风味不断提高，叶绿素逐渐减少，番茄红色素、胡萝卜素、叶黄素增加。前面讲到，番茄果实成熟分四个时期，在哪个时期采收，根据用途决定。

绿熟期的果实采收后，用2 000毫克的乙烯利加1千克水，配成溶液浸蘸或喷果，置于22～25℃处催熟，比自然成熟可提早5～

7天。另外，也可用500～1 000毫克的乙烯利加1千克水配成溶液进行田间喷洒。但不要喷到植株上部的嫩叶上，以免发生黄叶。

100. 地膜覆盖番茄栽培有哪些好处和技术？

塑料薄膜地面覆盖，简称地膜覆盖。它是利用0.01～0.02毫米厚的聚乙烯薄膜盖于土壤表面的一种简易保护地设施。目前多采用0.015毫米厚的透明的聚乙烯膜。近年来又试制出厚度在0.007～0.009毫米的比一般地膜厚度减少一半的超薄地膜。另外，还用避蚜的银色膜，各种有色膜等。一般地膜覆盖番茄每公顷用120～150千克，超薄地膜仅用75千克。

（1）地膜覆盖的好处 地膜覆盖番茄一是能提高保持地温2～5℃，一般早晨提高1～2℃，中午提高3～5℃，下午提高4～8℃，可促进早发根，早生长。二是减少蒸发，保持土壤中水分，起到保墒、防旱作用。三是能保持土壤松软，防止土壤板结。四是能加速有机质分解，促进肥料速效化，肥效提高。五是由于地膜反光作用，可使叶片光照增加10%左右。六是地膜覆盖能防除杂草，尤其使用除草地膜，可直接杀伤杂草。

（2）地膜覆盖方式 以垄作或高畦栽培为宜。首先整地，每公顷施有机肥150 000千克，过磷酸钙375千克。耕地，碎土，耙平，做垄或畦。垄宽60～70厘米，垄高10～15厘米，垄沟要平，便于灌水；畦面宽70～80厘米，高10～15厘米，沟宽40厘米的“圆头高畦”。然后喷布除草剂，用48%的氟乐灵，每公顷144～225毫升，对水750～1 025千克，喷布垄面或畦面。为防光解，喷药后应浅中耕，使药入土，再轻压垄面或畦面。定植前5～7天覆盖地膜，然后定植。先在定植穴部位打孔，然后用移苗取土器取出土壤，再行定植。在挖坑时，应注意不宜将定植穴开得太大。栽苗后注意将土封严。其他栽培技术见露地栽培。

（3）地膜覆盖栽培注意事项 一要实现整地、施肥、起垄（筑畦）、盖膜连续作业，以保持土壤水分和有利提高地温。二是整地要细，无土坷垃，保持干整、疏松，盖膜时与土壤要贴紧，不因风吹鼓动出现裂口，利于保温，以杀死刚出土的杂草。三是底墒要足，覆盖地膜后，一般浇水困难，定植前如土壤干燥要浇水，或是定植后浇足水再盖膜。四是施肥要以基肥为主，施全施足，要注意施磷、钾肥，适当减少氮肥，可减少 20%～30%的氮肥。氮肥要以迟效肥为主。追肥以速效性复合肥为主，追肥数量要少，次数也不宜太多。为了充分发挥地膜作用，可采用先"盖天"后"盖地"的覆盖法，尽量做到一膜多用。

101. 塑料薄膜中棚、小棚番茄栽培有哪些技术?

(1) 塑料薄膜中棚栽培 塑料薄膜中棚指宽 4～6 米，高1.5～2.0 米，覆盖面积 66～333 米^2 的拱棚。多用竹竿或木材连绑做拱架，外压粗铁丝或竹竿，有支柱 1～3 根。近几年，中棚已在生产上应用，中棚性能比小棚好，仅次于大棚，棚上面可以覆盖草帘等进行保温，装卸安装方便，使用效果好。中棚番茄栽培技术基本同大棚的栽培技术。

(2) 塑料小拱棚栽培 塑料小拱棚多为竹木结构，跨度 1～2 米，高 0.5～1.0 米。类型较多。常见的有拱圆，用竹木或钢材做拱架。目前，多用 8 号铁线或竹皮或柳条做小棚拱架，也可焊接成组装式。覆盖后两端用土压住或再压竹竿将膜夹住，晚间盖草帘或毛苫保温。

小棚的热源为太阳辐射，棚内气温随着外界气温的变化而变化。由于覆盖面积小，最低气温只能提高 3～6℃，最高气温可提高 15～20℃，昼夜温差大，早春易出现棚温逆转现象。因此，小拱棚主要起防霜、防冻作用。一般在终霜前的 15～20 天覆盖小棚。小拱棚栽培技术简单，覆盖时间只有 20 多天，投资少，成本低，效益高，并且可以同地膜覆盖，大棚、中棚结合使用，对促进番茄早熟、高产也有明显作用。

①品种选择。适合小棚进行早熟栽培的番茄品种应具备早熟、

坐果集中、前期产量高、分枝性弱、株型紧凑等特点。同时，要求具有抗病、品质好等优点。目前适合小棚早熟栽培的优良品种有西粉3号等。

②培育壮苗。小拱棚早熟栽培于2月下旬播种育苗。育苗方法同露地育苗方法。

③整地定植。最好采用秋施肥，秋深翻，秋做畦或秋起垄。为了防风，改善小气候，栽培地块四周应设防风障。如果地块大，每隔20～30米还应夹设一道腰障，增强防风能力。

畦做成1.0～1.2米宽，10～12米长，每畦开2行定植沟，每公顷施有机肥75 000千克，磷酸二氢铵300千克。将肥施入沟中，然后按25～30厘米株距沟栽。为了提高前期产量，提高经济效益，每公顷保苗60 000～75 000株。小棚栽培在哈尔滨地区适宜的定植期应在5月上旬，随浇水，随封埯，随扣小棚。

采取60～70厘米的垄，按埯定植，灌沟水，水渗下后封埯，然后覆1.8～2.0米宽的棚膜，每棚2垄苗。随着植株的生长，经铲地中耕2～3遍后，由沟逐渐培土成垄。

④田间管理。定植后5～7天，密闭小棚，掌握高温、高湿，促进发根和缓苗，缓苗后及时通风，降温、降湿，防止秧苗徒长。注意通风量由小逐渐加大。通风后，可于晴天上午浇1次缓苗水，待地皮稍干，于回暖期间将棚膜打开，随即铲土、松土，然后再将小棚扣上。5月底拆小棚。在拆棚前5～7天要加强对秧苗的锻炼，直到适应露地条件后方可拆棚。拆棚后的管理与露地番茄栽培相同。

102. 春季塑料大棚番茄的早熟栽培技术是什么？

塑料大棚是用塑料薄膜覆盖的拱形或屋脊形大棚，骨架常用竹、木、钢筋混凝土、钢材做成。塑料大棚内种植番茄，春季种植期比露地提早1个月，有效地提早番茄供应期，可比露地早熟30～40天。秋季栽培可以延后1个月左右。从而延长番茄生长和鲜果供应市场的时间。塑料大棚改变了番茄生长的小气候，可以人为地创造番茄生长期、结果期的适宜条件。因此，可获得比露地高1倍的产量，每公顷产量可达150 000千克。同时，与大棚黄瓜实行倒茬，不仅减轻病害，又增加复种指数，还可避免盛夏高温、强光造成败秧。只要肥水管理得当，春天定植的番茄，可连续结果到深秋。另外，大棚建造容易，设备简单，取材方便，透光和保温性能好，是我国蔬菜保护地生产的主要形式。

我国北方露地番茄采收期集中在7～8月，大棚的大架番茄栽培的产量高峰与露地栽培的相遇，不但发挥不了设施园艺的优势，还有可能出现产量高而产值低的现象，供应期不能充分延长和均衡供应市场。

塑料大棚番茄生产应该与露地生产和温室生产错开，避开露地产量高峰，以提早和延晚为目的进行栽培。因此，大棚番茄栽培主要以春季塑料大棚早熟栽培和秋季塑料大棚延后栽培两种形式为主。春季塑料大棚番茄早熟高产栽培技术如下。

(1) 品种选择 春季塑料大棚番茄早熟栽培一般不宜选用晚熟品种。因为晚熟品种发育期长，并易徒长，采收期比早熟品种晚5～7天，早期产量低，往往影响第二年栽培。所以，大棚早熟栽培要求的品种耐低温性强，在较低温度下能正常生长、结果，坐果率高，耐弱光，能在光照较差的条件下正常生长发育，植株具有叶片小，坐果集中、分枝性弱、株型紧凑，适于密植，抗病性强的品种，多半是自封顶类型。

(2) 培育壮苗 欲培育出大蕾的大苗，具有7～9片叶，茎粗5～6毫米，高度控制在20～25厘米，节间较短，将苗龄控制在70～75天。一般1月下旬或2月初温室育苗。采取多层覆盖栽培，播种期可相应提前。大棚加小棚或大棚加微棚的两层覆盖栽培，可在1月中旬播种；大棚加小棚加两层幕或微棚3层覆盖栽培的，可在1月上旬播种。地处北方的高寒地区，这个季节正是全年温度最低，光照最弱，光照时数最少的时期。可在温室中铺设电热线，将育苗箱放在电热线上。为了保温、保湿，盖上薄膜，促进顺利出苗。具体育苗方法参见露地番茄育苗。但育苗中注意：第一，不要同黄瓜共用一个温室育苗。因为这两种作物要求的温度、湿度等条件都不一样，必须隔开。第二，若发现后期苗徒长，利用塑料大棚和温床进行炼苗，晚间盖上草苫防冻。

(3) 适期早定植

①施足底肥与早整地。番茄是连续结果的蔬菜，底肥必须充足。每公顷施优质腐熟农家肥 75 000～150 000 千克，过磷酸钙 375 千克左右。土地进行秋深翻 20～30 厘米。为了提高地温，大棚早春栽培番茄时，在定植前 20 天要扣棚烤地，即次年早春 3 月上旬扣棚。使用耐低温抗老化聚乙烯薄膜头年秋天扣棚。地化冻后，进行耙地，接着做垄或做畦。垄宽 50～60 厘米，畦宽 1 米。

②定植时期。大棚春番茄的定植期，应根据大棚内的小气候条件确定。当 10 厘米地温稳定在 10℃以上，最低气温在 0℃以上（最好能达 6～7℃），并能稳定 5～7 天时，即可定植。如定植过早，容易发生冻害。如大棚内套小棚，围草苫，增加二层幕，或热风炉等，定植期可提前 7～10 天。

③定植方法和密度。大棚番茄不宜采用平栽后起垄的定植方法。这样不利于提高地温。应采用高畦地膜覆盖和垄栽。畦栽时，苗坨土面与畦面平，垄栽的苗坨土面稍低于垄面。底水不易过大，防止降低土温。栽培密度要根据品种确定，要保证单位面积上的一定产量，必须保证单位面积上的一定的果穗密度。根据各地番茄丰产栽培经验，早熟品种密植栽培的适宜果穗密度为 20～25 个/米^2；中晚熟品种大架栽培的适宜果穗密度为 25～30 个/米^2。掌握这个标准，即可推算出栽植的行株距。例如，早熟品种单干整枝留 3 穗果摘心，栽植密度 7～8 株/米^2，行株距50～60 厘米×25～30 厘米，每公顷保苗株数 52 500～60 000 株。中晚熟无限类型大架栽培品种采用单干整枝，留 4～6 穗果，或一茬到底留 9～11 穗果，株距为 33～36 厘米，每公顷保苗45 000～48 000株。

(4) 定植后的管理

①温度、湿度管理。结果前期，从定植到第一穗果膨大，管理

的重点是促进缓苗，防冻保苗。定植后3～4天内，棚内不通风，尽量升温，加快缓苗，白天棚内温度保持25～30℃，夜间温度保持17℃。大棚番茄定植缓苗后10天左右，第一花序即可开花结实。为使开花整齐，不落花，确保前期产量，要控制植株的营养生长。应调节好秧与果的生长关系。一方面要降低棚温，白天棚温20～25℃，夜温13～15℃较为适宜，最高不要超过30℃。另一方面要控制营养生长（防止茎、叶徒长），要进行蹲苗控制水分。浇过缓苗水后，及时中耕2～3次，深度3～6厘米，即可蹲苗。如果土壤墒情不好，可在第一花序的果实达到黄豆粒大小时，再浇1次水。切忌正开花时浇1次大水，避免细胞压的突然改变而造成落花。这是大棚番茄早熟高产的重要措施之一。这时期空气相对湿度控制在45%～55%，地温应保持15℃以上。

气温与地温必须协调控制，这是大棚番茄温度管理的又一个关键环节。气温越低，越要保持较高的地温。应尽量充分地利用白天太阳在地面上的直射光来提高地温。这就要及时搭架整枝，阴雨天气温低时不能浇水，防止土温降低。如果气温低，地温也低时，茎长得扁粗，叶色浓绿，畸形果增加。一般地温只有13℃时，大棚内气温可降到10℃左右，不能再低。

开花期大棚内要防止30℃以上的高温。因为番茄花粉发芽适宜温度为20～30℃。即便棚温达到35℃的短期高温，也会使花粉或胚珠的正常发育受到障碍，造成开花、结果不良。

果实肥大期番茄对温度反应灵敏，要求足够时间的较高温度。果实肥大期内平均日积温不足400℃时（一日内10℃以上温度×持续时数累加），产量偏低，平均日积温500℃以上时，产量较高。果实肥大期内温度日差12～14℃，最低气温15±3℃时为宜。白天棚内气温25～26℃，夜间气温15～17℃时，加速同化物质流转速度。昼夜适宜地温20～23℃（但不得低13℃）。可采用变温管理加速果实膨大，上午控制通风，使棚内达到较高的温度（25～28℃）。中午通风，保持20～25℃，午后3时左右减少通风量，使气温稳定。17～20时棚内保持14～17℃，20时至翌日8时棚内保持6～7℃为宜。

大棚内空气相对湿度45%～55%，对盛果期大棚番茄生长发育最适宜。具体管理上，在结果盛期要加大通风量，天窗和侧窗的通风口全部打开。通风口总面积不能低于整个棚面20%以上。当外界夜温不低于15℃时，可昼夜通风。6月上旬外界温度升高，棚内可放底风。棚温过高（30℃以上）还影响果实着色。因为番茄红色素形成的适温为20～24℃，高温反而使其养分分解。当果实膨大到果实变白时，果实心部已开始变红，这时棚温不要高于25℃。

番茄对光照反应敏感。光照弱或时间不足，常引起落花、落果或果实不发育。据分析，果实肥大期平均日照时数不足7小时，产量偏低，达到10小时产量较高，亦即棚内光照保持4万～7万勒克斯的适宜强度，每日达7小时以上，才能有正常产量。

②加强肥水协调管理。番茄根系比较发达，入土深，分布广，吸水能力强。因此，番茄用水量比黄瓜少，特别是在缓苗后至初果期需水量少，不要满垄灌水。番茄果实发育速度曲线呈S形，开花后约8天现小果，20天内果重增加较慢，但发育进程十分迅速，随后20天是果实迅速肥大期，果重及体积的日增量较大，此期增重占全果重的60%以上，以后又逐渐减少，再经10天左右着色成熟。所以，从结果膨大期开始，番茄需水量逐渐增加，是水肥管理的关键时期。坐果后进入果实膨大期平均每株每天吸水1千克以上。水分管理大致可分为三个阶段进行。缓苗期一般在定植后的3～5天，除浇一次缓苗水外，直到第一穗果坐住时，一般不浇水。蹲苗终期田间持水量60%为宜，土壤负压37.24千帕。第一穗果膨大期维持土壤负压22.61～23.94千帕。初果期，在大部分第一穗果长到核桃大小时，浇催果水。在第一穗果放白时，说明各穗果都在开始膨大，这时要浇第三次水。盛果期土壤负压控制在13.3～18.62千帕为宜。

总的来说，大棚番茄比露地栽培浇水次数少，而且量小。因大棚内水分蒸发慢。大棚内浇水要均匀。保持土壤见湿见干，不能忽干忽湿，否则容易大量发生脐腐病。

③植株调整。高温、高湿、弱光，是大棚的小气候特点。在这

种条件下，容易引起番茄茎、叶过于繁茂，侧枝大量发生，形成疯秧。造成结果不良，果小，品质差，成熟晚。所以，要及时整枝打杈，协调好生殖生长与营养生长的关系，控制徒长。

a. 整枝打杈。早熟密植栽培一般每株留2～3穗果，实行单干整枝或一干半整枝。目前矮架早熟栽培，有的地区采用改良单干整枝，大架栽培无限生长类型品种实行单干整枝，可留4～6穗果，如果作为早熟栽培留2～3穗果摘心。要及时打杈，打杈应遵循“打早、打小、打了”的原则，防止营养白白消耗。

b. 疏花、疏果。为了使坐果整齐，生长速度均匀，可进行适当疏花、疏果。每穗果保留4～5个大小相近、果型好的果实，疏去过多的小果，可以提高商品质量和产量。

c. 摘叶。结果中、后期底下的叶片衰老变黄，说明已失功能作用，可将植株下部老化叶片及病叶摘除，以利通风透光，还可减轻病害的蔓延。

d. 及时搭架绑蔓。大棚番茄要及时搭架绑蔓。早熟栽培多用一根直立的支架，也可用人字架，对晚熟品种应该用聚丙烯撕裂绳做架条。

e. 新法整枝。当采用主、副行栽培时（主行为晚熟，副行为早熟品种）可用新法整枝。即当主行主枝长至第三穗果现蕾后，上面留2片叶打尖，选留第二和第三果穗下部的第一侧枝，进行培养，对这两条具有强优势的侧枝施行摘心等果的抑制措施，即留一叶打顶。第二次侧枝及第三次侧枝，采取同样措施。一般情况下打顶2～3次即可。待主枝果实采收50％～60％时，先后开放侧枝，使其尽快生长，开花、坐果。在侧枝上分别留1～2穗果进行打顶，则每株共有6～7穗果。副行留2穗果打顶，除去一切侧枝，收获后拔除。主副行每株共收8～9穗果。6月初开始采收，可延到10月中旬拉秧，生育期可达200天左右。这就是春夏连秋的番茄栽培形式。

④生长激素的应用。番茄栽培成败的关键在于保住第一、第二穗果。因为第一、第二花序开花期，大棚内夜温偏低，经常在

10℃以下，并且棚中湿度偏大，空气相对湿度经常在80%以上。因此，大棚前期气温低或氮肥过多，灌水不当或大棚高温、高湿都会引起番茄落花。防止番茄落花，除采用良好的农业技术外，还可应用激素处理，保花、保果，是大棚早熟丰产的一项主要措施。常用的激素有2,4-D和番茄灵。

2,4-D常用的浓度为0.001%～0.002%。在花即将开或刚开放时用药最为适宜，最好在上午露水干后或下午高温过时进行。可用毛笔等涂抹花序的梗部、花柄上或蘸花，不可将花序浸入药液，以免药害。一些早熟品种对2,4-D反应敏感，浓度过大，往往出现桃形果。应用2,4-D处理番茄必须注意以下事项：

第一，最好选择晴天处理，阴天时温度低，光照弱，药液在植株体内运转慢，吸收也慢，易出现药害。阴天处理时一定要适当降低浓度。同时要防止重复使用。

第二，不能接触生长点和嫩叶，防止叶片皱缩变小。影响生长和结果。

第三，2,4-D不是营养源，应用2,4-D处理后，由于营养物质向花、果部分运转速度加快，所以必须多施肥和适时灌水，以保证营养体茎、叶的生长，否则会出现营养生长与生殖生长比例失调。

另外，注意用2,4-D处理过的果实不能留种。

番茄灵也称防落素，化学名称对氯苯氧乙酸。它可以用手摇喷雾器直接喷洒在花蕾上，比2,4-D省工，容易推广，也安全，不致发生药害。使用浓度0.003%～0.004%。当每个花序上有3～4朵花盛开时，进行喷药。花宜开大些，不宜过小，每朵花处理1次即可。一般隔4～5天喷1次药。如开花期比较集中，一个花序喷1次药就可以了；如果花多，可再喷1次。使用番茄灵注意事项：开始番茄灵处理的花朵子房膨大速度慢于2,4-D处理的花朵，10～15天后逐渐赶上来，不能认为这是番茄灵的浓度不够效果差，而加大浓度，这样会产生药害。

⑤采收与催熟。大棚春番茄的采收期随着天气变化、温度及日

照条件和品种不同而有差异。一般从开花到果实成熟，早熟种40～50天，中晚熟50～60天，即应在转色期采收上市。但番茄果实色素的形成主要受温度支配，转色的适宜温度为20～25℃，温度过高或过低转色缓慢。番茄早熟栽培，由于有棚膜，光线较弱，并且晚间温度偏低，白天温度又偏高，果实不易转色。为了加速转色和成熟，除加强田间管理外，还可以采用人工催熟。目前催熟用的药剂主要是乙烯利（乙基磷酸）。当前出售的乙烯利药剂，是含量40%的水剂，呈酸性，不能和碱性农药混合使用，也不能用碱性较强的水稀释。为增加使用效果，使用时可加入0.2%的洗衣粉，稀释后的药液不能长时间放置，必须随配随用，以免分解失效。一般采用青果浸药法和抹果法。浸果法将已采收的绿熟果用0.1%～0.2%，浸果一分钟或喷果置于25℃催红，可提前5～7天上市。抹果法，就是把药水配好后戴上手套蘸药水抹一下果即可。另外，也可以用0.05%～0.10%田间喷洒。注意不要喷到植株上部的嫩叶上，以免发生黄叶。

103. 如何进行秋季塑料大棚番茄的延后栽培?

从播种到拉秧大棚秋番茄生育期只有100天左右。时间比较短，气候变化又剧烈，加之从播种到第一花序开花，正处在高温、强光照阶段，昼夜温差小。因此，控制秧苗徒长和防止病毒病的发生是生产的关键。

进入开花坐果期，气候条件已由高温转入适温阶段。光照充足，昼夜温差适宜，对番茄生长发育非常有利。但是，持续时间不长，只有1个月左右，温度就逐渐下降，棚内湿度也就随着提高，病害容易发生。

针对以上特点，必须在选择适宜品种的基础上，前期重点预防病毒病，培育适龄壮苗，中期充分利用气候条件。加强管理，促进植株和果实生长发育，打下丰产基础，后期加强防寒保温，尽量延迟拔秧，以便提高产量和产值。

番茄延后栽培有育苗移栽和利用老株更新两种方法。

(1) 育苗移栽法

①品种选择。大棚秋延后番茄，苗期处在高温炎热的夏季，到结果期气温又急剧下降，所以要求品种要耐热，抗病性强，特别能抗病毒病。生产中常用品种有中晚熟品种中杂 9 号、毛粉 802、L402 等。

②播种时间与育苗天数。棚室秋番茄播种越早病毒病越重。同时，播种过早，第一茬作物未收获完毕，不能定植，势必造成秧苗苗龄过长、徒长。播种过迟，结果期推迟，后期气温下降，果实难以成熟。棚室秋番茄苗龄不宜过长，一般苗龄 30～35 天。

③育苗床的修建。秋番茄育苗期正处高温、多雨季节，育苗床必须具备遮阳防雨条件，否则感病严重。选择高岗、通风的菜园做苗床、搭遮阳棚。苗床宽 1 米左右，长可根据定植面积确定。一般每公顷番茄需这种苗床面积 150 米^2。

床内施腐熟农家肥，按每平方米 10 千克，外加过磷酸钙或磷酸氢二铵 50 克，翻土 10 厘米深，把粪和土掺均匀。

床上阴棚必须有一层塑料薄膜，以防止雨水进入。膜上遮花搭阴影，用秫秸或带子做成间隔一指或二指间隙的帘，既透光又遮阳。也可在棚膜上喷泥水，以达遮阳目的，避免阳光直射。下雨时在阳棚上盖薄膜，避免小苗淋着热雨，晴朗的热天中午，要用帘子遮阳，防止秧苗被烈日暴晒。

④播种方法。为了消灭附生在种子表面和潜伏在种子内部的病菌，用 10%磷酸三钠溶液浸种 20 分钟，清水洗净后备用，或用高锰酸钾 1 000 倍液泡浸种子 30 分钟后，用清水洗至水无色透明为止，效果也较好。先将苗床浇透水，撒上一层药土，将浸过的种子或干种均匀撒播。然后覆盖药土 1 厘米，再撒一薄层细沙。

最好直接播在直径 4～5 厘米，高 8～10 厘米营养钵中，里边装上经过配制的床土，每袋内可播 2 粒种子。要特别注意防止土壤干旱和营养钵土温升高而造成的危害。营养钵间的缝隙一定要用土封严。

⑤苗期管理。要做好遮花荫防暴晒，加强通风降温、防止高温。及时间掉过分密集的双拐苗。育苗初期均不浇水，但注意保墒，特别是高温干旱时，可适量浇水。3 片叶时，用矮壮素 0.10%～0.15%喷叶片，到开花前每隔 7 天喷 1 次水，共 2～3 次。以防止徒长，使苗蹲实粗壮。

不进行分苗，在播种后 30～35 天，秧苗长到 5～6 片叶时，要及时定植。苗期要防治蚜虫，还要喷施枯病灵或病毒 A。每隔 7 天喷 1 次，共喷 2～3 次，预防病毒病。总之，秋延后番茄幼苗期间有四怕：一怕暴晒，二怕雨拍，三怕高温，四怕徒长。只有注意以上管理，搭好阳棚，及时排水、适量浇水，不断间苗（一般不要分苗），才能育出壮苗。

⑥定植前准备工作。清除残株杂物，尽量进行高温消毒、熏烟消毒或用敌克松等消毒，每平方米 1.5～3.0 克拌土撒施。按行距 50～60 厘米做垄或做畦。每公顷施充分腐熟的优质农家肥 45 000～60 000千克，上茬底肥充足的，也可不施。另外，每公顷施磷酸氢二铵 300 千克，钾肥 2 255 千克。

由于定植时太阳光仍较强，高温、多雨，要做好遮阳、防雨工作，扣好塑料棚膜，形成遮阳棚，及时黏补大棚膜破损处，平时保持棚顶遮阳，四周通风，降雨天把薄膜盖严防雨，形成一个比露地凉爽优越的小气候环境。

⑦定植。大棚秋延后番茄定植要及时，不可过迟。多采用垄栽，行距 50～60 厘米，株距为 30～36 厘米，每公顷50 000～70 000株；也可畦栽，每畦栽 2 行。定植时刨埯栽浇大水，要浇足浇透，促进迅速缓苗。定植密度可比春番茄大些。因为秋季栽培，结果期温度下降，植株生长势弱，应适当密植。

⑧定植后的管理。定植后加强中耕，雨后及时排水。中耕降低土壤湿度，增强透气性，有利根系生长。中耕时要避免伤根。这一阶段正值高温、雨季，定植后要防止高温和伏雨危害，所以，大棚的四周要通风降温。薄膜上浇泥水遮阳防止强光，雨天放下薄膜，防止雨水进入大棚。已感病毒病、疫病的枯株应及时拔除。定植

2～3周，秧苗已充分生长，应搭架。

定植3～4周。第一花序开花，开始打杈，绑蔓和蘸花。用0.003%～0.004%番茄灵喷花。随气温下降，而选偏高浓度处理。

第一花序果实长到鸡蛋黄大小时，要疏花、疏果。留3～4个果穗摘心，每穗果留4～5个果。大棚秋番茄进入结果期要加强肥水管理。未施底肥的地块，特别需要加强追肥。第一花序开花可浇1次小水，促使开花结果整齐。第一穗果长到核桃大小时，追施磷酸氢二铵每公顷150千克，并灌水，促使果实迅速膨大。每次灌水后都要及时中耕培垄，有助于番茄植株健壮生长，果实正常发育。随着气温下降，灌水次数要逐渐减少。

在温度管理上，白天25～28℃，夜间15～18℃时。当外界最低气温降到12～15℃时，将大棚底脚薄膜放下，白天也减少通风，夜间只开侧风口通风。擦净棚膜增加光照。当外界量低气温降低到5～8℃时，夜间已不再放风，大棚四周要围上草席防寒。总之，随着外界温度进一步降低，放风时间缩短，放风量缩小，最后密闭保温。

⑨采收和贮藏。将转色期的果实及时采收上市。当外温下降，棚内以保温防寒为主，未熟果实尽量延迟采收。到接近霜冻时，1次采收完毕，装筐放在住宅或温室中贮藏。贮存期间的适宜温度为10～12℃，不宜低于8℃，空气相对湿度应保持在70%～80%，以延长供应期。贮藏期间每5～7天翻倒1次，挑出红果上市，剔除腐烂果。

（2）利用老株更新法进行秋延后栽培 利用育苗移栽的方式进行大棚秋番茄生产，由于育苗和定植正值高温季节，病害严重，尤其是病毒病、疫病等成为大棚秋番茄生产的障碍。利用老株更新进行秋延后栽培，可以增强植株抗病性，解决了高温季节育苗的困难和节省重新栽苗的用工，又躲开了因露地番茄上市而中间效益低的问题。这是目前大棚番茄进行春、秋两茬栽培的一种新方法。老株更新秋延后栽培的技术关键如下：

①品种选择。选择抗病、高产、生长势强、大型果品种。如东

农月光、秀光、合作 908、毛粉 802、L402 等品种都适宜做老株更新用品种。

②选择最佳再生侧枝。选择节位低，无病虫为害的生长势强的侧枝进行更新。

③最佳留杈期和最佳开花期。于 7 月初开始，对小架栽培的植株第二穗果采收后开始留杈。留杈过早，上市过早经济效益低。对于 7 月中旬以前现蕾的侧枝开花过早，可连续打顶 2～3 次。第一穗果花序至第三穗花序在 8 月初至 8 月 20 日开花，为最佳开花期。

④新株整枝。单干整枝，留 3 穗果，顶部留 2 片时，其余侧枝全部打掉。

⑤栽培管理。其他栽培管理基本同育苗移栽延后秋番茄栽培。

104. 怎样进行大棚番茄高密度强矮化栽培？

大棚番茄是早春蔬菜保护地栽培的重要种类。早熟、早期产量高、畸形果少是其栽培的重要目的。采用矮化密植、单干整枝、勤打老叶、疏花、疏果等一系列栽培措施，能使早春番茄的上市期提前，早期产量提高，罢园换茬提早。

(1) 品种选择 大棚番茄应选择自封顶类型，早熟性强，在冬春低温弱光下着果率高的品种，即应具有抗寒性强、早熟性好、耐湿、耐弱光、株型紧凑，适于密植、抗（耐）病性强等特点。按照以上要求，目前较为适宜推广利用的品种（组合）有霞粉、东农 704、合作 906、早丰、西粉 3 号、苏抗 9 号、皖红 1 号、佳粉 3 号、中蔬 4 号、海粉 901 等。栽培时，可根据当地的环境条件选择合适的品种。

(2) 栽培模式 采用大棚套小棚，小棚内套地膜覆盖栽培。棚内采用单株矮化密植，单干整枝，重施基肥，微肥调控，勤打老叶，疏花、疏果等栽培措施。每 667 米^2 可定植番茄 5 000 多株，比常规栽培提高密度 40%。

(3) 栽培技术

①培育适龄壮苗。在长江流域，如果定植期选在 2 月中、下

旬，电热温床育苗的播种期在头年 12 月中、下旬；酿热加温苗床育苗的，可提早到 11 月上、中旬播种。分苗适期是日历苗龄 25～30 天，生理苗龄 3～4 片真叶。定植前 5～7 天进入炼苗期，即停止加温，控制浇水，加强通风，逐步揭除覆盖物。

②整地做畦，施足底肥。尽早深翻土壤 26～30 厘米，包沟 120 厘米做畦。畦宽 85 厘米，畦沟宽 35 厘米，畦面做成龟背形。整地时结合施基肥，腐熟有机堆肥可铺施，复合肥等化学肥料可沟施。可选择腐熟有机堆肥、饼肥、过磷酸钙，含肥量高的复合肥做基肥。每 667 米^2 施 3 000～4 000 千克堆肥、80 千克饼肥、30 千克过磷酸钙、40 千克复合肥。

③覆膜盖棚。为提早定植，减少外界低温影响，可利用地热线根际加温。在无加热设施条件下，可采用大棚内套小棚，小棚内套地膜覆盖的形式保温。地膜多在定植前铺好，亦可在定植后盖地膜。

④定植及其后大棚管理。长江流域定植期在 2 月中、下旬。每畦种 2 行，株距 20～22 厘米，行距 50 厘米，每 667 米^2 栽5 000多株，定植后浇足定根水。定植后 3～4 天内不通风，使棚内温度保持 30℃，加速缓苗。缓苗后白天棚内温度最好达 25～28℃，夜间 15～17℃。盛果期外界气温逐渐增高，超过 15℃后可揭去中棚。为降低棚内湿度和减少有害气体，缓苗后白天要逐渐通风，晚上关闭。5 月下旬左右，棚内温度不易降低时，可撤除大棚。

⑤生长期间的栽培管理。

a. 水肥管理。必须严格控制土壤和空气湿度。一般定植时浇定根水，缓苗后根据土壤状况浇 1～2 次提苗水。第一花序开花时切忌浇水，此时空气湿度增大，易导致不易受精而引起落花、落果。第一批果的直径 3 厘米左右时浇 1 次稳果水，进入盛果期后浇 2～3 次壮果水。缓苗后开花前，每 667 米^2 用 10～15 千克复合肥追 1 次提苗肥，第一穗果期间追 1 次保果肥。以后随着果实和植株的生长，可用复合肥或 30％腐熟粪水追 2～3 次肥。

b. 搭架、整枝。番茄植株高度长达 45 厘米左右时，即须搭架。搭架可采用竹、木架材，4 根 1 捆，避免倒伏，植株每生长 20 厘米即需捆绑 1 次。当植株的每个侧芽长到 5 厘米长时，即抹掉侧芽。如果采用单干整枝则只留一个单主干向上生长。

c. 保花、保果。在低温、弱光条件下，各品种番茄坐果均较差，须及时喷药保花促进坐果。可以用 50 毫克/升番茄灵喷花，也可用 20 毫克/升的 2,4 - D 涂花柄，保花，还可在盛花期叶背喷绿芬威 3 号 1 000 倍液辅助果实膨大，避免裂果现象发生。

d. 疏花、疏果、打老叶。当番茄植株坐果 3 穗后，即开始分 3 次打掉第一穗果以下的老叶。这部分老叶紧挨地面，又被上部叶片遮光，不能充分发挥作用，还容易感染病菌。每次间隔 10 天左右，使第一穗果与地面之间形成一个空档，病菌不能浸染上部叶片和果实。每穗留 3 个健康果，去掉全部小果、病果和畸形果，第四穗及以上的花全部摘去，使植株的所有养分只供给 3 穗 9 个健康果，促使果实迅速膨大。

e. 病虫防治。番茄的主要病害有病毒病、青枯病、疫病等。主要虫害是蚜虫。蚜虫是病毒病及其他病害的传播者，防病必先治虫。可用 500 倍液灭蚜螨或 600 倍液氧化乐果喷叶背防治蚜虫。生长期间可用 400 倍液病力克或 500 倍液植病灵＋600 倍液雷多米尔＋2 支农用链霉素，或 600 倍液杀毒矾＋2 支硫酸链霉素交替喷雾，防治各种病害。每 7～10 天喷 1 次。

f. 采收。应用以上技术可使番茄比常规栽培提前 5～7 天上市，早期产量每 667 米^2 达 2 500 千克左右，较常规栽培产量高，且上市期集中，短时间内可获较高效益。同时，还可以提前罢园换茬，及时种植能填补市场淡季的蔬菜种类。在番茄果实硬熟转红时，可喷 1 500 倍乙烯利液催红或摘下硬熟果后用 1 500 倍乙烯利液浸果后存放，红透后上市。每 667 米^2 大棚番茄总产量可达4 000千克左右。

105. 什么是番茄连续摘心整枝新技术？

采用传统的番茄整枝技术，花的利用率只有 30%左右，而且随栽培期延长利用率还会更低，致使番茄的增产潜力不能充分发挥。近几年，采用单干连续摘心整枝栽培技术，可使番茄叶片增加20%～30%，株高比传统整枝法下降30%。茎秆粗壮，着花多，坐果率提高23%～32%，产量提高25%～30%，每667米^{2}产量可达5 000千克以上，可获得高产、优质、高效的良好效果，深受广大菜农的欢迎。现将此项技术介绍如下。

（1）培养合理的株型 对定植后的番茄苗进行传统式的单干整枝，从主茎第一花序开始使其依次坐果。当第七个花序用激素处理后，留2片叶摘去主茎生长点。对主茎花序间长出的侧枝，有目的地选留紧靠花序下面的发育良好的侧枝。随侧枝的生长，用细绳将其从叶下牵到透光好的空间，使其分布合理，纵向排列。当侧枝上第二花序现蕾时，留2片叶摘去其生长点，培育成基本枝。这样7层果，确保6～7个基本枝，每个基本枝收2层果。为了确保下部的通风透光，对基本枝留果情况应根据其下侧的生长空间来决定，有时只保留1个花序。

（2）适时扭枝 在对基本枝摘心的同时，用手捏住靠近主茎和基本枝的分杈处，把基本枝轻轻向左或向右拧半圈。扭枝和摘心可以同时进行。时间以晴天下午为宜，此时植株体内水分少，不易折断。扭枝时切记不可一步到位，使主茎与基本枝呈水平位置即可。随果实的膨大，基本枝会由于果实的增重而逐渐自然下垂。在此过程中，要综合考虑如何提高花序的透光性。基本枝应尽可能地按等距离同一角度扭曲，使之井然有序地排列在主茎两侧，改善通风透光条件，提高番茄的坐果率和促使果实有效膨大。

（3）抹芽 番茄采用单干连续摘心整枝栽培，由于摘心而导致植株矮化，叶片数目增多，侧枝萌发量大，容易造成通风透光不良，因此，需及时进行抹芽。定植后第一次抹芽，应在基本枝摘心或扭枝前进行。抹去对基本枝及主茎上花序生长影响的侧芽。以后注意及时抹去对基本枝形成障碍的侧芽。就基本枝而言，仅留顶端的1～2个侧芽，其余全部抹掉。但是，需要以主茎上长出的侧枝作为新的基本枝时，要尽量保留。此种整枝与传统的打杈不同之处在于：不是见新芽就抹掉，而是尽可能设法通过抹芽来促进植株生长和果实的膨大。由于新长出的侧枝叶片光合能力强，长到一定程度即可代替旧叶片，从而有效地提高植株的产量，所以抹芽只抹去影响基本枝及花序生长的侧芽。

(4) 摘叶 当番茄植株旺盛生长时，其各个基本枝和主茎上花序的透光性常因茎、叶的郁闭而恶化，为改善通风透光条件要适时摘叶。各个基本枝的第一花序上部的叶片多达4～5片时，要及时将靠近主茎部位的1～2片叶摘除，这样主茎上花序的透光性才能得到满足。有时也可不摘除整个叶片，只摘除叶片的1/2或1/3。当主茎上花序结的果实收摘完毕，要适度摘去周围的叶片，以提高基本枝上花序的透光性。每采收1次果，摘除1次老叶。但摘叶不可太多。在保护地长期栽培条件下要尽早摘叶，以促使植株长出健壮的侧枝。

(5) 疏果 为了使主茎上的花序持续坐果，同时也为了使长到支架顶部的番茄有一个理想的株型，合理疏果是一项重要的措施。一般来讲，每1个花序保留4～5个果为宜。选留大而整齐、形状好的果实，其余的果实要尽早摘除，以提高各个花序的承载力，节约营养，提高优质果的比率。

(6) 配套技术

①定植苗的大小。在连续摘心整枝栽培条件下，定植苗的大小和单株产量有很大关系。据试验，以5～7.5叶幼苗产量最高。

②栽培规格。无限生长类型的中熟及晚熟品种，每667米^{2}栽植2 500～2 800株；植株自封顶类型中熟、中早熟品种，每667米^{2}栽植3 000～3 500株，每株保留3～4个基本枝。长期栽培的株距以35～40厘米为宜，短期栽培株距以30～35厘米为宜。

106. 日光温室早春茬栽培番茄注意的问题是什么？

日光温室早春茬番茄主要栽培在北纬40°以北地区。冬季温度低，光照弱，番茄不能进行正常生长发育，尤其是开花结果阶段，只能采用温室内提早育苗，待早春温度、光照条件转好时，再进行定植的一种茬口安排。在北纬 40°以南地区，如果温室结构不合理，采光不科学，保温措施不力，也可采用此种栽培方式。

塑料日光温室春季番茄生产，主要是利用其良好的保温性能，以早熟、高产为主要目标，抢在塑料大棚栽培的番茄上市前，才能创造较高效益。具体的栽培技术参照塑料大棚番茄栽培，这里不再重复叙述，其中有的环节应注意的问题说明如下。

（1）品种选择 这种温室的早熟高产栽培，以选用早熟、丰产、抗病、优质、商品性状好、成熟期集中的自封顶生长类型的优良品种最为适宜。目前较理想的品种有如早丰番茄。

（2）温室培育壮苗 就某一地区而说，比如黑龙江省，中南部地区一般在 12 月中、下旬进行播种育苗。这一时期正值寒冷的冬季，外界气温低，光照时间短而弱，所以只有创造良好的温室育苗条件，才能确保培育壮苗。

①播种。根据具体条件，可采用电热温床育苗，也可利用育苗箱或架床播种育苗。注意应在坏天气或寒潮刚过时进行播种，在夜间或寒冷天，苗床上支架小拱棚盖薄膜保温。50%出苗后撤去地膜。

②苗期温度管理。播种后出苗前白天最好保持 25～30℃，夜间 18～20℃，以促进出苗迅速、整齐。出苗后白天 20～25℃，夜间 12～16℃。第一片真叶出现后再提高温度，白天 25～28℃，夜间 16～18℃，促使秧苗生长发育良好。

③苗期水分管理。一般在好天上午浇水，以当天浇当天干为原则，千万不要浇水过多。防止湿度大徒长和诱发猝倒病。移植时也要在好天的上午浇水，要 1 次浇透。

④光照条件。冬季温室育苗，日照时间短，光照弱，而且阴雪天较多。往往因苗期光照不足造成徒长苗、水苗或黄弱苗等。所以，育苗期晴好天气的上午要早揭草苫子，下午晚放苫子。早晚或阴雪天要进行补充光照。

（3）适时定植和合理密植 利用日光温室保温性能好的特点，创造良好的栽培条件，掌握时机和提早定植是日光温室早熟丰产关键之一。定植时期主要根据历年的气象资料和当年的气候条件而定。一般在室内10厘米地温稳定在10℃以上，最低气温稳定通过2～3℃（5～7天）即可定植。

(4) 定植后的管理

①温度、湿度控制。主要通过放风和浇水调节温度、湿度。从定植到第一穗果实膨大，管理的重点是促进缓苗，防冻保苗。定植初期，外界温度低，以保温为重，不需要通风，室内温度维持在25～30℃左右。缓苗后白天温度控制在23～25℃，夜间13～15℃为宜。进入4月，中午室内若出现超过30℃的高温时，应从温室顶部放风。放风口要小，放风时间也不宜过长。开花期空气相对湿度控制在50%左右，花期要防止出现30℃以上的高温，否则花的素质会下降，果型变小或产生落花、落蕾现象。在果实膨大期要加强温度管理，以加速果实膨大，使果实提早成熟。从第一穗果膨大开始，上午室内温度保持在25～30℃，超过这一温度中午前开始放风，并通过放风量来控制温度，午后2时减少放风。夜间室内温度维持13～15℃。室外温度高于15℃时，可以昼夜进行放风。盛果期和成熟前期在光照充足的情况下，保持白天室内气温在25～26℃，夜间15～17℃，昼夜地温在23℃左右，空气相对湿度45%～55%。如果这一时期室内温度过高（超过30℃）会影响果实着色。因为番茄红色素形成的适温为20～24℃，高温（30℃以上）反而会使番茄红色素分解。当果实膨大，果皮变白，果实心部已经开始变红时，控制温度不要超过25℃。所以，春季日光温室番茄栽培的中后期主要防止高温。

②防止落花、落果。温室春番茄生产，开花期温度偏低，有时遇到寒流或雨雪阴天，光照不足，容易落花、落果，必须使用植物生长激素处理花朵，防止落花、落果。

107. 日光温室番茄冬春茬栽培注意的问题是什么？

冬春茬番茄是指越冬一大茬生产。一般在夏末到秋初育苗，初冬定植到温室，冬季开始上市，采收一直持续到第二年夏季，收获期达120～160天。这是日光温室生产番茄技术难度最大，但效益最高。

日光温室冬春茬栽培技术的核心是选用适宜的品种、培育适龄壮苗、增施有机肥、垄作覆地膜、暗沟灌溉、张挂反光幕、变温处理以及改进整枝技术。具体栽培措施参照大棚的番茄栽培，其中有的环节应注意的问题：

（1）品种选择 近年来，日光温室番茄栽培已由早熟效益型向产量效益型方向发展。因此，生产上普遍选用无限类型杂交种。另外，冬春季节日光温室光照弱、时间短、温度低，宜选用耐低温、耐弱光的品种，如L402、毛粉802、利生1号、美国大红、东农707、超群，以及从美国引入的姜丰101和BHN110等高产、耐贮、耐运的番茄品种。

（2）培育壮苗

①苗床准备。冬春茬番茄播种期为9月中、下旬至10月上旬，日光温室里温光比较适宜，不需用温床，在温室地面做育苗畦即可。畦宽1米，东西延长，长度根据播种量而定。畦埂踩实后高于畦面10厘米，畦内耙平、踩实，铺营养土3厘米厚。营养土由50%～60%优质农家肥，40%～50%未种过茄科作物的疏松园土，过筛后混匀。

②苗期管理。出苗前白天25～28℃，夜间12～18℃，促进出苗整齐；出苗后为防徒长，白天降到15～17℃，夜间10～12℃。在降低气温同时要保持较高的土温，有利于根系生长。第一片真叶展开后，白天气温提高到25～28℃，夜间15～18℃，土壤相对湿度保持80%左右。

移植后白天气温控制在25～28℃，夜间15～20℃。在高温、高湿条件下，促进缓苗。缓苗后白天降到23～25℃，夜间15℃左右，促进花芽分化。为了提高光照强度，可在苗床北侧张挂反光幕。

（3）适时定植和合理密植 11月下旬到12月上旬定植。采用常规整枝法的定植密度为小行距 50 厘米，大行距 60 厘米，株距 30 厘米，每 667 米^2 保苗 3 500～3 700 株，采用连续摘心多次换头法的定植密度为小行距 90 厘米，大行距 110 米，株距30～33 厘米，每 667 米^2 保苗 1 800～2 000 株。定植 2～3 天后起垄，在小行间和两垄上盖一幅 50 厘米、小行距的用 80 厘米幅宽、90 厘米小行距的用 1.3 米幅宽的地膜。

(4) 定植后的管理

①光照调节。日光温室冬春茬番茄，定植后正处在光照弱的季节，一直持续到 3 月，即使是晴天，后部 2 米左右光照强度也不可能满足番茄正常生长发育所需要的光照强度。因此，增加光照强度是挖掘后部增产潜力的重要措施。

提高光照强度措施：一是选择透光率高的聚氯乙烯无滴膜，经常用拖布擦去薄膜上的灰尘；二是中柱部位或后墙张挂反光幕。该方法每公顷可增产值 15 000 元左右；三是在保证温度的前提下，覆盖物早揭晚盖。

②温度调节。外界气温是由高逐渐降低又到较高。因此，在温度管理上前期降温，中期要保温，后期再降温。具体温度要求是定植后尽量提高温度以利缓苗，不超过 30℃不需放风，放风时只宜在屋脊处开小口。缓苗后白天 20～25℃，夜间 15℃左右，揭苫前 10℃左右，初期外界温度尚不太低，应早揭晚盖草苫。进入结果期以后，白天 20～25℃，前半夜保持 7～10℃，地温 18～20℃，不得低于 13℃。

③植株调整。日光温室冬春茬番茄生育期较长，传统的单干整枝已不能适应高产栽培，现已有几种改进的整枝方法。

第一种是主蔓留 3 穗果摘心，然后选留一个最壮的侧枝，再留 3 穗果摘心。每株番茄共结 6 穗果。每次摘心都要在第三花序前留两片叶。摘心宜在第三花序开花时进行。

第二种是留 9 穗果即两次换头。方法与第一种相同。

第三种是连续摘心换头。当主干第二花序开花后留两片叶摘心，留下紧靠第一花序下面的一个侧枝，其余侧枝全部摘除，第二花序开花后用同样的方法摘心换头。如此反复多次即可。

④防止落花落果。冬春茬番茄开花期难免遇到阴雨和灾害性天气。温度偏低，光照不足，影响授粉受精，导致落花，需要用2，4-D蘸花。

108. 如何进行日光温室番茄秋冬茬栽培？

我国北方夏末秋初高温、多雨，露地番茄越夏难度大，病害较重；塑料大棚秋番茄生产在霜冻出现后，就不能继续生产，冬季市场出现空白；日光温室保温条件好，进行秋冬茬生产，采收期可延迟到新年以后，补充了淡季的生产供应。

秋冬茬番茄栽培，初期高温、多雨，昼夜温差小，对秧苗生长不利，强光容易引起病毒病；后期光照减弱，温度下降，对果实膨大和着色均有影响；中期温光条件有利于生长发育，但时间相对短。所以，秋冬茬番茄栽培技术的关键是创造适宜的育苗条件，选择抗病品种，培育壮苗，定植后前期防止强光高温，避免发生病毒病，抓住温、光条件最适宜的时期，完成坐果（3穗果），并促进其膨大，打下高产基础，后期加强保温，避免发生低温冷害。

(1) 品种选择 秋冬茬番茄栽培，应选比较抗病毒、果型大、晚熟、产量高、果皮厚、耐贮耐运输的品种。如毛粉802、中杂9号、L402、美国大红、利生1号等。

(2) 育苗

①播种期。根据当地气候条件和市场情况，并与大棚秋番茄和日光温室冬春茬番茄衔接，避开大棚秋番茄的产量高峰，填补冬季市场供应的空白，所以，播种期要比大棚秋番茄适当延后，以7月中、下旬至8月上、中旬为宜。

②苗床准备。秋冬茬番茄育苗期正遇上高温、多雨天气，因此，苗床必须具备降温、防雨、通风、防蚜等功能。一般在露地选地势高燥，通风良好的地段，做成1～1.5米宽的育苗畦。施腐熟的农家肥20千克/米^2，翻10厘米深，耙平畦面。采用遮阳网或在

小棚薄膜上涂泥的方法降温和遮蔽强光，用银灰色膜避蚜或纱罩隔离蚜虫，防止蚜虫迁入。

(3) 定植后的管理 控制温、光，促进缓苗。屋面要采用泥浆降温，不能超过 28℃。在高温下，番茄易发生病毒病。如发现病株要及时拔除，用肥皂水洗手后补栽。秋冬茬番茄一般单干整枝，适时搭架、绑蔓。

(4) 结果期管理 为防止落花，使用生长激素保花。2,4－D 蘸花使用浓度为 10～20 毫克/升，番茄灵喷花蕾使用浓度为25～40毫克/升。温度高时浓度低些。每个花序都要处理。

第一穗果长到核桃大小时，开始追肥、灌水，每公顷追尿素300 千克或大粪稀 4 500 千克，随水灌入沟中。第二穗果实膨大期喷 0.2%的磷酸二氢钾。

在秋冬茬番茄的整个生育期中，经历从高温到低温，强光到弱光的过程。因此，要注意调节温度与光照，以适合番茄不同生长阶段的需要。如采用放风、加防寒物、加二层幕或挂反光幕、涂泥浆等方法调节温度与光照。

(5) 采收和贮藏 日光温室秋冬茬番茄，采收越晚，价格越高。所以，一般不用乙烯利催熟。播种后 3 个月采收，春节前一次性采收完。

109. 棚室如何进行番茄无公害栽培?

(1) 品种选择

①选用当地适宜栽培的品种。早春栽培应具备早熟丰产耐寒性强，坐果率高，坐果集中等特点。同时，还应选择具备适应弱光，耐热性，耐湿性，抗病性较强的品种。春早熟自封顶厚皮早丰L401、L402、美国大红、美丰 101。

②栽培季节和茬口安排。春茬播种期 12 月中旬至 12 月下旬；定植期 3 月下旬至 4 月下旬；供应期 5 月中、下旬至 6 月中旬。

(2) 育苗

①营养土配制。要求床土肥沃，无病菌和害虫，保水、保肥能力强，透气良好。播种床要用 3 年未种过茄科蔬菜的地。肥料选用充分腐熟发酵的马粪、圈粪、鸡粪等。肥料占用土的比例为30%～50%。若土质黏重可加少量的沙子或炉灰混合后过筛。配好后的营养土有机质含量达 5%～10%，孔隙厚达 50%以上。分苗床土与播种床土基本一致，肥料比例可稍少些。播种床每平方米需床土 100 千克，床土厚度 10 厘米，分苗床每平方米需床土 120 千克，床土厚度 12 厘米，用代森锌加福美双按 1∶1 比例混合，每平方米用药 8～10 克，先与 1 千克的田土混合，再加 14 千克细土充分混合。播种时 2/3 药土铺在下面，1/3 药土盖在种子上面。

②浸种催芽、种子消毒。先晾晒 1～2 天，播期前 3～4 天进行温汤浸种催芽，用 55℃温水浸种 10～15 分钟，不断搅动至水温 30℃为止，浸种 5～6 小时，漂出秕粒，冲洗干净。

将浸泡过的种子放在 10%的磷酸三钠中浸泡 20 分钟，或用 2%的氢氯化钠浸种 20 分钟或用 0.1%的高锰酸钾浸种 30 分钟，可预防病毒病的发生，其他病害的防治可用 1%的福尔马林溶液浸种 15～20 分钟。浸种后用湿布将种子包好，在 25～28℃条件下催芽。

③播种。选晴天上午，将播种畦整平轻踩一遍，浇透水，当水渗后撒一层药土，把催好芽的种子与沙子、炉灰、细干土掺和一起，撒播畦面，播后覆药土 1 厘米厚，盖好地膜。

④苗期管理。苗出齐后温度降低，防止幼苗徒长，白天25～30℃，夜间 10～14℃，一直到分苗。播种到分苗，一般不浇水。土壤水分 70%～80%时要及时间苗，拔去过密、过弱、过小或变异苗，使每株苗均有一定营养面积，不互相拥挤。

⑤分苗。当播种后 25～30 天，小苗有 2～3 片真叶展开时要及时分苗。分苗后不放风，使之在高温、高湿条件下尽快缓苗，白天 25～28℃，夜间 15～12℃，缓苗后，温度应降到白天 20～25℃，夜间 12～10℃，以防止幼苗徒长。到定植前，夜间温度控制在 12～8℃。在育苗期，夜间温度不能长期低于 8℃，否则易出现畸

形花果。在育苗期间适当进行叶面追肥。

(3) 定植

①整地施基肥。每公顷施优质腐熟肥 105～150 吨或磷酸二铵 450～600 千克，普施后深翻，氮、磷、钾的比例25∶13∶17。

②定植期。冬春茬番茄在 3 月下旬至 4 月上旬定植。供应期为 5 月下旬至 6 月中旬。

③定植密度。冬春茬早熟品种大行距 60 厘米，小行距 40 厘米，株距 20～25 厘米，每公顷 60 000～75 000 株。

④定植方式。选晴天定植，采用水稳苗，覆土深度以不超过子叶为宜。

(4) 定植后的管理

①温度管理。缓苗期间不放风、保温、保湿以利缓苗，白天 25～30℃，夜间 15～18℃，缓苗后约 3～5 天后浇缓苗水，以后进入蹲苗，此期只进行中耕，白天 20～25℃，最高不能超过 28℃，夜间 15～10℃，最低不能低于 8℃。

②植株调整。定植缓苗后至开花前及时搭架。无限生长的中晚熟品种采用单干整枝，只留一个干，其余的去掉；有限生长的可采用改良单干整枝，即在第一花序下留一个侧枝，待侧枝上结一穗果后留两片叶及时摘心，主干上一般留二穗果。

③结果期间温、湿度管理。结果期间为促进果实成熟，白天温度维持 25～28℃，最高不超过 30℃，前半夜 15～13℃，后半夜 12～10℃，最低不低于 8℃，地温 20～25℃ 为宜，最低不低于 15℃。番茄喜欢较干燥的空气，要加强放风，采用地膜覆盖，适当控制浇水，使空气湿度控制在 60%～70%，以防止徒长和减轻病害的发生。

④水肥管理。当定植缓苗后进行中耕蹲苗，使植株矮壮。当第一穗果坐住，即直径达 3 厘米以上时，开始追肥浇水。若底肥足，只浇水，不追肥，等到第一穗果将采收时再追肥。追肥可用腐熟的人粪尿，每公顷 15 000 千克。以后每穗果膨大前追一次肥。每月灌施一次 500 倍高美施有机活性液肥，为预防脐腐病的发生，可施

氯化钙来补充钙营养。

⑤防止落花、落果。a. 在开花期间应用植物生长调节剂处理，防止落花、落果和促进果实膨大。可用10～15毫克/千克蘸花或用25～30毫克/千克番茄灵或防落素喷花。b. 预防灰霉病的发生，在蘸花液中加0.1%防治灰霉病的药剂，如速克灵、扑海因等。

⑥病害防治。防治番茄灰霉病应从开花期喷药，可用6.5%的万霉灵粉尘剂（甲霜灵）每667米^{2}1 000克喷雾。防治番茄病毒病可用小叶敌植物抗病毒复合营养液400～500倍液，在苗期及定苗期、坐果期、果实膨大期各喷1次，不仅防病，同时还可促早熟增产，或在发病初期用病毒可湿性粉剂400～500倍液喷雾。

110. 怎样进行番茄无土栽培？

(1) 品种 选用荷兰温室专用品种卡鲁索，作为我国温室无土栽培专用品种，效果比较好。卡鲁索是荷兰德鲁特种子公司育成的新一代高产、优质、多抗性温室番茄专用品种，目前在世界各国保护地，尤其是温室中广泛应用。作为番茄无土栽培首选品种，具有以下优良性状：

①产量高。在中国农业科学院蔬菜花卉研究所无土栽培温室里，定植密度每667米^{2}2 800株，1996年春茬产量达到每公顷145 000千克，1996年秋茬产量达到每公顷超过75 000千克。

②质量好。平均单果重150克，果红色，圆形，果实表皮光滑，具光泽，畸形果少，商品率能达到95%以上。

③多抗性。除抗烟草花叶病毒病外，还抗叶霉病、黄萎病和枯萎病，并耐激素蘸花处理。

④抗逆性强。具有耐低温、耐弱光等特性。在冬春13～23℃的条件下仍能正常开花授粉。而一般品种温度要求夜间不低于15℃，白天不低于26℃。

⑤适应性强。除了可做春茬和秋茬种植以外，还可做越冬延长栽培；除北方保护地栽培外，南方也可采用。目前应用过该品种并

表现良好性状的地方有北京、深圳、南京、大庆、哈尔滨、新疆、甘肃、广州、杭州等地。

⑥种子质量好。利用无土育苗的方法，可保证种子发芽率在95%以上，成苗率达90%以上。

⑦投入产出高。每粒种子成苗后可收获番茄2.5千克以上。如按每千克售价2元计，单株产值5元，其种子的投入成本大约为0.06元/粒，只占产值的1.2%。

⑧适宜无土栽培。该品种是目前最适宜无土栽培的品种之一。无论是水培，还是基质栽培，效果都很好。

(2) 播种育苗 种子经过消毒、浸种以后，置于24～29℃的温度下催芽。发芽以后，可进行播种。

采用纯水培的方法种植蔬菜的，一般以岩棉块进行育苗。将发芽的种子播入岩棉块中，在合适的条件下，供给适当的水分和养分。浇水应当与施肥相结合，即灌溉营养液。育苗所用营养液浓度要视幼苗大小而定。小苗适当稀一些，大苗可直接用栽培液浇灌。育苗时间如自然光不足，应增加人工光照。在低光照时，幼苗营养液浓度可以加倍。但微量元素不可加倍。幼苗期应注意保证硼的供给，才能生长良好。增施3倍量二氧化碳，也是促进幼苗发育良好的重要措施。

采用基质槽培，如为有机生态型栽培方式的，可采用营养钵或穴盘育苗的方法进行育苗。把发芽后的种子，播种于装有草炭和蛭石混合基质的育苗钵或穴盘中，覆盖1厘米左右的蛭石，并盖上塑料薄膜保持湿度。出苗后去掉塑料薄膜，温度维持18～20℃，夜间还可更低一些。当植株长到约7片叶时，进行定植。

(3) 定植 番茄的营养液栽培，可采用营养液膜系统、深液流系统、浮板毛管水培系统、袋培无土栽培系统等方式。上述几种方式除袋培外都采用循环系统，营养液可以重复循环利用。但是遇到停电，营养液不能正常循环流动，时间过长根毛会死亡，迅速传播到一大片植株，造成很大的损失。另外，循环利用的营养液的消毒问题还没有很好解决。所以，真正采用循环系统进行大面积生产，即使在许多农业较发达的国家，也是十分有限的。而改用岩棉、草炭和蛭石、锯末等基质栽培的方法，在世界上许多国家应用推广的面积较大。这里主要介绍一下番茄的袋培技术。

番茄袋培可以用筒式或枕头袋，每株需基质8～10升，枕头袋长宽高为70厘米×30厘米×12厘米，每袋装20升基质，可以栽两株番茄。基质可以用草炭和蛭石各一半混合，或者锯末和草炭各一半混合。定植前3～4天应把袋装好基质，按照种植距离排好。安装好滴灌系统，将基质全部灌上饱和水，让基质吸足水分，多余的水靠重力从塑料袋底部的孔中排出。种植密度为2～2.5株/米^2。

采用营养液栽培，肥料成本相对较高一些。另外，还要注意环境污染问题。

番茄的有机生态型栽培方式能有效地解决技术难度、成本和污染等问题，比较容易掌握，种植密度每公顷可达36 000株。

（4）营养液与灌溉 适于番茄无土栽培的营养液见表3。

表3 番茄栽培营养液配方

大量元素		微量元素	
肥料	数量（毫克/升）	肥料	数量（毫克/升）
硝酸钙	680	螯合铁（含10% Fe）	15
硝酸钾	525	硫酸锰（含28% Mn）	1.78
磷酸二氢钾	200	硼（含20.5% B）	2.43
硫酸镁	250	硫酸锌（含36% Zn）	0.28
		硫酸铜（含25% Cu）	0.12
		钼酸钠（含39% Mo）	0.128

番茄植株定植以后，就可以开始用营养液滴灌。每株安装一个滴头，如果基质中已混合肥料，则定植后第一周只浇清水就可以了。开始时每天浇300～400毫升，视植株大小和天气情况而定。植株长大以后，结果多、叶面积大时，每株每天最多浇营养液1.5升。定植后营养液的电导度控制在2.0～2.5毫西/厘米为宜。营养液酸碱度也十分重要，虽然氢离子浓度为3 160.0～316.3纳摩/升

（即 pH 5.5～6.5）对番茄生长发育是适宜的，但实际使用中一般控制在1 000.0～1 585.0 纳摩/升（pH 5.8～6.0），如到1 000.0微摩/升（pH 3.0），则磷酸铁盐开始沉淀，从而使滴灌系统堵塞，作物也会因为缺乏这些元素而产生营养缺乏症。

有机生态型栽培方式的营养供应通过定期追肥来解决。先在基质中按每立方米基质混入 10～15 千克消毒鸡粪、1 千克磷酸二铵、1.5 千克硫酸铵、1.5 千克硫酸钾做基肥，定植 20 天左右开始第一次追肥，以后每 10 天追肥 1 次，整个生长期追肥 10 次。目前，由中国农业科学院蔬菜花卉所无土栽培组配制的园艺 1 号（全有机型）、园艺 2 号（有机无机型）、园艺 3 号（全无机型）有比较好的效果。水分供应以滴灌带浇灌清水即可。

（5）植株调整与授粉 温室无土栽培番茄大多采用无限生长型的品种，开花结果以后，就应当用支架支撑植株，或用绳子吊挂植株，一般用绳子吊挂更加方便。方法是把绳子上端挂在温室上面的铁丝上，下端系在番茄植株基部的茎上，让植株向上生长，定时将绳绕在植株上。整枝方式一般采用单干整枝。长季节栽培（即 1 年只种植 1 茬）的番茄，用铁丝做成可以绕吊绳的双钩状吊绳架，钩在温室顶端的铁丝上。塑料绳的一端绕在铁丝的吊绳架上，另一端绑在番茄植株的基部。当植株长到一定高度时，可将上部多余的绳逐步下放，基部的秧躺在地上。植株始终保持一定高度。当植株继续生长时，可以再往下放秧，植株最长可长到 8～10 米。这种方式可以保证植株透光通风良好，减少病虫害，提高产量。同时，使田间操作管理更方便。

①疏果。这是温室番茄生产的必要措施。一般中等大小的果实，第一穗留 4 个果，果型大的品种，第一穗留 3 个果。这主要是从调整植株的营养生长和生殖生长之间的关系考虑的。因为第一穗留果太多，不但植株本身发育不好，而且会影响上部果实和根系的发育，降低根系的活性并引起落花、落果现象。同样，第二穗和第三穗等也不能让其结果太多。此外，应及时去掉发育不良的畸形果。无土栽培技术是一种农业高新技术，其资金投入较多，技术含

量较高，我们应当利用它去生产高品质的蔬菜。采用疏花、疏果措施能提高番茄的品质，而且一般并不会降低产量。

②摘叶。对于萎缩变黄的老叶，已失去了光合作用的功能，应立即摘除，而对于已开始收获的果穗下方的叶片，也应摘掉。这样有助阳光的透射，减少病虫害，加速植株间的空气流通，促进果实成熟。摘掉的老叶、病叶等不要扔在走道上或栽培行间，以防止病虫传播。将其集中于专门的残叶碎枝收集袋里，然后运出温室处理。

③掐尖。掐尖就是在植株最后一个花序形成后，摘掉植株生长点，使其停止继续向上生长。掐尖后仍要留1～2片叶，以利光合作用。一般春茬留果实8～10穗后掐尖，秋茬留6～7穗后掐尖。掐尖是温室番茄栽培管理的一项重要工作。它不仅有利果实提早成熟，还有利按时拉秧，不至于影响后茬的基质准备工作，对番茄的产量和质量都有重要影响。对于春茬，为了将盛果期安排在5～6月，并在7月上、中旬拉秧，掐尖的工作可在5月中旬完成。如果推迟掐尖时间，虽然产量有所提高，但盛果期的果实质量会降低。因为5月以后坐的果实要在6月才能成熟，而此时温室高温易产生大量畸形果，果实外观质量下降，从而造成经济损失。同时，在掐尖推迟，延长植株生长期的情况下，会影响下茬作物定植时间。对于秋茬，掐尖最好在10月进行。掐尖的早迟不仅影响到番茄的产量和质量，还影响到温室的换茬和基质准备工作。

④疏叶。有些生长势极强、叶片很多的杂种一代，必须定期疏叶，尤其要摘除已成熟果穗下方茂密的叶丛，以利阳光透射和空气流通。

⑤保花保果。目前生产上较多运用激素处理。常用的激素主要有对氯苯氧乙酸（番茄灵、防落素、番茄通等）、2,4-D等，处理即将开放的花朵，效果比较好。具体使用方法参见前面的介绍。

对于使用激素，一直存在着较大的争议。主要是对人体健康影响的问题。另外，使用激素的浓度、方法和时间的掌握，经常受很多客观和人为因素的影响，导致产品的品质下降。所以专家建议，采用无土栽培方式生产高档蔬菜，应尽量采用其他授粉方式。

⑥机械授粉。有人工振荡授粉和利用振荡器授粉等方式。开花后每天上午 10～11 点钟进行振荡授粉，其授粉效果比利用激素处理要好得多。但在大面积生产时，人工振荡授粉和振荡器振荡授粉都要消耗较多的劳力。

规模化蔬菜生产，利用昆虫辅助授粉不失为上策。1988 年以来，西北欧国家在温室番茄生产中已广泛采用熊蜂授粉。熊蜂授粉是自然授粉，它可为每朵花授粉，而不受植株高度、时间和日期的限制。熊蜂来自澳大利亚，比蜜蜂大。与蜜蜂授粉相比，熊蜂授粉的效率较高。其主要原因是需要蜂量少，不存在排泄物污染果实和温室覆盖物等问题，每只蜂可授粉 20 米^2 面积的番茄植株。一般 1 个蜂箱为 80 只蜂，能授 1 500 米^2 面积；蜂箱轻，需要喷药时易搬出温室；熊蜂不蜇人，使用安全，人们容易接受。

(6) 环境控制 番茄的正常生长发育是与其适宜的环境因素分不开的。所以，整个番茄生长发育期间，温室环境因素的控制是非常重要的。温室主要环境因素包括光照、温度、湿度和二氧化碳。

①光照。番茄对光照强度的要求较高。正常生长发育对光照强度的要求是 3 万～3.5 万勒克斯。在秋冬茬生产时，光照较弱，应当尽量保持温室屋面清洁干净，以最大限度地利用自然光照。

②温度。番茄生长期间，白天室内 21～24℃为宜。超过 27℃即应开通风窗。夜间中型果品种以 16℃为宜，大果型品种则需要提高到 18℃。

番茄的光合产物在傍晚之前大部分已经从叶片内运出，占 2/3，夜间所运输的主要是午后的光合产物，大约占 1/3。温度直接影响光合产物的运输速率，温度上升，物质运输速率加快，33℃到达顶点，超过 33℃，开始下降。因此，通过控制温度，可调节植物体内的物质运输。夜间温度过低，如只有 8℃，光合产物仍留在叶片中，这对第二天光合作用产生不利影响；温度过高，植株的呼吸作用增加，物质消耗多。因此，权衡夜间物质运输、贮存和呼吸消耗的关系，夜间温度管理可从日落后 5 小时保持相对较高温度，以促进光合作用和物质运输，而后半夜保持较低的温度，以抑制呼吸作用。

③湿度。主要是指空气湿度。番茄定植后，应维持较高的空气湿度。当进入生殖生长期后，空气湿度可维持在75%～80%。

对有机生态型无土栽培系统来说，还要注意基质湿度（类似于土壤湿度）。番茄进入果实成熟之前，可维持在60%～65%，之后适当提高到70%～80%。另外，阴天可适当少浇水，每天1次；晴天则要多浇，每天2～3次。

④气体。定植初期，番茄植株尚弱小，温室内的空气量能满足作物生长需要。但从第一穗花开始坐果到收获结束，番茄对二氧化碳的需要量持续增长，为保证作物对二氧化碳的需要，要加强通风换气次数或人工增施二氧化碳。

⑤采收。番茄果实的采收，最少应在绿熟期，此时果实不再膨大。比较合适的时期是转色期，即果实顶部开始变为橙黄色时采收。从坐果到果实成熟依环境条件而异，一般需5～7周。夏天温度高，光照好，5周就够了，冬天则需要7周多。及时采收，有利于提高番茄产量。

111. 怎样进行樱桃番茄栽培？

樱桃番茄又称迷你番茄，以食其鲜果为主。果实小，单果重10～20克。植株生长势强，结果多，每穗结果20～30个，每穗产果0.5～0.6千克，产值4～7元/千克，是普通番茄的2～3倍。果实有球形、枣形、洋梨形等。具有较高的观赏价值，又有丰富的营养价值。富含可溶性糖、有机酸、蛋白质、胡萝卜素、维生素和矿物质等多种营养成分。成熟果实含糖量高达8%～10%，酸甜适宜，风味独特，深受人们喜爱。

樱桃番茄为喜温果菜。种子发芽最适温度为25～30℃，生长的最适温20～25℃，结果期生长最适温度为15～25℃。喜光，光照不足易引起落花、落果。对水分要求前期少，后期多；对土壤的适应性强，在砂壤土上表现最好。喜钾肥。

适合在东北地区大棚及露地种植，其栽培技术要点如下：

(1) 栽培季节 露地栽培在3月初保护地育苗，5月初定植，7月初采收；大棚栽培在2月初保护地育苗，4月初定植，6月初采收。

(2) 播种育苗 播种前要进行种子消毒，用温汤浸种也可药剂浸种。

①温汤浸种。将番茄种子在凉水中浸泡10分钟，然后放入50～55℃的热水中，不断快速搅动，使种子受热均匀，并随时补充热水，使水温稳定在50～55℃，15～20分钟后捞出放在凉水中散去余热，然后在25～30℃的温水中浸泡4～6小时。

②药剂浸种。将种子用纱布包好，放于10%磷酸三钠水溶液中浸泡20分钟，然后取出种子，用湿毛巾包好，放于25～28℃处催芽，每天用25℃的温水冲洗种子1～2次，经2～3天催芽，当1/2种子露白时即可播种。先将准备好的苗床浇透水，待水渗后，2～3小时后均匀撒种，再覆0.5～1厘米过筛土，每平方米育苗床用种量为3～5克，每667米^{2}定植面积需8～10米^{2}育苗床。

(3) 定植 当幼苗长出5～6片真叶时定植。大棚栽培株距为22～28厘米，露地栽培株距为25～30厘米。定植时需浇透定植水。田间管理与普通番茄栽培相同。

(4) 整枝 樱桃番茄在大棚内生长迅速，植株高大，直立性差。当植株长至30～40厘米时，应吊线牵引以防倒伏。侧枝生长力强，一般进行多层+连续2层摘心整枝，即保留主干上的花序，留下主干上发出的侧枝，每个侧枝留2个花序，然后在花序上留2片叶摘心。要及时打杈和进行侧枝的扭枝，及时摘掉下部发黄的老叶和病叶，以减少养分消耗，增强透光性。

(5) 疏花、保果 早春气温低、授粉不良易落花，可用2，4-D涂抹刚开放的花萼及花柄。樱桃番茄每穗开花结果较多，选留坐果好的20～30个果即可，其余去掉。

(6) 采收 根据运输情况确定收获时期。远距离运输时果实刚变色即可采收，本地销售应完全成熟时采收。

112. 北方日光温室内如何种植“圣女”樱桃番茄？

圣女樱桃番茄是目前市场上最流行的番茄品种，一年四季皆有供应，其单果重约14克，含糖高达9.8度，果肉多，酸甜适度，果皮脆，口感好，结果力强，1花穗最多可结60个果左右，双干整枝1株可结果500个以上，其栽培技术如下：

（1）土壤选择及栽培茬口

①土壤选择。以保水良好的壤土和黏壤土，日照充足，通风良好的日光温室为宜。

②茬口安排。可周年生产。一般春季栽培2月育苗，3月中、下旬定植，5月中、下旬开始采收。秋季栽培7月育苗，9月定植，11月开始采收。

（2）育苗

①种子消毒及浸种催芽。用50～55℃水烫种，不断搅拌，直至水温度25℃后再浸泡6～8小时，捞出用湿布包好，放到27～30℃温度下催芽，每天冲洗1～2次。种子露芽后即可播种。

②营养土配制。40%腐熟马粪或草炭土、40%园田土、10%大粪面、10%炉渣，混匀过筛后，每立方米掺入过磷酸钙1～2千克，充分拌匀后的营养土可装入营养钵内。

（3）播种 每667米^{2}播量为30～45克，每平方米播种床可播种10～15克。在播种床内铺8厘米厚的营养土，灌足底水，再按每平方米苗床用10克五代合剂（40%五氯硝基苯和70%代森锌5克等量混合）加细土15千克，充分拌匀后，播种前撒1/3做底土，播种后用2/3的药土做盖土，种子播后覆土1厘米，并覆盖地膜。当60%种子出苗时撤掉地膜。秧苗长出两片真叶时，即可移植到营养钵中。

（4）苗期管理

①温度管理。出苗前白天30℃，夜间24℃有利出苗。出苗后

白天温度 25℃，夜间 17～18℃为宜。

②苗期光照。冬季、春季育苗床应选择光照强的地方。夏季育苗时，要加大通风，以防徒长，中午光照太强要适当遮阳，以防烤苗。

③苗期水分管理。播种后保持土壤湿润。移苗时浇透水。缓苗后表土见干时浇水，保持土壤水分，空气相对湿度控制在60%～70%。

(5) 定植

①定植时间。春茬在 3 月中、上旬，日光温室内土壤 10 厘米地温最低温在 15℃以上并能稳定 5～7 天即可定植。春季应选晴天上午定植，夏季选阴天或晴天下午定植。

②定植方法。以暗水定植为佳。即先挖穴，浇足底水，然后将苗带土坨放入，定植深度以埋没土坨即可。

③定植密度。一般大行距 100 厘米，小行距 60 厘米，双干整枝时株距 50 厘米左右，若单干整枝株距 40 厘米左右。

(6) 定植后管理

①植株调整。圣女番茄多采用双干整枝，即第一花序下选留 1 个侧枝，其余侧枝除去。在去侧枝时，待其长到 6～8 厘米及时去掉。如果打杈过早，易造成植株早衰；如果打杈过迟，易造成营养消耗，植株徒长，影响坐果。日光温室内周年栽培时，植株长高后要及时落蔓、盘蔓，适时打掉结果枝以下的枯、老叶片。

②温度管理。冬春季栽培，前期关键是防冻保苗，力争尽早缓苗。定植后 3～4 天内不通风，室内白天维持在 30℃，夜温18～20℃。缓苗后，白天 20～25℃室温，夜间 13～15℃。第一花序开始开花时，适当降低室内温度，控制营养生长，促进生殖生长，协调好秧果关系。夏季栽培要注意加强通风，防止高温徒长。

③肥水管理。

a. 结果前。结果前定植水一定要浇透，结合土壤和植株长势适当补充缓苗水和伸蔓水，酌情控水以利壮秧，尤其正开花时切忌浇大水，造成落花现象。追肥时间要根据植株长势情况及基肥施用情况决定。如果苗长势不够好，要适当追施氮肥，并结合追少量磷、钾肥，或叶面喷施钾宝100倍液和0.5%宝力丰。

b. 坐果后。第一穗果坐住后要及时结束蹲苗，及时浇水追肥，促进果实发育。此后追肥应以磷、钾肥为主，尽量少施氮肥。每隔5～7天视土壤墒情及植株长势情况浇水并结合追肥，也可适当补充磷酸二氢钾、钾宝等叶面肥。浇水要均匀，不可忽大忽小，避免土壤干湿骤变，否则会出现裂果或空洞果。

c. 蘸花。冬春栽培必须用坐果灵蘸花。

（7）病虫害防治 蚜虫、白粉虱用40%乐果乳油1 000倍液喷雾，7天1次。猝倒病、立枯病喷25%瑞毒霉可湿性粉剂800～900倍液或75%百菌清可湿性粉剂600倍液。早疫病可施用45%百菌清烟雾剂或10%速克灵烟剂，每次200～250克。

113. 怎样进行番茄的无架栽培？

番茄无支架栽培是一项先进的栽培技术，省架材、省人工、省种苗，而且果实大、产量高、品质优、商品性能好，还可提前上市。

（1）选好良种 如选用自封顶类型的早熟品种，播种量可比常规播种量提高0.5～1倍，定植前按常规管理。

（2）培育壮苗 当幼苗长到2～3片真叶时，按10～15厘米的距离移苗，最好采用营养钵移苗。苗期要喷1～2次药，采用800倍液代森锌或1 500倍液托布津或240倍液的波尔多液。幼苗长好后及时定植，应选择7～8片叶、根系发达的幼苗定植。

（3）垄埂栽培 一般垄底宽50～55厘米，埂高30厘米左右，以东西向为好，可促使果实提早转色成熟。

（4）适当密植 每667米^{2}密度比搭架栽培增加0.5～1倍。一般垄距50～60厘米，株距21～26厘米，每667米^{2}种植2 500～3 500株。

（5）整枝打杈 定植后，前期按正常栽培管理，实行二半干整枝。整枝前期留主干和主干第一花序第一侧枝，其余侧枝全部去掉。当主干上第一层花序果实形成后，去掉主干顶芽以后萌发的腋芽花序；到第一侧枝第一花序果实形成后，也与主干一样整枝。这样每株只留两个半干，每干一层果实，有利养分集中供应果实生长，促其果实膨大，成熟提早。在二茬果留成后，要加强后期打杈工作。

(6) 科学施肥 肥料应以迟效的有机肥料做基肥为主，并增施磷、钾肥，氮肥用量要减半，追肥以化肥为主，坐果后每 667 米^{2}施尿素 5～7 千克或腐熟的人粪尿适量。

(7) 病虫防治 要注意喷药防治蚜虫和疫病，每隔 7～10 天喷 1 次药，连喷 2～3 次。药剂可用 80%代森锌 600 倍液，或 50%甲基托布津 1 000 倍液，或 2 000 倍液的波尔多液，均有较好效果。此外，在开花前或第一花序盛开时，喷洒植物生长调节剂，可起到保花、促果的作用。

114. 架番茄怎样套种豆角?

番茄套种豆角，既提高了土地利用率，又有效地降低了生产成本，提高经济效益。番茄每 667 米^2 可产 5 000～5 500 千克，豆角每 667 米^2 可达 2 000 千克以上。

(1) 选地施肥 选择非茄科作物茬，土地肥沃、灌排方便的耕地。种前结合整地每 667 米^2 施优质农家肥 5 000 千克，磷酸二铵 15 千克。

(2) 选择品种 选用丰产、抗病虫、高品性好的中杂 9 号、L402、中蔬 4 号、中蔬 5 号、强丰。豆角选用美国架豆、特选绿龙等品种。

(3) 培育优质壮苗 番茄 2 月末或 3 月初在温室内用电热温床育苗。具体方法与露地栽培番茄的育苗方法相同。5 月中旬定植。定植时在地膜两侧打孔，灌足水后进行定植。株距 30～40 厘米。当番茄缓苗后，进行一段时间蹲苗，然后搭架，并采用单干整枝法进行整枝。

（4）套种豆角 当番茄第一花序坐果后（一般在7月初），在番茄株间打孔种植豆角，每穴播3～4粒豆种，将番茄底部的老叶及时打去。豆角开始伸蔓时，将番茄秧从地表剪掉。

（5）田间管理 豆角的田间管理与其他栽培方式相同。番茄的管理与露地番茄栽培方法相同。番茄需肥、水量大。在第一果穗开始膨大时，每667米^{2}追尿素10千克，然后浇足水；番茄进入盛果期每667米^{2}再追尿素15千克。此后，每6～7天浇1次水，直到果实采收完毕。番茄采收期间要理顺架豆蔓条，注意加强管理和及时采收即可。

115. 早番茄怎样套种秋菜？

早番茄一般在8月上、中旬结束。如果待早番茄结束后再直播一些或定植一些生育期较长的秋菜，如大萝卜、大白菜或菜花等就来不及。如果在早番茄的生育中后期或后期采取套种方式就可以再种一茬生育期较长的秋菜。套种方法：于播种或定植秋菜前4～5天，先将两垄番茄拢秧于一条垄沟，为秋菜及时播种或定植做好准备，在番茄垄上采取偏垄播种或定植，待番茄拉秧后及时拔除，再加强对秋菜的管理。

116. 冬春夏茬番茄如何套种冬茬食用菌或蒲公英？

（1）番茄

①品种选择。番茄选用生长势强、抗病、高产、质佳的优良品种。如美丰110、L402、合作908、月光、以色列144等。

②播种育苗。番茄于10月上、中旬播种育苗，日历苗龄70天。整个育苗期间采取大温差管理，并注意增加光照，控制水分。

③定植。于12月中、下旬定植。采取大小垄栽培，进行膜下滴灌或沟灌（图13）。株行距35厘米×60厘米（小垄行距50厘

米，大垄行距 70 厘米，平均为 60 厘米)，每 667 米^2 3 167 株。

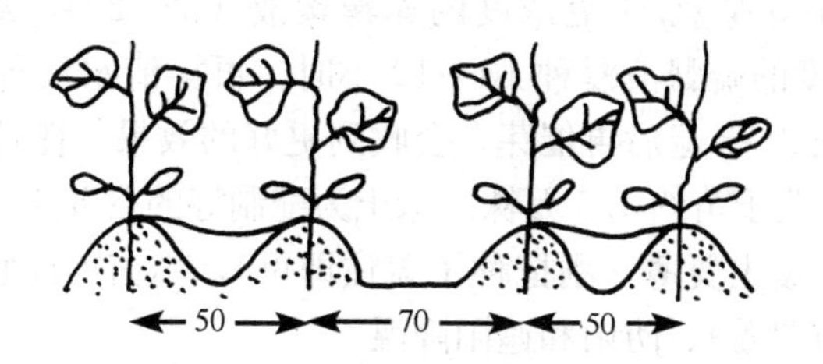

图 13　大小垄番茄膜下滴灌或沟灌栽培
（单位：厘米）

④整枝。采取单干两段整枝法进行整枝，即先按单干整枝（所有侧枝全部打掉)，保留 4 穗花，于最上面一穗花多留 1 片叶打顶，待顶部侧芽长到 8～10 厘米时，再留 1 片叶摘心（注意不要碰伤保留的侧芽)。如此反复保留 1 片叶连续摘心，直到第一穗果充分长大即将红熟时停止摘心，让侧枝继续生长，并按单干整枝，再留 4 穗果，顶部多留 1～2 片叶打顶。

⑤蘸花。用 30 毫克/千克浓度的番茄灵或防落素喷花或蘸花，或用 10～15 毫克/千克浓度的 2,4－D 蘸花，以利坐果和果实的快速膨大。3 月上、中旬开始采收，7 月中旬结束。

(2) 食用菌或蒲公英　番茄定植后，就可将提前在塑料袋中培养好菌丝的平菇放在番茄宽行之间，以不影响田间管理为准。由于 12 月中、下旬以后直到 2 月底以前温室通风窗已全部封闭，因而不适合生产需氧多的平菇。在此期间可生产需氧少的金针菇，或播种蒲公英。进入 3 月番茄也要求通风，则可套种平菇。食用菌与番茄等高秧蔬菜套种，不仅多收了食用菌，食用菌排出的二氧化碳又起到气体追肥的良好效果，促进番茄增产。

蒲公英应采取夏季播种育苗，分苗于营养钵中，秋季于露地养根，冬季于温室生产的新技术。具体的技术要点如下：

①适时播种育苗。6 月下旬播种育苗，可以用干籽直接播种。为了使出苗快而整齐，应当提前 3 天用清水浸种 20～24 小时后，再用清水冲洗 2～3 遍，然后置于 20℃左右处催芽 2 天即可播种

（催芽期间每天应串动种子 3～4 次，以利出芽整齐，并用清水冲洗 1 次）。若用 5 毫克/千克浓度的赤霉素液（即 920），或 1 000 毫克/千克浓度的硫脲液浸种 10～12 小时，再换清水浸种10～12 小时，经冲洗 2～3 遍后再催芽，会收到更好的效果。播种量 20～30 克/米^2，可获子苗约 1.5 万株。床土为配制好的营养土，播前浇透底水，播后覆土要薄（刚把种子盖住即可），出苗前注意保湿（最好用无纺布覆盖）、防雨和遮阳降温。

②适时分苗，采用营养钵保护根系并养根。子苗达 2 片真叶时（约播后 25 天）分苗。分苗也要用营养土，采用 8 厘米×8 厘米的营养钵，每钵移 1 株，弱小的子苗也可每钵移 2～3 株。

③配制营养土。营养土要求结构好（疏松、通气、透水）、肥力高。即 40％田土、40％腐熟马粪或草炭、10％优质粪肥、10％炉灰（混拌前均需过筛）、0.3％磷酸二铵。

④加强管理养好根。出苗后和分苗后根据土壤墒情适当浇水，并及时防除杂草。

⑤叶面喷硒。9 月中旬正是蒲公英旺盛生长时期，可用东北农业大学生态环境资源开发研究所生产的富硒康 0.1％倍液，进行叶面喷洒（1 次）。冬季生产时，再于采收前 10 天喷洒 1 次，可大大提高产品的含硒量，达到人体适宜的吸收范围。该项措施所需费用很少，处理每 667 米^2 植株只需 4 元钱的富硒康，但收到的效益却十分突出。

⑥休眠与简易贮存。于 10 月下旬浇一次冻水（即晚上冻，白天化），这时蒲公英的根已由钵底的孔扎入放置地面的土中，需将钵移动一下，将扎入土中的根断开，促进植株逐渐进入休眠。11 月 6～7 日蒲公英的叶已枯萎，植株休眠后可就地覆盖草苫等，防止风干。也可集中堆积于背阴处，然后再覆盖草苫等物，贮存，以备冬季温室与番茄进行套种生产使用。

⑦将贮存的带钵蒲公英清除枯叶后移入温室，在不影响田间管理的前提下，紧密放在番茄宽行之间，1 天后冻块即可化透，随即浇 1 次透水，水渗下后覆一遍土，将营养钵覆平保墒，待蒲公英返

青后再浇水，以后经常保持土壤湿润，植株充分长足时，即可采收。

⑧合理采收。蒲公英充分长足时，顶芽已由叶芽变成了花芽，此后不会再长出新叶，若不及时采收，花蕾很快便会长出来，影响产品的品质。采收的最佳时期是在植株充分长足，个别植株顶端可见到花蕾时。采收时先将植株连同土坨一块从营养钵中倒出，用利刀在土坨顶以下2～3厘米处将主根切断，将土抖净即可。采收后倒出的地方还可放置新的，进行下茬蒲公英生产。

117. 怎样进行番茄与甘蓝类蔬菜间作？

番茄与甘蓝类蔬菜在各方面都有许多不同之点。如番茄蔓生、架高、喜温、喜光；甘蓝、花椰菜、球茎甘蓝等蔬菜矮生，较耐阴、喜凉。番茄产品是采摘大量果实；甘蓝类蔬菜是采收叶球、花球和球茎。番茄喜欢磷肥；甘蓝类要求较多的氮、钾肥。这两类蔬菜间作、套种，可以取长补短，互济共利。与单作相比，能增进番茄受光面积，通风透光，利于采摘，便于管理操作。由于甘蓝行间遮阳郁蔽地面，还能适当减低地面温度，有利于热季番茄生长，充分发挥光能、地力和肥效的作用。

番茄与甘蓝类蔬菜间作方式不一。如果不想减少番茄的栽培面积，甘蓝类蔬菜为副，可隔畦或隔行间作。如二者并重栽培，可隔二畦或三畦栽培。

下面介绍春番茄与早甘蓝的间作。采用强丰、历红2号等中晚熟番茄品种，1月播种育苗，断霜定植。迎春甘蓝12月播种，3月提前定植。定植畦宽80厘米，隔畦栽培，番茄每畦栽2行，株距26厘米，每667米^{2}栽3 200株；甘蓝每畦栽3行，株距33厘米，每667米^{2}栽3 800株左右。甘蓝5月上、中旬开始采收，5月底收完。收后灭茬耙平，作为采摘番茄的走道。番茄在6月上、中旬采收，这样间作每667米^{2}收番茄5 000～7 000千克，甘蓝1 500余千克（图14）。

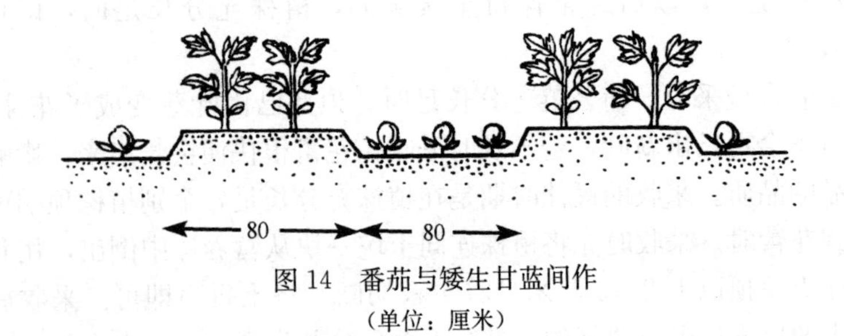

图 14　番茄与矮生甘蓝间作
（单位：厘米）

118. 冬暖棚番茄如何套种冬瓜?

主要优点是能够充分利用大棚的闲置期，提高对光能、土地及大棚设施的利用率。冬瓜通过育苗移栽套种于番茄株间，不影响番茄的生长。同时，冬瓜又可利用番茄支架攀缘生长，实现高产增收，经济效益和社会效益极其显著。下面介绍山东地区冬暖棚番茄套种冬瓜的主要技术。

（1）品种选择　番茄一般选用株高、果实大的中晚熟品种。如中杂 7 号、毛粉 802 等。冬瓜应选用早熟、雌花着生节位低，适宜密植，且茎蔓较短，生长势较弱的品种，如一串铃 4 号等。

（2）播种育苗　番茄的播种期在 9 月上、中旬，定植期在 10 月底至 11 月初。冬瓜播种期在 2 月上旬至 3 月中旬定植于番茄株间。冬瓜发芽要求温度高，需要时间长，宜采用温汤浸种技术，浸种 18～24 小时可捞出放在 30～35℃地方保湿催芽。催芽后先育成子叶苗，再分至营养钵中育成 3～4 叶一心大苗。

（3）种植方式　番茄定植前应施足底肥，每 667 米^2 施优质土杂肥 5 000 千克加鸡粪 2 000 千克，三元复合肥 100 千克，深翻 25 厘米，整地做畦。番茄以大行 70 厘米，小行 50 厘米，株距 40 厘米，每 667 米^2 栽 2 800 株。冬瓜在番茄第二穗果采收后及时套种于番茄株间，密度同番茄。

（4）主要管理措施

①温度。棚温白天 25～28℃，夜间 12～18℃。

②肥水。番茄坐果前忌浇大水，待番茄第二穗花蘸完后要及时追肥浇水，每 667 米^2 用复合肥 25～30 千克加尿素 10 千克。以后每蘸完一穗花都要追 1 次肥，注意放风排湿。同时增施二氧化碳气肥，张挂反光幕，并在结果后每 15 天喷 1 次 500 倍的高美施液肥。套种冬瓜时要穴施粪肥，结瓜后要及时浇水施肥。

③应用植物生长调节剂。在番茄定植后，每 667 米^2 按株浇 300～400 克矮丰灵，防徒长。花期用 30～40 毫克/千克番茄灵蘸花或用 15～20 毫克/千克 2,4-D 点花柄，以防落花、落果，提高坐果率。为促进果实成熟，可用 400～800 倍液 40%乙烯利喷果。在冬瓜定植缓苗后可按每株 0.1 克矮丰灵浇株防徒长。冬瓜开花后可用 15～20 毫克/千克 2,4-D 涂抹雌花瓜柄处。

④整枝。

a. 番茄整枝。番茄采用单干整枝，吊蔓，每株留 6 穗果。在每穗果达白熟时，应及时摘除下部老叶，让果实多见光，促进红熟。

b. 冬瓜整枝。冬瓜采用单蔓整枝，只留主蔓，侧蔓及早抹除，每株留 2 个瓜，可选用第二至第四朵雌花结果。主蔓沿番茄架攀缘生长。第一次绑蔓见第一瓜，以后每 3 节绑 1 次。绑蔓时要松紧适宜，防止果实下滑着地。

c. 共生期的管理。番茄套种冬瓜后，在冬瓜开花前以番茄为管理中心，冬瓜开花坐果后以满足冬瓜要求为管理中心。对番茄要随采收随摘叶，番茄果实收获完毕，要将叶打干净留下茎秆，让冬瓜攀缘向上生长，做冬瓜支架。

(5) 病虫害防治 主要病害有番茄灰霉病，可用扑海因或速克灵与甲霉灵交替防治。冬瓜霜霉病，可用克抗灵或杀毒矾防治。虫害主要有白粉虱及斑潜蝇。白粉虱可用吡虫啉防治，斑潜蝇可用绿菜宝防治。

(6) 采收 采收期可根据成熟度和市场行情而定。番茄的采收期一般从翌年 1 月延续到 4 月，冬瓜的采收期在 5～6 月。

119. 怎样进行大棚芹菜、黄瓜、番茄的高效种植?

秋延迟芹菜、早春黄瓜、越夏番茄连茬种植模式主要栽培技术如下。

（1）茬口安排 在山东地区，芹菜 7 月下旬育苗，10 月上旬定植，元旦至春节上市；早春黄瓜 1 月初育苗，2 月上旬定植；番茄 5 月上旬育苗，6 月下旬定植，10 月上旬全部采收完毕。

（2）品种选择 西芹应选耐寒、丰产的实芹类，如美国西芹等；黄瓜应选耐寒、早熟、丰产品种，如津春 3 号、津优 2 号等；番茄应选耐热、抗病品种，如毛粉 802 等。

（3）栽培技术要点

①秋延迟芹菜栽培技术。秋延迟芹菜苗期正值高温、多雨季节，一般采用高畦育苗并设遮阳棚。秧苗生长快，须加强温度、水分、肥料的管理，以达到壮苗的目的。整个苗期应小水勤浇，一般不追肥。当苗长至 5～6 片叶时，适当控制浇水，防徒长。定植应浅，不要埋住心叶。定植后立即浇水，2～3 天后再浇 1 次水，促进缓苗。定植行距 30～35 厘米，株距 20～25 厘米。4～5 天缓苗后中耕保墒，控制浇水，蹲苗，促进发根和叶片分化。定植后10～15 天施肥、浇水，促进幼苗生长。芹菜长至 30 厘米高时，随同浇水施腐熟饼肥。11 月上旬气温下降，及时扣棚保温，白天控温 15～20℃、夜温 8～10℃。随气温降低，夜间加盖草苫保温。元旦前后便可采收。

②早春黄瓜栽培技术。黄瓜用电热温床或坑道加热温床育苗。播种时直接将种子播在营养袋或营养土块上，播前浇足底水。出苗前白天控温 28～30℃，夜温 18～20℃。出苗后适当降低温度。移栽 10 天前进行低温炼苗。定植前施优质腐熟有机肥，深翻、耙平，按大小行起垄，大行 70 厘米、小行 50 厘米，垄高 15 厘米。定植时开穴浇水，然后栽苗。株距 25 厘米。缓苗后及时中耕。根瓜坐住开始膨大后应及时浇水，并施复合肥，及时绑蔓、掐卷须、侧

枝。白天控温25～30℃、夜温13～15℃。以后每隔10～15天追1次肥。结果盛期黄瓜需水量加大，应5～7天浇水1次。结果后期黄瓜根系吸水、肥能力下降，可用浓度为0.2%的尿素溶液进行叶面喷施。

③番茄栽培技术。播前先用55℃温水烫种15分钟。3～4片真叶分苗。苗期喷施83增抗剂防病毒病。黄瓜拉秧后及时整地。垄距60厘米，按株距35厘米定植。定植后及时浇水。将大棚前边棚膜揭开卷起，棚顶用石灰水涂白或盖草以遮阳降温利于番茄生长。当第一穗果核桃大时浇1次大水，并施复合肥。以后每坐果一穗浇水、追肥1次。一般每株留果4穗。开花时每天中午用2,4-D 15～70毫克/千克涂抹花柄，并及时疏花、疏果、整枝吊蔓，以利通风透光。2月开始采收。为提早上市可用1 000倍液乙烯利催果。

120. 怎样进行棚室番茄的高效立体栽培?

棚室番茄和其他时令蔬菜立体栽培，既可以提高土地和设施的利用率，又能提高经济效益。下面主要介绍，近几年在北方地区普遍采用的佛手瓜、番茄、早熟白菜以及番茄、苦瓜、生菜的高效立体栽培模式。

(1) 北方立壕式拱棚番茄、苦瓜、生菜立体栽培技术

①品种的选择与搭配。番茄选用沈番402、佳粉15、毛粉802等抗病、果大、整齐、丰产的中晚熟杂交种；苦瓜选用高产、优质，商品性好的长白苦瓜或蓝山苦瓜；生菜选用生育期短、发棵快的美国大速生菜。

②适时播种，培育壮苗。

a. 番茄。于1月中旬播种，3月下旬定植，苗龄75～80天。种子用55℃热水烫种15分钟进行消毒，然后用温水浸种8小时，浸种后用黄沙搓2～3遍，即可播种于温室配制好的营养土苗床中。白天温度保持30～35℃，夜间25℃左右。当种子有70%出土时立即降温，防止徒长，白天温度保持在25℃，夜间15～17℃。30天

（5～6 片叶）分苗移植，一般以 7 厘米×7 厘米～8 厘米×8 厘米为宜。小苗 1 叶 1 心期开始喷药防病。用 50%多菌灵可湿性粉剂 800 倍液，或 70%代森锰锌可湿性粉剂 600 倍液喷洒，每隔 7～10 天喷 1 次，分苗移植前共喷 2～3 次。分苗移植缓苗后 1 周，喷洒 50%速克灵可湿性粉剂 1 500 倍液，或 50%扑海因可湿性粉剂 1 500倍液，每隔 7～10 天喷 1 次，预防灰霉病从苗期侵入。在每次打药的同时，都要加入 0.3%的磷酸二氢钾和 0.3%的尿素进行根外追肥。

b. 苦瓜。2 月上旬育苗，3 月下旬与番茄同时定植，苗龄50～55 天。种子用 55℃热水烫种 15 分钟，然后浸种 3 天，出水后反复淘洗干净，用湿布包好，埋在温室靠近火炉边上的苗床里，4 天后出芽，播种于 8 厘米×8 厘米～10 厘米×10 厘米的营养钵中。苗期管理同黄瓜。

c. 生菜。2 月中旬育苗，3 月中旬定植，苗龄 25～30 天（4 片真叶左右）。播种前，将苗床土筛细，耧平。种子撒播，不覆土，只用耙子轻轻耧一遍即可，然后浇透水，盖上草苫。白天温度保持 15～25℃，夜间 8～10℃，26～30 小时即可出芽，将覆盖在苗床上的草苫揭下，揭苫时间应在晚上，第二天早上发芽的种子全部扎根直立。夏天露地苗床播种育苗，3 天出芽，苗龄 20 天即可。

③适时定植，合理套种。2 月下旬扣棚烤地。采用棚内扣中棚、小棚，周围穿裙子等方式进行 3～4 层塑料薄膜多层覆盖，使之提高地温，提早定植。定植时采用畦作，畦宽 1.2 米，栽植密度及套种方式为：3 月中旬定植生菜。在畦中间定植 3 行，行株距 23 厘米×23 厘米，靠棚边（南侧）2 米长畦内定植 5 行，不套种，复种 4 茬。3 月下旬在定植生菜畦的两侧定植番茄，株距 25 厘米。苦瓜与番茄同时定植，在畦埂的各个立柱前后各定植 1 株苦瓜（1 个畦埂有 4 个立柱可定植苦瓜，共定植 8 株苦瓜）。

④加强管理，适时采收。

a. 生菜定植缓苗后（10 天左右）进行松土，使之提高地温，促进发棵。少浇水，地皮见干时浇小水。25～30 天植株重达 50 克时就可陆续上市，45～50 天全部收净。

b. 番茄定植缓苗后即可通风降温、降湿。白天棚温保持 25℃，下午 2 时后通风。随着外温的升高，逐渐延长通风时间，使棚内的相对湿度保持 45%～55%，超过 60%易发病。当生菜净地后，番茄第一穗果进入果实膨大期，此时要加大水肥管理。定植前，结合整地，每 667 米^2 施 500 千克腐熟的纯鸡粪，果实蛋黄大时，结合灌水随水追肥，1 次鸡粪水，1 次化肥水（尿素 10 千克或磷酸二铵 7.5 千克）交替进行，5～7 天追 1 次肥，做到有水、有肥，不灌清水。防病打药的同时，在药液中加叶肥（尿素和磷酸二氢钾）进行根外追肥。番茄单干整枝，留 3 穗果摘心。第一穗果用 2,4-D 蘸花，45 天后即可喷洒乙烯利催熟，3 天后果面微红，5 天可上市。当第一穗果开始采收时，第二穗果喷乙烯利，第二穗果开始采收时，第三穗果喷乙烯利，这样 7 天后可大量上市，10 天左右拉秧净地。

c. 苦瓜虽然与番茄同时定植，但由于前期棚温和土温低，长势缓慢。随着温度的增高，生长速度加快，要及时引蔓吊秧。主蔓 1 米以下的侧蔓全部打掉，1 米以上留 2 条蔓，其余的侧蔓见瓜后留 2 片叶摘心。同时见瓜后水肥要跟上，土壤湿度要大，不能见干。10～15 天穴施 1 次追肥。果实要及时采收，开花后 17～20 天即可采收。

⑤病害防治。病害防治主要以番茄为主。番茄除苗期喷药外，定植后、开花前喷 1 次扑海因或速克灵，结合 2,4-D 蘸花，在 2,4-D 溶液中加入 1 000 倍液的速克灵。果实蛋黄大时再喷 1 次扑海因或速克灵，防治灰霉病的发生。定植缓苗后还要洒 47%加瑞农可湿性粉剂 700 倍液，防治叶霉病和早疫病。

(2) 北方地区佛手瓜、番茄、白菜高效立体栽培

①品种选择。番茄选用毛粉 802 等抗病、丰产的中晚熟品种；佛手瓜选用无腐烂、无损伤、无虫害、重量在 200～300 克、瓜龄 25 天左右的绿皮或白皮种瓜；白菜选用小杂 55、夏阳等抗病、耐热的早熟品种。

②育苗。

a. 番茄育苗。番茄在9月下旬至10月上旬播种。播种前选晴天晒种1～2天，然后用5%福尔马林浸种或直接用55℃左右的温水浸种，水自然冷却后在25～30℃的环境中浸种6小时，最后将种子捞出洗净催芽播种。每平方米的床面用种子5～6克，播后上面覆1厘米厚的营养土，并覆盖地膜，扣上小拱棚保温。当种子有70%出土时，及时揭去地膜，幼苗二叶一心时，按10厘米见方分苗，苗龄60天左右即可定植。

b. 佛手瓜育苗。选优质种瓜于11月中旬装入塑料袋中或埋入湿沙里，放在15～20℃的环境中催芽，待种瓜发芽，并长出较多的根系时移植到营养钵中。

③合理套栽。

a. 番茄于11月上旬至12月中旬定植，并采用双行定植，大行距60～70厘米，小行距40厘米，垄高20厘米，栽后用宽120厘米的地膜覆盖。每667米^{2}种植3 700株左右。

b. 佛手瓜于第二年3月上旬套栽于日光温室前沿1米左右处的番茄大行间，沿东西向每隔5米种1株。每667米^{2}种植20株左右。

c. 6月底至7月初在佛手瓜架下套种早白菜。播前浇足底水，小高垄条播，按行距50厘米、株距30厘米左右定植。每667米^{2}种植4 500株左右。

④种后管理。

a. 番茄管理。番茄定植缓苗前以提高室温，促进根系生长为主，不通风或小通风，室温白天保持在28～30℃、夜间15～20℃。缓苗后可逐渐通风，也可视土壤湿度和天气情况浇1次缓苗水。待植株高达30厘米左右时开始搭架绑蔓。一般采用单干整枝。开花期可适当加大通风量，促进授粉坐果，温度保持在15℃以上。同时，要用15毫升/升的2,4-D蘸花，防止落花。当第一穗果长到核桃大小时，及时施肥浇水，每667米^{2}施尿素40千克。第一穗果发白时追施第二次肥，每667米^{2}施尿素15千克或硫酸铵30千克。第一穗果采收前后追施第三次肥，种类与数量与第二次相同。以后每隔7天左右浇1次小水，切忌大水漫灌。

b. 佛手瓜管理。定植后要多次中耕松土，促进根系生长。生育前期少浇水，并及时抹除基部的侧芽，培养好主蔓。在株高40厘米左右，插竹竿引蔓。待棚膜撤去，主蔓上架后可进行1～2次摘心。这时可进行第一次追肥，每株施三元复合肥1千克，促其尽快发生子蔓和孙蔓。7月上旬可进行第二次追肥，每株施尿素1千克、过磷酸钙1千克、草木灰2千克。8月底至9月初，已经现蕾开花，可追施第三次肥，直至采收不再追肥。

c. 白菜管理。早熟白菜播种好后要注意保温出苗。苗期要勤松土，勤浇水，保持土壤湿度，降低土温，整个生长期结合浇水进行2次追肥。每次每667米^{2}追施尿素10千克。

⑤病虫害防治。

a. 番茄病虫害防治。番茄应以防病为主，重点防治叶霉病、灰霉病、早疫病。可选用75%的百菌清可湿性粉剂600倍液或50%的速克灵可湿性粉剂1 000倍液、64%的杀毒矾可湿性粉剂500倍液等，每隔7～10天喷1次，连续喷2～3次。同时，注意防治蚜虫，以减轻病毒病的发生。

b. 佛手瓜病虫害防治。佛手瓜病虫害极少，主要有温室白粉虱、红蜘蛛等，如发生严重，可适量喷洒扑虱灵、灭螨猛等。

c. 白菜病虫害防治。早熟白菜从苗期开始就要防治蚜虫、菜青虫等虫害。可选择高效、低毒的菊酯类农药交替使用。收获时7～10天停止用药。

121. 如何进行设施葡萄、番茄立体栽培?

(1) 葡萄、番茄的定植与当年管理

①定植。5月上旬选一年生健壮巨峰葡萄苗，用塑料袋装营养土栽植（也可直接假植在番茄地垄沟内），待苗长到30厘米左右定植。南北行，株距0.5米，行距2.4米。行间栽番茄。番茄

苗栽植时期为上一年10月上旬，采用大小垄覆膜栽植，大垄70厘米，小垄50厘米，大垄靠近葡萄。株距30厘米。大小垄插“人”字形竹竿架，也可吊线扶蔓。每株3穗果，不留水杈枝结果。这样比普通大棚番茄少一穗果，产量减少约30%。但减少部分为后期成熟的果实，市场价格较低，因此，对产值影响不大。

②整形修剪。葡萄定植后只留单蔓，要吊线引蔓，使其直立生长。葡萄在蔓高1.8～2.2米时（8月下旬左右）摘心，去卷须。以后在顶部留2～3个副梢，留5～6片叶摘心，以后留2片叶反复摘心，其他副梢亦留2片叶反复摘心。11月上旬，将主蔓上的所有分枝全部剪除，并剪留1.8米左右，但要注意保留饱满芽蔓。冬剪后解开吊线，每行从两头向中间将枝蔓理顺，尽量放低并绑扎，浇1次透水，然后立即扣膜、盖草苫，打开放风口，降温，强迫提前进入休眠期。温度控制在7.2℃以下，时间约30天。

③温湿度控制与肥水管理。6月上旬，温度上升，应揭膜。揭膜前4～5天应逐渐加大放风量，并灌1次透水。幼苗期每667米^{2}施尿素25～30千克，8月中旬后叶面喷0.3%的磷酸二氢钾溶液2～3次。8月下旬至扣膜前，在温室内撒施腐熟有机肥，每667米^{2}施10～15米^3，结合中耕拌入田间。

(2) 解除休眠及其后管理

①石灰氮处理与升温。于12月5日左右用石灰氮5倍液涂抹80厘米以上的主蔓，5～7天后，白天揭苫升温，夜间盖苫保温，白天温度控制在25℃以上，夜间7℃以上。升温前浇1次水。

②结果母枝与花果管理。1月上、中旬，当芽眼萌动后，吊线上架。在主蔓80厘米以上选留4～5个结果母枝，间距20厘米以上，其余枝芽抹去。花序以上留4～5片叶摘心，顶端副梢留3片摘心，以后留一片叶反复摘心，其余副梢全部抹去。

按中庸健壮枝留一穗果，弱枝不留果的原则，在花序露出至开花前一周，尽早疏除多余的花序，一般每株留4～5穗。留下的花序要疏去所有的副穗，并摘去穗尖。开花前3～5天喷1次0.2%的硼砂液，以利提高坐果率。从浆果长至黄豆粒大小到硬核期前疏除发育不良的小果、畸形果、病虫果及过密的果，每穗留 40～60 粒果。浆果着色后，摘除所有的新梢幼叶及基部变黄老叶。6 月中旬后，浆果达到其固有的色泽和风味时采收。采收后葡萄、番茄立即拔除。

③温湿度控制。葡萄开花期白天温度保持 30℃，夜间保持 18℃，其他阶段白天 25～28℃，夜间 15℃左右。葡萄萌芽期灌透水，花期严禁灌水，并经常通风换气，保持空气湿度 50%左右，其他阶段 60%左右。幼果期小水勤灌，硬核期少灌水，成熟期不干透不灌水。

122. 加工番茄支架栽培的关键技术是什么？

中国加工番茄栽培的历史比鲜食番茄短，20 世纪 60 年代开始从意大利、荷兰等国引进罗城 1 号、罗城 3 号和沙玛瑙等加工专用品种，在上海、江苏、浙江、福建和广东等东南沿海省、直辖市栽培与加工。同时，也选用部分鲜食加工兼用品种如上海长箕大红、粤农 2 号和满丝（Manalucie）等，与上述专用品种进行搭配栽培和加工。由于东南沿海各地番茄开花结果期间常逢雨季，如用无支架栽培，植株枝叶和果实均贴近地面，常因湿度过大，引起多种病害发生和果实腐烂，故多采用支架栽培。

加工番茄的支架栽培技术与鲜食番茄的露地支架栽培基本相同，但由于加工番茄采收果实所要求达到的技术指标与鲜食番茄有一定的差异，因而其栽培技术也与鲜食番茄相应有所不同，主要不同之处有以下几点：

(1) 选用既适于支架栽培，又适于加工的品种 中国加工番茄支架栽培，在 20 世纪 60 年代均用从国外引进的品种沙玛瑙、罗城 1 号和国内原有的鲜食加工兼用品种上海长箕大红、粤农 2 号等。国外引进的品种虽然果实加工品质较好，但因对中国的气候条件不能适应，大多表现病害较重；国内原有的鲜食加工兼用品种虽然对当地气候条件比较适应，但因果实较大，一般单果重均在 100 克以上，果实红熟不易均匀，且易裂果，果实可溶性固形物含量也较低，一般均在5%以下，作为加工原料也不理想。到70年代，通过科研单位和番茄加工厂的协作研究，先后育成、推广了一批较为优良的品种，其中适于支架栽培的有扬州红、扬州24、渝红1号、渝红2号和红灯等小果型加工专用品种，单果重多在40～50克，果实各部转红均匀，果实可溶性固形物含量达到5%左右，番茄红素含量达到每100克鲜重7.5毫克以上。也有中果型加工鲜食兼用品种佳丽矮红、浦红1号、浙红1号、浙红2号等，单果重多在100～150克，果实可溶性固形物含量达到4.5%～5.0%，番茄红素含量达每100克鲜重7～9毫克。但果实多为软肉型，不耐压，不耐运，抗病性未经严格鉴定。自80年代以来，国内一批农业科研院所和大专院校，开展蔬菜新品种选育研究，其中包括加工番茄品种选育，到80年代末期已育成红杂20、红杂25、佳抗矮红、浙杂9号和鉴18等新一代加工番茄品种，适于在黄、淮、长江流域及其以南地区栽培。这些品种均能高抗番茄花叶病毒病（ToMV），果实鲜红，着色均匀一致，果肉较厚，果实较紧实耐压，果实可溶性固形物含量达5%～6%，番茄红素含量达每100克鲜重8～11毫克，其植株均为无限生长类型，适于支架栽培。但上述品种中有的果形较大，单果重达100克左右，耐压性稍差，且只适于加工制造番茄酱；有的果形较小，单果重50克左右。耐压性较好，既可加工制酱，又可加工制作去皮整番茄。生产单位可根据加工需要、生产和运输条件等，选用适宜的品种。

（2）适当增施磷、钾肥，以提高果实加工品质　番茄生长和结果量较大，需要较多的肥料。据研究，番茄整个植株内部所含氮、磷、钾的比例约为2.5∶1∶5，而植株对土壤中氮和钾的吸收率为40%～50%，对磷的吸收率仅为20%，因此在土壤中，三要素的供给量比例应为1∶1∶2。由于大部分土地中，一般含钾较多，故实际施用三要素比例常约为1∶1∶1.5，以土壤中含有机质1.5%左右的中等肥力土壤为例，每667米^{2}产番茄果实5 000千克，约需施入纯氮28千克、磷28千克、钾42千克，其中基肥、追肥约各占一半，基肥又应以腐熟的有机肥为主，借以改良土壤，延长肥效。对于加工番茄磷、钾肥尤为重要，只有在磷、钾充足供应时，果实中番茄红素的含量才会增加。不少生产实践经验说明，在番茄开花、坐果期内，叶面喷施 0.3%～0.4%的磷酸二氢钾 2～3 次，每次喷到叶面充分润湿为止，对增加产量、提高果实加工品质都有显著的效果。

(3) 适当增加栽植密度 加工番茄多在远郊农村栽培，常与粮、棉、油作物进行轮作，其土壤肥力常低于近郊菜田，鲜食番茄栽植密度一般为每 667 米^{2}3 000～3 500 株，而加工番茄的栽植密度应在 4 000 株左右，这样可使加工番茄的单位面积产量与鲜食番茄单位面积产量相近或相等。据江苏农学院 1974 年栽植密度试验，选用扬州红品种为试材，设置每 667 米^2 种植 3 000 株、4 000 株和 5 000 株三种密度，结果以种植 4 000 株的单位面积产量为最高，达到每 667 米^2 产加工合格果 4 628 千克，比种植 3 000 株和 5 000 株的分别增产了 11.2%和 9.6%。表明了适当增加栽植密度可以增加单位面积产量。

(4) 采收期适当推迟 各种番茄罐藏制品都要求原料完全成熟，果实均匀全红，因为只有在果实全红时，其内部所含番茄红素和可溶性固形物才达到最高，果汁的 pH 达到最适合加工需要，因此采收期要比鲜食番茄适当推迟。过早采收，果肩部分还有绿色或黄色斑块，或者红度不够，影响加工品质；过迟采收的果实过熟和过软，在运输过程中易受碰撞或挤压而破裂、生霉，且可溶性固形物含量也会下降，更非所宜。采收要做到轻摘轻放，剔除病虫果、破裂果、果肩黄绿斑块直径超过 1 厘米不能转红果，并除净果蒂，随即装箱运送加工厂加工。

123. 加工番茄无支架栽培的优缺点是什么？

无支架栽培又称无支柱栽培，首先在美国加利福尼亚州加工番茄原料生产基地应用。20 世纪 60 年代初期，日本从美国引进该项技术，先在长野县和爱知县试验成功，随后又在日本青森枥木等县推广应用。1978年以后，日本岛根大学教授寺田俊郎先后数次来到中国，传授无支架栽培技术。目前，除原有湖南、湖北、四川、浙江、河北和北京等加工番茄生产基地采用支架栽培和简易支架栽培外，新发展的加工番茄生产基地，包括新疆、甘肃、宁夏、内蒙古、黑龙江和吉林等省、自治区，绝大多数采用无支架栽培，特别是新疆加工番茄的生产面积占全国80%以上，均采用无支架栽培。中国加工番茄自推广应用无支架栽培技术以来，面积和总产量都已迅速翻番。

（1）加工番茄无支架栽培的优点

①节省栽培人工和架材。无支架栽培不需支架，同时又不需进行整枝、打杈和绑蔓，因而节省大量人工，比支架栽培省去一半以上的人力，而且不用架材，因而大幅度降低了生产成本。

②减轻部分土壤传染和接触传染的病害。由于无支架栽培的番茄枝叶覆盖地面，夏季降低土温，可减轻土传病害青枯病、枯萎病的发生，同时，由于不进行整枝打杈，也可减轻接触传染病害如番茄花叶病毒病（ToMV）的发生。

③减轻部分生理性病害。由于植株枝叶覆盖地面，可减少土壤蒸发，各侧枝分散结果，果实距离根群较近，获得土壤水分和养分比较均匀。因而可以减轻因忽旱忽涝和生理性缺钙所引起的脐腐病和裂果。果实大多数在叶片覆盖下发育，不受夏季强烈阳光的直射，又可避免日灼。

④便于大面积栽植，扩大原料供应。由于栽培技术比较简单易行，需要人力和材料较少，便于大面积栽培，增加原料供应。

（2）加工番茄无支架栽培的缺点

①部分田间管理工作较为不便。由于植株枝叶覆盖畦面，生育中后期的部分田间管理操作不及支架栽培的方便，如喷施农药不易周到，必须放慢喷药速度或采用内吸剂，追肥也比较困难，容易碰伤枝叶，一般多采用局部穴施，尽量不伤枝叶。

②真菌性病害容易发生和发展。无支架栽培条件下，由于不整

枝、不打杈，植株枝繁叶茂，易于造成田间郁闭状态，一遇下雨，早疫病、斑枯病等喜湿的真菌性病害就会很快发生和发展，必须提前采取综合预防措施。

③果实直接接触地面，在地表潮湿时容易引起烂果。除因感染上述真菌性病害造成烂果外，还可感染一些细菌性病害造成烂果。这在夏季干旱少雨地区，偶有下雨应及时做好排水工作；而在夏季多雨地区则不能进行无支架栽培，必须改用简易支架或支架栽培，才能真正解决。

124. 加工番茄无支架栽培的关键技术是什么？

（1）选择适于无支架栽培的品种 这类品种生长结果的特性均为植株主茎生长不高，大都不超过50～60厘米，主茎上着生2～3个花序后即自行封顶，并从主茎基部各节的叶腋迅速抽生5～7个一次分枝（侧枝），各分枝上分别着生2～3个花序后又多自行封顶，各分枝几乎同步开花结果，每株可结果10～15序以上，共结果实可达50～70个，最多可达上百个，果实一般较小，单果重50～80克，最大不超过100克。果实含可溶性固形物大多达5%以上，每100克鲜重番茄红素均达8毫克以上，不易裂果。生产上可选用常规定型品种的有红玛瑙140、478、8253和简易支架18等；属于一代杂种的有红杂2、红杂16和红杂18等。简易支架18和红杂18高抗烟草花叶病毒病，每667米^{2}产量都在4 000千克以上。其余品种也都各有特色。生产单位可根据各品种的生产性能结合当地条件，因地制宜地加以选用。

（2）土地选择 以地势平坦、排水良好、含有机质较高、松软肥沃的壤土或沙壤土田块为宜，其次为黏壤土。但凡易于板结的重黏土、养分和水分易于流失的轻沙土以及盐碱土等均不宜选用。前茬可选粮食、豆类作物，以及非茄科的蔬菜作物，不宜连作。在西北地区，为防止列当的为害，前茬也不宜是西瓜、甜瓜和向日葵。

（3）播种或栽植前整地 要提前备耕，及时保墒，抓紧在土壤达到宜耕期即行耕耙、整平。所谓宜耕期，即春季土壤解冻后，耕作层内土壤含水量达到田间持水量的80%左右。一般采用最简便的田间速测，即用手心捏土成团，使其自然落地时便散成碎块，就表明已进入宜耕期。耕翻深度需达到20～25厘米。田间作业宜采用耕耙耱平等一条龙的快速连续作业，以防止土壤水分的大量蒸发。整地要求达到地面平整，耕作层内土壤疏松，不留硬块，田边四周整齐。

(4) 直播或育苗移栽

①播种期。大田直播在土层10厘米深处土温稳定达到10℃以上时为宜。在东北和西北地区多在4月上、中旬，但要赶在土壤墒情较好，即田间持水量在80%左右时播种，以保证及时出苗。育苗移栽应比直播提前30天左右播种，到当地土层10厘米深土温稳定在12℃以上时定植，一般多在4月下旬到5月上旬。

②直播方法。一般采用平畦条播法，大面积均用播种机条播，行距60厘米左右，或用宽窄行条播，宽行行距70厘米，窄行行距50厘米，以便于将来在宽行行间进行操作管理。播种深度2～3厘米，土壤较干时适当偏深，要求落籽均匀，播深一致，播后随即覆土盖严，并进行镇压，使种子与土壤密接。播种量每667米^2 100～150克。

如采用地膜覆盖栽培，可提早采收供应加工。但要求整地更加平整，播种后立即加盖地膜，拉紧盖平，膜边压入土内，出苗期注意检查，及时破膜，使苗叶伸出膜外。

③培育壮苗。要求培育适龄壮苗，苗龄以40～50天，苗较矮壮，具4～5片真叶为宜。一般采用冷床（阳畦）或大棚育苗。因无支架栽培以植株的一次侧枝结果为主，只有秧苗主茎粗壮、叶色葱绿、根系发达，才能在短期内抽生6～7个健壮的一次侧枝，为丰产打好基础。因此，除做好苗床，配好营养土，提高播种质量和加强秧苗温、光、肥、水管理外，还要及早移苗。当苗具1～2片真叶时，选稳定的晴好天气起苗移栽，放大苗距到8厘米左右，同时淘汰过弱苗和畸形苗，以防苗间拥挤，促进苗齐苗壮。

④种植密度。直播出苗后于1～2片真叶期开始间苗，间至秧苗互不拥挤为度。分2～3次间苗，一般到5月上旬寒流过后，当苗具4～5片真叶时定苗。间苗过程中发现有缺苗断垄情况，应及时移密补稀，将过密处秧苗带土挖起，移栽于缺苗处，随即浇水，以利成活。根据无支柱栽培的特点，栽植密度不宜过大。一般早中熟品种，垄距为110厘米，每垄中央栽一行，株距为30厘米，每667米^{2}栽2 000株左右；若每垄栽双行，垄距为120厘米，株距为40厘米，每667米^{2}栽2 700株左右。晚熟品种，垄距为120厘米，每垄栽一行，株距40厘米，每667米^{2}栽1 300株左右；若每垄栽双行，垄距为140厘米，株距为40厘米，每667米^{2}栽2 300株左右。

采用地膜覆盖栽培加工番茄具有良好的经济效益。这是因为地膜铺盖得紧密平整，对土壤有良好的增温、保湿和保肥作用。据试验，地膜覆盖番茄比露地番茄早开花、早结果，提前6～12天成熟，比对照处理露地番茄增产36.3%，不仅使番茄种植者增产增收，而且使番茄加工厂提前5～10天开始罐藏加工，延长加工季节，提高设备利用率，也有良好的经济效益。因此，近几年来，地膜覆盖栽培的番茄面积有逐年扩大的趋势。

地膜覆盖栽培主要是改善植株生育前期的土壤条件，一般盖膜时间从播种或定植开始，到植株开花始期为止，共50天左右，往后植株茎叶已基本封垄，气温和土温均已上升到番茄生长的适温范围，且土壤水分和养分已经减少，必须灌水、追肥加以补充，故应及时破膜或揭膜，进行水肥管理。

(5) 施足基肥和分期追肥 无支架栽培的番茄植株分枝较多，各分枝几乎同时开花坐果，单株结果数十个，耗肥量大，除应施足基肥外，还应分期追肥。基肥应以有机肥料为主，中等肥力的土壤，一般每667米^{2}需施4 000千克左右的腐熟厩肥或堆肥，外加尿素30千克，钙镁磷肥20千克，氯化钾或硫酸钾20千克，如有氮、磷、钾复合肥，最好改施复合肥50～60千克。基肥均匀撒施，耕翻入土，或按种植行距开沟条施于各行间均可。对比较贫瘠的土地，还应适当增加有机基肥。

追肥多以化肥为主，一般在主茎第一、二花序现蕾期进行第一次追肥，每667米^{2}追施尿素5～10千克，弱苗偏多，壮苗偏少。在距栽植行10厘米处开沟，均匀条施化肥后覆土、灌水。及至第一花序坐果，果径达到1～2厘米时追第二次肥，每667米^{2}施尿素10～12千克，磷肥12～15千克，在距栽植行13～15厘米处开沟，均匀条施化肥后覆土、灌水。到侧枝第一、二花序坐果时，进行第三次追肥，这次追肥因番茄茎叶已盖满地面，不便开沟条施，可改为距主茎15～20厘米处两侧开穴点施化肥，施后覆土、灌水。如土壤肥沃，基肥充足，植株枝繁叶茂，叶片肥大，先端有下垂现象，表明有生长过旺倾向，第三次追肥可施磷肥和钾肥，不施氮肥，以免引起第二次侧枝大量抽生，结果减少。往后一般不追肥，但如局部出现早衰，叶片发黄，可适当补施追肥。

（6）灌溉排水 加工番茄生育期长，对土壤含水量比较敏感，必须保持水分供应比较均衡。播种后到出苗前要求水分较多，应保持田间持水量80%左右；出苗后，土壤相对含水量应减少到60%～70%；开花结果以后，要求土壤相对含水量再度提高到80%左右，但也不宜超过85%，以免土壤过湿，引起根系生长不良、落花落果和根腐病等病害发生。

①灌溉。湿土地区直播田块春播前土壤田间持水量一般可达到80%左右，不需进行灌溉；漠灌土地区土壤含水量低，播前须引水春灌，灌好底墒水，才能保证种子播后顺利发芽和出苗之需。育苗移栽田块栽后要立即浇水或灌小水稳根。往后湿土地区需灌水2～4次，第一次在主茎第一花序坐果后，第二次在一次侧枝第一、二花序坐果后，两次灌水均与追肥相结合，以促进坐果的膨大和继续开花结果。以后是否需要再行灌溉视天气情况而定，如遇高温干旱，则应灌第三、第四次水，整个开花结果期保持地表经常湿润，每次灌水均应在早上进行，以灌入大半沟水为度，决不能灌水过量，以至漫上垄（畦）面，淹到根茎部，引起病害发生和蔓延，到红果期更应注意这一点。而在漠灌土地区，由于土壤含水量少，一般需灌水6～8次，前期每次灌水量少，中期加大，后期每次灌水

量又要适当减少。植株现蕾期开始灌水，到小半沟水即止，以促进根系深扎和防止降低土温过大。到主茎第一花序坐果后灌第二次水，以灌半沟为度。以后每隔半个月左右灌水一次，第三、第四次灌水量宜增大，以灌大半沟到满沟为度，以满足植株大量结果对水分的需求。7～8 月高温季节，气温白天常在 25℃以上，既要保持地表不干，又不能漫灌大水，引起根系受涝窒息致使植株萎蔫，只能小水勤灌。最后一次灌水应在最后一次采收前 10～15 天，具体视植株长势和天气情况而定灌水量，既要保证绝大部分果实成熟需水，又要防止引起后期再发新枝，耗费养分。

②排水。番茄无支架栽培多在西北和东北地区生产应用，西北地区干旱少雨，一般只需灌溉，不需排水。但在东北地区有些年份夏季也会降大雨或暴雨，在种植前就应同时修建灌水和排水两套沟渠，做到能灌能排，田内垄（畦）沟、腰沟和围沟配套，并与田头排水大沟相通，逐级加深，雨后及时排去积水，达到雨止田净，以防引起病害和烂果。

在番茄无支架栽培地区，主要病害有脐腐病、果实日灼、烟草花叶病毒病、黄瓜花叶病毒病和早疫病，应采取综合措施进行防治。

（7）采收　一般都在果实红熟，果肉仍较坚实时采摘，约在 7 月开始，当植株上已有 1/4 的果实达到充分红熟时进行第一次采收，其后每隔 1～2 周采收 1 次。高温季节气温常在 25℃以上，果实成熟快，采收间隔天数较短；秋凉以后，果实成熟较慢，采收间隔天数较长，一般采收到 10 月上旬，降霜前结束。每 667 米^2 产加工合格果实 4 000～6 000 千克，地膜覆盖栽培的高产田可达 7 000千克以上。

125. 加工番茄简易支架栽培的关键技术是什么？

简易支架栽培技术是介于支架栽培和无支架栽培之间的一种技术。由于在中国南方地区夏季多雨，采用支架栽培虽可较好地减轻病害和防止烂果，但需要支架和整枝，生产成本较高，而加工番茄的原料收购价又远低于鲜销番茄的市场价，以至生产效益不高；采用无支架栽培固然可以节省人工和架材，降低成本，但植株枝叶和果实经常接触潮湿的地面，易引起病害蔓延和严重烂果。为了解决这一问题，江苏农学院经几年试验，研究出简易支架栽培技术，已在部分加工番茄原料基地上推广应用，效益较好。

（1）品种选择　与无支架栽培相同。

（2）育苗方法　基本上与支架栽培相同。一是必须育苗移栽，不能采用直播，直播则生育延迟，后期果实在30℃以上高温条件下发育，番茄红素和可溶性固形物含量均将显著降低，不适于加工要求。二是必须培育已着生有花蕾的大苗，于当地春季断霜后立即定植，长江中下游地区多在4月上、中旬，华南和华北地区则相应提前和推后2～3周。三是必须强调培育适龄壮苗，一般采用冷床（阳畦）或大棚育苗，应在定植前80～90天播种。

由于简易支架栽培番茄以主茎和一次侧枝结果为主，只有秧苗适龄、主茎粗壮，才能在短期内抽生6～7个健壮的一次侧枝。因此，在定植时要求秧苗主茎粗度达到0.5厘米以上，叶色深，茸毛密。为达到这一要求，播种宜偏稀，出苗后1～2片真叶期及时移苗，防止苗挤苗。移苗最好采用大口径营养钵，苗间距离应保持10厘米以上，床土要求肥沃、松软，氮、磷、钾三要素齐全，加强苗床水、肥、温、光管理，育成适龄壮苗。

（3）施足基肥，做成高畦　据有关资料分析，每667米^{2}产5 000千克番茄，需氮25～35千克，磷25～30千克，钾3～35千克。简易支架栽培生育期较支架栽培为短，开花结果期比较集中，因此，施肥应以基肥为主，一般每667米^{2}大田应施入腐熟厩肥3 000千克，另加过磷酸钙25～30千克，尿素15～20千克，氯化钾10～15千克，均匀撒施，然后耕深20～25厘米，反复耕耙后做成高畦。畦宽90～100厘米，畦沟宽40厘米，深20～25厘米，做成深沟高畦，腰沟、围沟等“三沟”配套，达到能灌能排。如用地膜覆盖栽培，则更可促进优质高产。

（4）适当稀植　简易支架栽培单株发生侧枝较多，所占营养面积较大，故比支架栽培的种植密度要求稀，一般每畦只在中央栽植一行，行距130厘米，株距25～30厘米，每667米^{2}栽植1 900株左右，不宜超过2 100株。

(5) 搭好简易支架 简易支架属栏杆式矮架，当苗定植成活后，就应进行支架。即于畦面两侧、距畦边15厘米，左右对称，每隔80～90厘米插入短竹竿或小木桩各1根，竿（桩）长50厘米，粗1.5厘米左右，下端削尖，垂直插入土中深15厘米，露出畦面35厘米左右，然后用细竹竿或树枝分别在两侧连接各立竿（桩）上端，逐一结扎固定，形成栏杆状，并用短竹竿或芦竹在畦两边和中部扎几道横杆，形成栏杆式框架，最后用塑料绳在两侧栏杆之间，每隔20～25厘米，来回穿绕和拉紧，形成简易的平面网架。听任植株枝叶在网上自然分布，不需进行整枝和绑蔓，既可保持田间适当通风，又可使果实悬挂于网下；果实既不接触土壤，又可受到枝叶的良好覆盖，免受强烈阳光的直射，使果实着色良好，并可大幅度地减少烂果。

(6) 应用生长调节剂喷花保果 简易支架栽培的番茄，植株主茎第一至二花序和侧枝第一花序开花时，夜晚气温常在15℃以下，由于温度低，不易受精结果，形成花朵开后脱落；同时，因未能适期结果，导致营养生长过旺，往后一段时间也不易结果。因此，必须及时用40～50毫克/升的番茄灵喷花3～4次，每隔3～5天1次，以促进坐果。气温上升到15℃以上后，且植株生长中心已由营养生长转入生殖生长，一般就无需再行喷花。

简易支架的追肥和灌溉排水基本上与无支架栽培相同。产量一般为每667米^{2}产加工合格果实3 000～4 000千克，最高产量达5 200千克。如用地膜覆盖栽培，可以取得更高的产量。

126. 番茄常规品种采种技术是什么？

(1) 采种地的栽培管理 生产番茄种子时，播种、育苗、整地和田间管理等，与露地番茄栽培技术基本相同。但采种栽培有以下几点应该注意。

①播种期。采种栽培的主要目的是收获种子，而不是收获商品果实。所以不必像露地生产那样采取一些早定植、扣小棚或覆地膜等早熟措施。只按一般正常的露地栽培播种、定植即可。

②肥料。采种栽培以基肥为主，再根据植株生育状况适当追肥。采种栽培需要大量磷肥、钾肥，因为它与种子成熟和种子质量有关。使用氮肥需特别注意，氮肥过量，容易造成营养生长过于繁茂而影响开花，也容易落花。已结的果实过于肥大，而影响种子的生育，发芽不良。底肥要多施过磷酸钙，一般每公顷施 500～600 千克。追肥以磷酸氢二铵、复合肥料和钾肥为主。

③插架整枝方式。生产商品番茄时，因多为单干整枝，所以一般用四角架。而采种或杂交种子应采用双干或多干整枝，有的品种甚至留 4～6 个侧枝，应采用“人”字形架。

④注意防杂。在育苗、定植和田间管理过程中，要根据该品种的特性特征，严格拔杂去劣。原种田应与其他品种隔离 100～300 米，生产用种田应隔离 50～100 米。防止机械混杂，把好浸种催芽、播种、分苗、定植、果实采收、洗种和晾晒等七关。禁止使用激素处理种株，以免形成无籽果。

（2）选种 番茄虽为自花授粉作物，但仍有 2%～4%的天然杂交率。因此，采种田除应注意隔离外，还应进行严格的株选和果选，以确保品种纯度质量。

一般株选与果选结合进行。于果实开始成熟未收获（即采种）之前进行。检查果实大小、果形、果色、植株生长类型等是否符合原品种的特性特征。选择健壮、无病虫害、具有原品种特性特征的植株作种株，并拔除杂株、病株。

（3）采种

①种果采收及取种子。早熟品种在授粉后 40～50 天果实开始着色成熟，中晚熟品种 50～60 天成熟。种子大约在开花授粉后 35 天就有发芽能力。

种果采收的最佳时期是完熟期，即在果实完全红熟之后开始采收，但注意不要过熟。因为不及时采收，过熟的果实容易脱落，造成损失。第一穗果、后期发育不良的果实、病果、畸形果、空洞果及异品种果实等不宜采收。如果因某种原因采收的种果未充分成熟时，需经过1～2天的后熟再采种，其种子发芽率降低并不严重。一般番茄果实在绿熟期采摘后，经过后熟，种子发芽率可达90%左右。完全红熟的果实采收后，不再需要后熟，便可用手掰开果实，或用刀横割果实，挤出种子。也可在大铁筛子或宽竹帘上揉搓，使种子从其孔缝漏下，而果皮留在筛子上，取种子非常费工。大面积采种时，也可采用脱粒机低速破碎果实取种子，这样既可节省人工，提高效率，又可提高种子质量。

②种子发酵。番茄种子周围有果肉和胶胨黏液难以分离，所以取出的种子必须经过发酵处理。发酵工具可用缸、陶瓷等容器，切勿用铁器，否则种子颜色不佳。把准备用于发酵的大缸等容器洗净，倒净残水，然后把取出的种子装入缸内发酵。装缸不要过满，应离缸口有16～33厘米的距离，以免在发酵时因体积膨胀造成种子流失。在发酵期间缸盖应用塑料布包盖严实，严防雨水进入引起发芽。

发酵时间依发酵时温度高低而定。一般在25℃条件下大约需2昼夜。温度高时，发酵时间短，而且色泽和质量都好。如果发酵时间过短，则胶胨不易与种子分离，洗出的种子稍带有粉红色；发酵时间过长，则种皮变黑，发芽率降低。为了保证种子有良好的发芽能力，宁可发酵时间稍短，洗种时费点劲，也不宜使发酵过度，以免影响种子发芽率。采种时正值8月高温季节，一般发酵一昼夜便可进行种子清洗。发酵时缸表面上的种子与霉菌接触，种皮往往变黑。在发酵过程中，如表面出现白色霉状物时，搅动一下，使接触霉菌部分的种子下沉，防止变黑。

发酵程度可用感观进行鉴定。如发现浆液表面有白色菌膜浆液覆盖，上面又没有带色的菌，就是发酵已好。如白色菌膜上出现了红色、绿色、黑色菌落时，则发酵浆液受细菌感染，表明已发酵过度。用手在缸中搅动时，发酵好的种子迅速下沉，已没有黏滑感，并有明显的颗粒感触，说明胶胨物已与种子脱离。

③种子清洗。将发酵好的种子用手或木棒在缸中搅动，使果胶与种子分离，去掉缸上污物，捞出种子并用水冲洗。清洗种子时，一定注意将混杂在里面的果皮、果肉等杂物清洗干净，并要漂出秕粒，以提高种子净度。

番茄种子表皮有茸毛，易带病菌。所以，在清洗之后，可用1%的盐酸溶液浸泡种子8～10分钟，然后立即用清水洗净。这样不仅可以起到表面消毒作用，而且种子颜色清晰美观。但要注意用盐酸处理的时间不宜过长，以免降低发芽率，影响种子质量。

④种子干燥和保管。清洗种子后应立即进行干燥处理。可用40目的尼龙网纱做成一定大小的筛子，将种子薄层平铺在上面进行晾晒。晾晒过程中要勤翻动，并注意天气预报防止雨淋。中午高温阳光足，要进行遮阳或把筛子搬放到阴凉处。一般3～5天即可晒干。

初步干燥后，可先把种子装在布袋里，每袋不超过25千克。袋子不要装得太满，80%左右即可，使袋内留有空间，便于常串动。装袋时种子袋内外都应附有标签，标明种类、品种名称、采种时间、地点和制种人等。将装好的种子袋放到通风、干燥、阴凉处保存。

番茄种子的单产，因品种不同而异。一般大型果种子较多，大约100千克果实可采收种子500克左右。而种子少的品种200千克左右的果实可采收种子500克左右。一般每公顷种子产量在150～300千克。

127. 番茄一代杂种的制种技术是什么？

目前番茄一代杂种种子生产，主要采用人工去雄授粉的方法进行杂交制种。由于杂交制种比普通品种种子的生产增加了栽植父母本品种、去雄、花粉采集、花朵标记、人工授粉及杂交果单独采收等特殊作业项目，从而使一代杂种种子成本增加，种子价格昂贵。

因此，番茄杂交制种的关键问题是在保证一代杂交种子质量（主要是纯度、净度和芽率）的前提下，如何提高种子质量和降低生产成本。

(1) 亲本的种植

①播期。番茄早熟品种与中晚熟品种的开花期相差7～10天。杂交制种时，首先要掌握父本、母本品种的熟期及其他生长发育特性特征。通过调整父本、母本品种的播期，可以使本来熟期不同的父本、母本品种花期相遇，并使花期置于当地最适授粉季节。在用黄苗材料作杂交组合亲本时，播种期要相应提前，因为黄苗类型番茄前期生长速度慢，对温度要求高。一般情况下，作父本需提前10～15天播种。早播植株发育早，可使授粉期赶在高温雨季到来之前，有利于杂交制种。根据黑龙江省气候特点，一般在3月中、下旬，利用温室播种育苗最为理想。

②定植。制种田应选在阳光充足、空气流通和排灌条件良好的田地上。黑龙江省中部地区，一般可在5月20日左右，稳定通过终霜期后进行定植。为了创造制种时人工去雄授粉作业的方便条件，并做到通风透光，促进植株的健壮生长，定植行距需要适当加宽，以免在去雄和授粉等田间作业时碰伤邻行植株。一般采用宽垄密植，行距70厘米，株距25厘米。为了保证制种数量和充足的花粉供应，必须栽植足够的亲本。一般每公顷定植49 500～52 500株母本，父、母本种植株数的比例为1∶4～5较适宜。如果父本品种的花多或花粉量大，还可适当减少株数。父、母本应分别连片种植，作好标记，以防取花粉时出现错误。

③田间管理。定植后应及时、细致地铲耥，以提高地温，促进植株发育。特别应加强对父本的早期管理，使其迅速发育，花粉充足。在整个管理过程中，尽量创造使母本健壮生育的条件，使种子高产质佳。其他田间管理同常规品种采种技术。

(2) 杂交时间 杂交时间主要根据当地气候条件确定。要把人工杂交放在最适于开花、授粉、受精和结果的季节。应尽量避开低温和高温的危害，同时注意避开雨季，在最佳时期内抓紧时间制种。黑龙江省番茄的杂交制种比较适宜的时间为6月10～30日。其中最佳时间为6月15～25日。这一时间日温22～28℃，夜温不低于12℃，天气晴朗少雨，是杂交授粉的"黄金"时期，应做好杂交授粉的一切准备工作，在这一时期内抓紧时间杂交制种。

母本植株主茎上第一花序开放时，由于植株太小，叶量不足，且气温偏低，果实和种子发育都会受影响，不宜进行杂交，一般从第二花序开始进行杂交。

(3) 杂交技术 在开始杂交授粉之前首先要做好准备工作。主要是准备制种工具，镊子（医用眼科镊子）、授粉管（用直径为0.6厘米的细玻璃管，顶部有一小孔）、干燥器（可用密闭的纸桶或铁桶内装生石灰，保持花粉干燥）、筛花粉筛子（100～150目铜丝或尼龙纱筛子）、小玻璃瓶（用以装花粉）、酒精（70%）棉球、冰箱等。利用番茄的第一花序花蕾，对授粉人员进行人工杂交授粉技术培训。经2～3天的学习，便可独立工作。然后把第一花序摘掉，从第二花序开始正式制种。在正式制种前还要对父本田进行1～2遍田间检查，彻底拔除父本田里的杂株，宁可错拔也不能漏拔。否则，混杂一株伪杂种就会造成杂交制种的失败。

①去雄。去雄前先摘除植株上已开花和开过的花朵，以及畸形花和小花。适宜的去雄时间是花冠已露出萼片，雄蕊变黄绿色，花瓣微开或展开30°角，次日即将开放的花朵。掌握好去雄时间十分重要。因为番茄是自花授粉植物，如果去雄过晚，花粉容易落在自花的柱头上而受精，以后即使再进行授粉也是徒劳的。这也是番茄出现伪杂种的原因之一。去雄过早，花蕾太小，不仅不便于操作，而且降低坐果率和种子量。

每天去雄的时间不定，把最适的时间安排授粉，其余时间均可进行去雄。以早晨去雄为好，因为早晨湿度大，花粉不易散发，有利于提高去雄质量。去雄时用左手的拇指和食指轻轻捏住花蕾基部，右手持镊子拨开花瓣，露出花药筒，然后把镊子从药筒基部的一个浅沟处插进，把药筒撑开，并将雄蕊全部摘除，或连同花瓣一起剥掉，随即用授粉管授粉。

②花粉采集与贮藏。采集花粉最好挑选当日盛开的父本花朵。这时花药的颜色是金黄色，花瓣展开 180°。一般在上午 10 时以后或阴天中午采集的花粉量最多、生活力最强。当然，父本花粉数量多少，因品种而异，气温高低也有一定影响。

目前生产上比较实用的采集花粉的方法，是集中人力（每公顷母本制种田约需 5 人左右）采摘父本花朵，摘去花瓣带回室内。刚采摘的花朵，新鲜的花药含水量大，花粉不易散去，必须经过干燥处理才能使花药开裂，花粉散出。一般天气好可采用自然干燥方法，将花药铺放在纸上薄薄一层，置于通风干燥处晾干，或直接在阳光下晒 2～3 小时；也可以采用简易生石灰干燥器干燥法，用一个容易密封的桶（纸桶或塑料桶），里面放上2/3的生石灰，上铺一层纸，再将花药放在纸上摊开。然后盖好盖子，密闭一夜花药便干燥好了。把干燥好的花药磨碎，放在100～150 目的钢丝或尼龙纱箩里筛过花粉。花粉少时也可以用两个碗扣合，摇动振荡取粉。

最好当天采集的花粉当天进行授粉。如果当天使用有多余或因雨天不能授粉，可将盛花粉的容器加盖密封，贮藏在冰箱或干燥器内。如果没有这些条件，也应放置在低温干燥处贮藏。花粉在常温和干燥条件下贮藏，可连续使用 6～7 天。不过贮藏 4 天以上的花粉，虽然对坐果率无明显影响，但单果结籽数略有下降。

③授粉。每天露水干后便可开始授粉，全天都可以做，即使阴天也可以授粉。应在去雄后 1～2 天内进行授粉。授粉最适的平均气温为 20～25℃。当气温低于 15℃或超过 30℃时，应暂停授粉。每天上午 8～10 时，下午 2～4 时为授粉最佳时间。如果在授粉后 12 小时内遇雨，雨停后待花朵上的雨水稍干，需重新授粉 1 次。重复授粉可提高坐果率，增加种子产量。

授粉的方法很多，如橡皮头授粉、手指授粉、蜂棒授粉、泡沫塑料棒授粉、授粉管授粉和授粉盒授粉等。大面积制种时，比较实用、效果好、效率高的方法是采用授粉管或授粉盒授粉。

授粉管授粉是利用直径 0.6 厘米左右的指形玻璃管，长度5～6 厘米，在管的先端圆头侧面留一小孔，将花粉装入管内，用脱脂棉塞住管口，授粉时将管立起，把柱头从授粉孔伸入管内，蘸取花粉进行授粉。

授粉盒授粉是利用宽3厘米，厚0.8～1.0厘米的小方盒，中央部位开一个直径0.8厘米大小的圆孔，将花粉装入盒内。授粉时，用右手夹住授粉盒，左于捏住花柄，将柱头伸入盒内蘸取花粉进行授粉。制种面积小时，可采用泡沫塑料棒授粉。

授粉时先彻底去掉两个萼片做标记，然后再授粉。有的只把萼片尖端去掉，这样容易造成后期标记不清，无法辨别是否杂交，造成不应有的损失。

④母本植株整理。番茄有限生长型可留3～4干，无限生长类型可留1～2干。每干选第二、三、四花序上的花器发育正常的较大花蕾作为杂交用花。每个花序做3～4朵花。制种开始时摘除第一花序及其他花序上已开的花和果。杂交授粉结束后，应立即进行植株整理。将未去雄授粉的花朵全都摘除，打掉多余的腋芽和徒长枝，并在最上一个杂交果序以上留两片叶子摘心，以保证养分集中供应杂果的发育，此项工作应反复进行几次。

⑤种子收获。待果实充分成熟，达到采收标准时，根据杂交果上的标记，开始分期采收。采收番茄果实后，应先将种子挤出发酵，再清洗晾干。具体做法同常规品种采种部分。

⑥杂交制种中应注意的几个问题。在大规模杂交种子生产中，为确保种子质量，提高种子产量，降低生产成本，提高经济效益。在种子质量指标中，主要是发芽率和纯度。一般要求种子纯度在98%以上。为保证杂种纯度，在整个管理过程中应从如下几个方面加以注意。

第一，严禁使用生长调节剂。在杂交制种田里，应严禁使用2,4-D和防落素等生长调节剂，否则收不到种子。

第二，严防错乱。在播种、育苗、定植和采收等各个生产环节，都要严格防止错乱和父、母本的机械混杂。制种的种类较多时，更应特别注意错乱。

第三，亲本去杂。亲本中常混有杂株，在管理过程中一定要注意观察，及时拔除杂株异株。父本田在采花前要严格进行田间检查，母本也应在制种前、制种过程中、制种结束后和种果采收前，多次进行田间检查。严格清除不纯正的亲本植株。

第四，注意隔离。同一杂交组合的父、母本，可分别大面积相邻种植，也可分开种植。但是在母本种植田周围，种植其他品种番茄时，一定注意隔离 100～200 米，严防假杂种。

第五，严格杂交制种程序。一定按照制种技术规程要求，认真地进行去雄、授粉工作。在改变去雄授粉组合时，要对制种工具、手等进行消毒。为防止错乱，应安排专人负责采摘父本花、制取花粉和花粉的取送与保存工作。

第六，注意采收标记。种果成熟后，一定按固定的杂交标记进行采收，标记不清或落地果实一律不收，严防差错。

第七，苗期标记性状。为了在苗期能够识别伪杂种并加以及时淘汰，最好采用具有苗期指示性状的材料作母本。常用的性状有绿茎、薯叶、黄苗等。

第八，加强制种田的栽培管理。加强田间栽培管理，为果实和种子发育提供良好的环境条件，并注意病虫害防治。

128. 番茄膜下软管滴灌技术要点是什么？

（1）作畦或作成大小垄 作畦栽培的，作成高畦，畦宽70～90厘米，畦中心高 15～20 厘米，作成龟背状，两畦之间留30～50 厘米作业道，番茄每畦种植双行；番茄需搭架的，应使用吊绳进行“V”字形牵引，以便更有利于作物群体的通风、透光。

采用大小垄栽培的，株行距 35 厘米×60 厘米（小垄行距 50 厘米，大垄行距 70 厘米，平均为 60 厘米），每 667 米^{2}3 167 株。

（2）铺管与覆膜 在温室中或跨度在 8 米以下的大棚中铺设软管，可在温室的北侧，或大棚的东侧或西侧铺（大棚方位为南北延长），管上用接头连接滴灌带，向一侧输水滴灌；若温室东西长或大棚长超过 50 米，应在输水软管中部位置引入水源，并在进水口两侧输水软管上各装一个阀门，分成两组，轮流滴灌；若大棚跨度在 8 米以上（含 8 米），可在大棚中间部位铺设 2 条输水软管，管上用接头连接滴灌带，向棚两侧输水滴灌。要注意滴灌带的滴孔朝上。全部铺设好后，应通水检查滴水情况，如果正常，即绷紧拉直，末端用竹木棍固定，然后相邻的 2 个小垄进行地膜覆盖，绷紧、放平，两侧用土压严。

（3）浇水 定植水要浇足，每 667 米^2 用水 15～20 米^3。缓苗水用量每 667 米^2 用 10～15 米^3，掌握作物根际周围有水迹即可，此后要进行适当蹲苗。在蔬菜生长旺盛的高温季节，要增加浇水次数和浇水量，必要时可结合沟灌。

（4）追肥 滴灌只能追化肥，并且必须将化肥溶解过滤后输入滴灌带随水追肥，目前国内生产的软管滴灌设备中配有过滤装置，用水桶等容器把化肥溶解后，用施肥器可将化肥溶液直接输入到滴灌带中，使用很方便。

（5）妥善保管滴灌设备 输水软管及滴灌带用后清洗干净，卷好放到荫凉的地方保存，防止高、低温和强光曝晒，以延长使用寿命。

129. 番茄高产优质栽培的技术关键是什么？

（1）选择优良品种 选择优良品种是番茄生产获得高产高效益的基础。好品种一般增产 10%～30%。在病害严重地区，选择高度抗病品种，增产可高达 50%以上。另外，选择耐寒性或耐热性强的品种常常是冬季生产或夏季生产成败的关键，这往往是栽培管理所不能补偿和替代的。

（2）合理密植 合理密植是增产的有效途径之一。生产上，在整地定植前，根据不同品种和栽培形式，栽培密度（株距和行距）就应确定。但定植后缺苗或病害及机械损伤所造成的缺株对产量的影响应引起重视，要及时查田补苗。

（3）保花保果 提高坐果率是番茄生产特别是冬季生产或越夏

生产高产的关键，生产上常常由于落花落果严重而产量较低，因此提高坐果率对增产具有重要意义。

(4) 病虫害防治 生产上普遍遭受病虫害的危害，轻者造成减产减收，重者甚至绝产绝收。

(5) 适宜的栽培管理 栽培管理主要是环境条件（光照、温度、水分、营养和气体）的管理。生产上增加光照，特别是冬季生产增加光照是比较困难的，也是有限度的。因此，如何有效利用光照是栽培管理的关键。光照管理应尽可能使植株接受更多的光照，制造更多的养分。温度管理要有一定的昼夜温差，夜间温度管理偏低，有利于养分积累。水分和养分管理要充足，特别是结果期，更要充足，否则将明显影响产量。

番茄不同栽培形式其栽培管理有所不同，露地栽培光照充足，但温度和气体管理比较困难，所以主要是水分和养分的管理。而日光温室冬季生产，光照不足，所以要以光照为前提条件，进行温度、水分、养分和气体管理。番茄设施栽培的茎叶要比露地栽培适当小一些，如果过分繁茂，容易徒长，易发生空洞果，同时减产减收。

130. 常见的设施番茄水肥一体化栽培技术模式有哪些？

水肥一体化是按照蔬菜生长过程中对水分和肥料的吸收规律和需要量，进行全生育期的需求设计，在一定的时期把定量的水分和肥料养分按比例直接提供给作物的一项新技术，是根据根层调控原理，实现精确施肥与精确灌溉相结合的技术。实际运作时将灌溉与施肥融为一体，借助压力灌溉系统，将可溶性固体肥料或液体肥料配兑而成，肥液与灌溉水一起均匀、准确地输送到作物根部土壤。其特点为：随水施肥、水肥供给采用“少量多次”，实现管道灌溉。以寿光为例进行介绍。

(1) 冬春茬番茄建议水肥管理技术模式

①定植时按要求每667米^2 施有机肥3～4米^3，有条件的可以

进行秸秆剁碎还田或者穴施生物有机肥；不要浇大水，如果担心大水漫灌导致地温太低，可结合浇棵方式进行，一般定植水每667米^{2}为30～40米^3。

②在栽后一个月左右时，灌溉1次，灌溉量每667米^{2}为30米^3；如果前期灌溉量太大，每667米^{2}可适当补充尿素或者复合肥5～7千克，以后隔10～15后再小浇一水，灌溉量为每667米^{2}15～18米^3。

③待番茄第一穗果实直径2～3厘米大小前，可适度控水蹲苗，防止徒长。待第一穗果长至乒乓球大小时再开始进行灌水追肥，一次浇水量每667米^{2}为16～20米^3。前期由于植株小、果实少，植株需肥量较小，因此只进行灌水而不追肥，待进入第二穗果膨大期，开始进行追肥，由于底肥施用磷肥，因此前期无需施用磷肥，一般每667米^{2}施用尿素7.5千克和硫酸钾10千克。此后每隔10～15天追肥1次，一般每667米^{2}施用尿素7.5千克、硫酸钾10千克，共追肥3～4次。

④在番茄进入采收期后，为防止果实青皮，应停止追肥，每隔7～10天，浇水1次，灌溉量为每667米^{2}15～18米^3。

⑤浇水施肥时应注意掌握“阴天不浇晴天浇，下午不浇上午浇”的原则。

（2）秋冬茬番茄建议水肥管理技术模式

①夏季休闲期间最好进行石灰氮-秸秆消毒，并进行闷棚，具体操作步骤见136问；如果进行石灰氮-秸秆消毒，可以相应减少一半的有机肥投入；如果没有进行石灰氮-秸秆消毒，建议翻地前每667米^{2}撒施秸秆500～800千克。

②秋冬茬番茄定植初期，外界温度高、光照强，宜小水勤浇，大水漫灌易发生立枯病和疫病等。水肥一体化可有效减少每次灌水量，且在高温干旱时期，可以通过减少灌水量、增加灌溉次数来调节田间小气候。

③番茄定植浇大水1次，灌溉量每667米^{2}为40～50米^3，从番茄定植到幼苗7～8片真叶展开、第一花序现蕾后，再浇大水1

次，灌溉量每667米^{2}为30～40米^3。之后直至第一穗果实直径2～3厘米大小前，可适度控水蹲苗，防止徒长。

④当第一穗果长至乒乓球大小时再开始进行灌水追肥，1次浇水量每667米^{2}为20米^{3}左右。第一至二穗果时期，由于植株需肥量较小，而此时土壤温度较高，土壤供肥能力较强，因此前期为降低棚内土壤温度只进行少量灌溉而不追肥。当番茄进入第二穗果膨大期，植株生长迅速，需肥量增大，开始进行追肥，由于底肥充足和土壤供肥能力强，前期无需施肥，进入第三穗果膨大期后，植株生长旺盛，下部果实较多，植株需肥量增加，一般每7～10天每667米^{2}追施尿素7.5千克和硫酸钾8千克，一般共追肥3～4次，9月下旬至11月初是追肥关键期。

⑤进入冬季后，外界气温和光照强度逐渐降低，番茄生长速度逐渐减缓，加之农民为保证棚温，开始拉封口、盖草苫，如果灌水较多，放风不及时，棚内湿度过大容易发生病虫害；施肥较多则容易产生青皮。进入深冬，如果遇到连续阴天天气，水分蒸发慢，为防止棚内湿度过大，灌水间隔可以延长至20～25天。因此，入冬后田间浇水、施肥量应逐渐减少。

⑥浇水施肥时同样应注意掌握“阴天不浇晴天浇，下午不浇上午浇”的原则。

131. 设施番茄进行水肥一体化栽培时应注意哪些问题？

第一，适合水肥一体化的肥料必须完全溶于水，含杂质少，流动性好，不会堵塞过滤器和滴头滴孔；肥液的酸碱度为中性至微酸性，能与其他肥料混合。

第二，设施栽培一般选择小管出流/滴灌施肥系统，施肥装置一般选择文丘里施肥器、压差式施肥罐。

第三，正常灌溉15～20分钟后再施肥，施肥时打开管的进、出水阀，同时调节调压阀，使灌水施肥速度正常、平稳；每次运行，施肥后应保持灌溉20～30分钟，防止滴头被残余肥液蒸发后堵塞。

第四，系统间隔运行一段时间，应打开过滤器下部的排污阀放污，施肥罐底部的残渣要经常清理；如果水中含钙镁盐溶液浓度过高，为防止长期灌溉产生钙质引起堵塞，可用稀盐酸中和，清除堵塞。

第五，按一定的配方用单质肥料自行配制营养液通常更为便宜，养分组成和比例可以根据番茄不同生育期进行调整。

第六，灌溉施肥过程中，若发现供水中断，应尽快关闭施肥阀门，防止含肥料溶液倒流。

第七，灌溉施肥过程中需经常检查是否有跑水问题，检查肥水是否灌在根区附近。

第八，灌溉设备一般请工程师安装，日常维护很重要。

第九，不可踩压、弯折支管，小心锐器触碰管道，以防管道折、裂、堵塞，流水不畅；番茄收获完后，用微酸水充满灌溉系统并浸泡5～10分钟，然后打开毛管、支管堵头，放水冲洗一次，收起妥善存放。毛管和支管不要折损，用完后，支管卷成圆盘，堵塞两端存放。毛管集中捆束在一起，两头用塑料布包裹，伸展平放。

132. 番茄栽培时如何应用生物秸秆反应堆技术?

生物秸秆反应堆技术是利用秸秆与微生物反应产生热量的原理，可以很好地提高地温，改善低温对番茄造成的伤害。据测定，使用秸秆生物反应堆可提高地温3～5℃。

（1）开沟 番茄定植前半个月到一个月，在番茄定植行下开沟，沟深40～50厘米，沟宽50厘米，沟长与行长相等。

（2）铺秸秆 在沟内铺一层30厘米厚的长秸秆或粉碎秸秆，沟两端底层秸秆搭在沟沿上10厘米，以便浇水和透气。秸秆要铺匀踩实，比原地面高出5～10厘米。

（3）拌菌剂和撒菌种 将秸秆发酵复合菌剂按每公顷120～150千克和麦麸按1∶20的比例搅拌均匀后加水，干湿度以手握成团一碰即散为宜。将搅拌好的混合物避光发酵 24 小时（平摊厚度 10～20 厘米），当天用不完的菌剂均匀撒在每个沟的秸秆上，撒后用铁锹轻轻拍振，使菌剂渗透到下层部分，均匀落在秸秆上。一般分两层撒菌种。秸秆铺好喷上菌种后，撒上尿素，用水浇透。然后，盖土踏实，浇一遍透水，把凹陷处用土覆平，然后即可起垄整畦。

(4) 覆土 撒完生物菌剂后，即可覆土，土层厚度 15～20 厘米。不能太薄，小于 15 厘米不利于番茄定植生长。也不宜太厚，不要超过 20 厘米，否则将影响效果及增产幅度。

(5) 浇水 第一次往秸秆沟里浇水一定要浇满沟、浇透，使秸秆吸足水分，以上层所覆盖的土有水洇湿为宜。因为菌剂的使用寿命是 5～7 个月，浇水后生物菌剂便开始发挥效果，为了达到理想效果，在定植前 7～10 天浇水。

(6) 定植和打孔 定植、覆膜后用 12～14 号钢筋打孔，打3～4 排。距苗 10 厘米穿透秸秆层打至沟底。苗期每棵秧打 2 个孔，采收期可以打 4～6 个孔，以后每隔 20～30 天透一次孔。

133. 番茄栽培应用生物秸秆反应堆技术时应注意哪些事项？

第一，使用秸秆生物反应堆期间，注意氮肥施用，前期若秸秆反应堆未及时补充速效氮肥，会造成土壤微生物与蔬菜根系争氮，影响幼苗正常生长，出现幼苗发黄、瘦弱等问题。

第二，蔬菜生长中后期则要控制氮肥使用量，因为秸秆在分解过程中会逐渐释放较多的氮，如果在此时再按照原来的习惯大量补充氮肥，会导致氮肥量过多，造成植株旺长，所以，在后期应该少用或不用氮肥。

第三，填入秸秆过厚且未分层。埋秸秆正确的做法是：填入秸秆后，每层秸秆厚度为 15～20 厘米是比较合理的，上面覆盖 15～20 厘米土壤，压实。分层施用，秸秆上覆盖的土层较厚，有利于蔬菜苗期根系的扩展，也不会在后期造成地面下陷。

第四，打孔。秸秆腐熟菌属好气性微生物，只有在有氧条件下，菌种才能活动旺盛，发挥其功效。因此，在秸秆反应堆应用过程中，打孔是非常关键的措施。

134. 番茄栽培过程中如何应用秸秆还田技术？

秸秆生物反应堆技术比较复杂，投资成本较高，简单的秸秆还田技术虽然达不到增温3～5℃的效果，但是可以明显促进土壤微生物活动，冬季提高土温1～2℃，增产10%以上。

操作步骤：在翻地前随基肥（粪肥）施入铡碎的秸秆（玉米、小麦、水稻），一般每667米^{2}施入500～800千克，然后按照常规方法整地、栽培；冬春茬和秋冬茬番茄栽培均可进行秸秆还田。秸秆还田技术适合老菜田，对于克服土传病害和抑制线虫、去除土壤盐渍化有效果。

135. 番茄栽培时如何应用功能性生物有机肥和调理剂施用技术？

提高土壤微生物多样性可以在很大程度上抑制根结线虫病的发生，如果能够将富含颉颃微生物的功能有机肥及有驱避作用的作物残渣（如烟草秸秆）在定植番茄幼苗时围根穴施，可以创造一个根区保护带，较好防控线虫病的发生，这种生态调控方法也有利于恢复根区土壤微生物活性，提高根系发育活力和水肥的利用率。

施用功能性生物有机肥和烟草废弃物的好处：

一是提高作物产量。功能性生物有机肥和烟草废弃物中都含有大量的天然养分，可以作为植物吸收养分的主要来源。生物有机肥和烟渣能够缓慢释放养分，相当于缓释肥料，有利于植物对养分的吸收和利用，减轻土壤养分累积和盐渍化，从而提高作物产量，一般可提高10%～20%，甚至更高。

二是功能性生物有机肥中一般都添加了大量的土壤有益微生物菌剂，能够极大地改善土壤微生物状况，调理土壤微生物群落。同时生物有机肥和烟渣中含有大量的有机质，提高了土壤碳氮比，为土壤微生物提供了足够的碳源，有利于微生物的繁殖，促进土壤微生物生态平衡。

三是功能性生物有机肥和烟渣都含有大量的氨基酸、生物碱等物质，这就使得它们能够在很大程度上抑制或杀死土壤线虫，一般能够减少土壤线虫 50%左右。

四是功能性生物有机肥和烟渣能够减缓土壤养分累积，减轻盐渍化对植物的毒害，减轻土传病害，尤其是根结线虫病，从而在很大程度土降低连作障碍引起的作物产量损失和品质降低。

操作步骤：

(1) 育苗 育苗时添加生物有机肥，按照育苗基质 1%的量添加，混匀。一般每 667 米^2 施用 2.5～3 千克即可。

(2) 定植 生物有机肥按照 50 千克/米^2，烟渣 60～80 千克/米^2 的量沟施，或者和烟渣一起穴施，用量为每株番茄生物有机肥 15～20 克、烟渣 10～15 克。

(3) 灌溉 番茄生长中后期灌溉时可将烟渣撒施到灌溉沟内，用水冲施，每沟用量约为 0.25 千克。

注意事项：一是育苗时生物有机肥用量千万不可过高，否则会伤苗，一般 667 米^2 用量为 2.5～3 千克即可。二是穴施生物有机肥和烟渣时，最好和土壤混一下。三是结合配套措施，在预防线虫方面，“无线美”和“海绿素”可以配合使用，二者用来灌根，每 40～50 天 1 次，每次每 667 米^2 200 毫升，随水肥冲施。

为防控根结线虫的发生，促进苗期营养，在定植时穴施生物有机肥。有机肥用量为：每棵番茄施入生物有机肥 15～20 克、烟渣 10～15 克。

在定植时要整个植株带基质移栽，实现“根区隔离”。定植后 1 周用“无线美”500 倍稀释液灌根 1 次，同时在番茄植株的根部（距离根 3～4 厘米处）注入 50 毫升/株的灌根高磷水溶性复合肥溶液。定植后第 4 周用 500 倍“无线美”及“海绿素”的稀释液灌根 1 次，4 月底每 667 米^2 采用 1 000 倍“无线美”配合“海绿素”和 3.2%阿维菌素各 200 毫升稀释液灌根 1 次。

缓苗水后可以套作茼蒿或者万寿菊，有预防根部病害的作用。另外，可结合秸秆还田和夏季种植填闲作物技术同时进行。

136. 番茄栽培时如何应用石灰氮-秸秆消毒技术？

石灰氮-秸秆消毒能够使地表持续高温，能够促进施入基肥后的闷棚效果，还能够有效防治根结线虫，增加土壤肥力，此外石灰的施入还可以解决果类蔬菜（番茄、甜椒等）因土壤钾含量高、设施湿度大蒸腾不良及过量施用铵态氮肥造成植株有效钙、镁供应不足，生理性缺钙现象严重等生产问题，因此土壤肥力较低的新菜田和存在根结线虫等问题的老菜田，均可进行秸秆-石灰氮（或石灰）太阳能消毒处理。冬春茬番茄收获拉秧后，到秋冬茬番茄种植前有 40～50 天的休闲时间，休闲季约在 7 月初翻地，进行石灰氮（或石灰）-秸秆太阳能消毒处理。按每 667 米^2 施石灰氮 60 千克、秸秆 600 千克的量施入土壤。在进行石灰氮（或石灰）-秸秆太阳能消毒处理时在地表覆盖薄膜。

操作步骤：

第一，撒施后翻耕，翻耕深度 20～30 厘米。

第二，翻耕后起垄覆膜。为增加土壤的表面积，以利于快速提高地温，延长土壤高温所持续的时间，取得良好的消毒效果，可做高 30 厘米左右，宽 60～70 厘米的畦。同时为提高地表温度，做垄后在地表覆盖塑料薄膜，将土壤表面密封起来。

第三，灌水闷棚。用塑料薄膜将地表密封后，进行膜下灌溉，将水灌至淹没土垄，而后密封大棚进行闷棚。一般晴天时，20～30 厘米的土层能较长时间保持在 40～50℃，地表可达到 70℃以上的温度。这样的状况持续 15～20 天，以防治根结线虫，增加土壤肥力。

第四，揭膜整地。定植前1～2周揭开薄膜散气，然后整地定植。

注意事项：撒施前后24小时内不能饮酒；撒施时要防护；撒施过程中不能吸烟、吃东西、喝水；撒施后要漱口、洗脸、洗手；不能混合使用的肥料有硫铵、硝酸铵、氯化铵、氨水等，以及包括上述铵态氮的各种复合肥料；能混合使用的肥料有熔成磷、骨粉、硅酸钙、硫酸钾、肥料用硝石灰、硫酸钙、氯化钙、草木灰、植物油渣及有机肥料；与尿素配合施用时应注意，在尿素作追肥使用时，发挥石灰氮与尿素的协同增效作用，尿素追施时间可比平常晚1周左右，尿素追施量应比单一使用量减少5%～10%。

137. 露地栽培番茄生产中容易产生哪些问题？

(1) 第一穗坐果难 由于春季气候多变，常常定植后又遇低温，特别是北方，春季风多、干旱，柱头黏液被吹干，严重影响自花授粉与受精，因而造成第一穗落花或形成僵果。使用生长素处理，可解决此问题，但露地栽培面积较大，用生长素处理费工，可以只处理第一穗花，当第二穗开花时，气候条件已稳定，可自然坐果。

(2) 落花落果 露地番茄落花现象也比较普遍，造成落花的原因主要有以下两个方面：一是营养不良性落花，由于土壤营养及水分不足，植株损伤过重，根系发育不良，整枝打杈不及时，高夜温下养分消耗过多，植株徒长，养分供应不平衡等原因引起落花落果；二是生殖发育障碍性落花，温度过低或过高，开花期多雨或过于干旱，都会影响花粉管的伸长及花粉发芽，产生畸形花（如长花柱或短花柱花等）而引起落花。

露地春番茄早期落花的主要原因是低温或植株受伤，夏季落花的主要原因是高温多湿。使用植物生长调节剂，可有效地防止落花，而且可刺激果实发育，形成与授粉果实同样大小甚至超过其大小的无籽果实。

(3) 病毒病严重 近些年来，北京等地区春露地栽培面积渐少，其主要原因是因病毒病而减产，无经济效益。尽管当前使用的品种大多含有抗烟草花叶病毒基因，可高抗烟草花叶病毒，可是生产上为害番茄的病毒种类很多，如黄瓜花叶病毒、马铃薯X病毒和马铃薯Y病毒等，现有品种还不能抗这些病毒。当田间植株受两种以上病毒复合感染时，症状加重，常常呈现茎和果实的条斑、坏死症状，完全失去食用价值，严重减产。造成如此惨状，主要诱导因素是高温、暴晒和干旱。

欲种好露地番茄，必须改善田间小气候环境。在北京等地区，根据经验，如果用尼龙纱网将全田笼罩，可改善番茄生长环境，使光照适度、空气湿度稍增，几乎不发生病毒病；纱网还起到防雹、防棉铃虫的作用，所结果实质量和产量均不亚于保护地栽培；管理上比较省工，不存在放风管理，只需增加纱网及其支撑架；一次投资，多年使用。南方地区，病毒病严重时，也可采用此法，以解决夏季市场的番茄供应。

(4) 棉铃虫为害严重 棉铃虫为害后造成烂果，是露地栽培的突出问题，防治方法参阅病虫害防治部分。

(5) 生理性病害严重 番茄果实发育的生理性病害是栽培中存在的主要问题之一。常见的生理性病害有畸形果、空洞果、顶腐病、裂果、筋腐病、日烧病等，对产品质量影响很大，防治方法参阅病虫害防治部分。

138. 根据番茄的养分吸收特点，其平衡施肥技术要点是什么？

番茄对土壤要求不太严格，但适宜土层深厚，排水良好，富含有机质的肥沃土壤。番茄产量高，需肥量大，耐肥能力强，番茄生长发育不仅需要氮、磷、钾大量元素，还需要钙、镁等中微量元素，番茄对钾、钙、镁的需要量较大，一般认为，每1 000千克番茄需氮（N）2.1～3.4千克、磷（P_2O_5）0.64～1.0千克、钾

(K_2O) 3.7～5.3千克、钙（CaO）2.5～4.2千克、镁（MgO）0.43～0.90千克。番茄在不同生育时期对养分的吸收量不同，其吸收量随着植株的生长发育而增加，在幼苗期以氮素营养为主，在第一穗果开始结果时，对氮、磷、钾的吸收量迅速增加，其中氮在三要素中占50%，钾只占32%；到结果盛期和开始收获期，氮只占36%，而钾已占50%。氮素可促进番茄茎叶生长，叶色增绿，有利于蛋白质的合成。磷能够促进幼苗根系生长发育，花芽分化，提早开花结果，改善品质，番茄对磷的吸收不多，但对磷敏感。钾可增强番茄的抗性，促进果实发育，提高品质。番茄缺钙果实易发生脐腐病、心腐病及空洞果。番茄对缺铁、缺锰和缺锌都比较敏感。番茄采收期较长，必须有充足的营养才能满足其茎、叶生长和陆续开花结果的需要，所以，番茄施肥应施足基肥，及时追肥，并且需要边采收边供给养分。

在番茄生产实践中往往出现畸形果，这与番茄花芽分化时遇到低温有直接关系，但是氮肥过多、植株生长过旺，尤其是育苗期多肥、多湿，茎秆生长过粗，也是产生畸形果的诱因。在生长季施用氮肥过多还会引起顶叶非病毒性“卷叶”，其外形与番茄病毒病症状相似，但不是由病毒引起。由于氮肥过多引起卷叶后很容易感染病毒病。

平衡施肥是指在农业生产中，综合运用现代科学技术新成果，根据作物需肥规律、土壤供肥性能与肥料效应，制订一系列农艺措施，从而达到高产、高效，并维持土壤肥力，保护生态环境。

番茄平衡施肥的技术要点：

第一，根据土壤供肥能力、植物营养需求，确定需要通过施肥补充的元素种类。

第二，根据番茄营养特点，确定施肥时期，分配各时期肥料用量。

第三，确定施肥量。平衡施肥的核心是确定施肥量，施肥量的确定应有一定的预见性，即在作物播种前应施多少肥，但也应有一定的灵活性，在作物生长过程中可根据其生长状况和天气变化调整施肥量。具体施肥量应根据土壤供肥能力、养分利用率、番茄吸收养分量等参数来确定。

第四，选择切实可行的施肥方法。

第五，制订与施肥相配套的农艺措施，合理施肥。

139. 早春大棚番茄生产中应用行下内置式秸秆发酵床技术的关键是什么？

（1）整地 前茬收获后要进行精细整地。首先捡出地面枯枝、落叶、落果，移出棚外深埋处理。然后进行翻地，深度为 20～25 厘米，结合翻地施入多菌灵或五氯硝基苯进行土壤消毒，翻地后整平土地。行下内置式发酵床在番茄定植前 15～20 天建好。

（2）菌种与疫苗处理 按 1 千克菌种加 15～20 千克麦麸比例，把菌种和麦麸拌匀，然后加水，1 千克麦麸加水 800 克，拌好后用手攥，以手指缝滴水为宜。提前 2 天拌好菌种备用。拌好的菌种一般摊薄 10 厘米厚存放，注意防冻。疫苗 1 千克对掺 20 千克麦麸、18 千克水，处理方法同上。

按照事先计划好的用量，将拌好备用的菌种分成若干份，均匀撒到秸秆上，并用铁锨拍振秸秆，使表层菌种（约 1/3）渗透到下层秸秆上。

（3）填秸秆与菌种 畦上挖发酵沟，根据畦宽确定沟槽宽度。沟深一般为 20～25 厘米。起土后分放沟槽两边，以备覆土用。先把硬质秸秆放入沟槽底层，渐次放入软质秸秆，每 667 米^2 用秸秆 3 000～4 000 千克，当秸秆放置半沟深时踩实，撒入第一层活化后的菌种，用量为每沟槽用量的 1/3；然后再放入第二层秸秆，略高于沟槽面，踩实后撒入剩余 2/3 菌种，每 667 米^2 用菌种 6～8 千克。要求秸秆应铺满发酵沟，铺平、铺实、踩实。沟槽两头的秸秆要求露出地面 12 厘米，以利通气。

（4）覆土浇水 装填完秸秆后，先撒填少量土在秸秆上，用铁锨拍振，使土落入秸秆空隙中，以防止畦面下沉和秸秆分解过快。

在秸秆上覆土20厘米左右。覆土结束后灌水，要求秸秆吸足水分，以利分解发酵，至畦面上层的土被洇湿为止。最后覆盖地膜，增温、保墒。

(5) 疫苗接种　定植前或定植时，将拌好的疫苗均匀放入穴内并与土壤混合均匀，然后放入苗，覆土浇水即可，隔3～4天浇水1次。一般每667米^{2}用疫苗3～4千克。接种后切忌使用化肥、农药。

(6) 定植　定植在秸秆上的覆土中。覆膜以后，在植株两侧打30厘米×30厘米的孔，孔距为20～30厘米，孔径为2～3厘米，孔深以穿透秸秆层为准，以利通气和秸秆降解，向棚室内释放二氧化碳。每隔15天错位打孔1次。其他栽培措施同常规番茄栽培措施。

通过应用该技术，以秸秆代替大部分化肥，改良了土壤生态环境；以植物疫苗防治病虫害，有效减少了农药用量，提高了其商品价值。

140. 日光温室番茄栽培新方法——营养钵倒置育苗技术的关键是什么？

化肥的大量使用使土壤盐渍化程度和根结线虫等重茬病害越来越重，连作番茄棚中出现大批死秧。采用营养钵倒置技术，可以有效地防止作物早衰死亡和解除作物盐害等问题，从而大大提高农业生产能力。其技术关键如下：

(1) 营养钵倒置育苗方法

①育苗前准备。首先整一块比较平整的育苗畦，可做成宽1.2米，长约8米的畦，畦内撒2～3厘米厚的过筛细土，浇透水备用。

②播种。种子采用温汤浸种后，均匀撒在育苗畦内，一般情况下每667米^{2}种子用量约10克，然后再覆盖厚1厘米的蛭石或者过筛细土催芽。如果在6～10月育苗，最上层可覆盖遮阳网，以降温，如果在10月以后育苗，最上层可盖一层薄膜或不织布以保湿。

待50%左右的种子发芽时，及时揭去覆盖物，在真叶展开之前，不浇水，等真叶展开具有一小片真叶时开始准备分苗。

③分苗。首先按常规育苗方法准备营养土，然后用喷壶喷水，使营养土水分含量为50%左右，装入营养钵内，倒置，把2叶1心的植株苗分到营养钵内，摆放到畦内。夏季育苗摆放时营养钵与营养钵之间用土封严并浇透水，冬季育苗摆放时浇水只浇到营养钵一半位置即可。

④苗期管理。同一般正常的番茄苗期管理。

（2）定植 按常规确定植株距，把带有营养钵的植株摆放到畦内，用周围的土稍微固定一下，注意一定不要埋得太深，以防失去营养钵倒置的作用，然后大水浇透后蹲苗。定植后管理同普通方法一样。

（3）营养钵倒置育苗应用效果

①大棚连作每年投入大量化肥、鸡粪等，导致土壤表层盐渍化程度高，对于番茄来说，盐离子浓度超过3.5毫克/千克就会产生盐害，为此，只能让其根系向下深扎，以解决土壤表层盐害问题，而营养钵倒置恰能迫使番茄根系向下深扎。

②营养钵倒置栽培方式，人为控制根系，使其少长须根，多长主根，冬季地温低时，可使许多表层根系不被冻死，提高了植株抗寒能力，调整了地上部与地下部的相互平衡，达到了培育健壮植株的目的。

③番茄高产稳产的一个前提条件是节间短、叶片平整、连续坐果率高，而推广营养钵倒置栽培方式，可以有效地调节定植后营养生长与生殖生长的关系。营养钵倒置栽培方式缓苗时间稍长，缓苗后深层根系发达、须根少，可以有效地控制植株节长，使节间比较短，叶片开展度小，叶片平展、增厚，开花整齐，并且连续坐果率高。

④营养钵倒置栽培方式使植株开花整齐，采摘期提早10～15天，产量提高30%以上。

三、番茄病虫害防治

141. 防治番茄病虫害的关键是什么？

番茄病害近几年越来越重，防治难度也越来越大，生产上必须依靠农业防治、生态防治和化学防治相结合的综合防治技术才能获得良好的防治效果。

（1）农业防治 包括选择抗病品种，种子消毒及培育壮苗，增施深施有机肥，尽量避免重茬，地膜高畦栽培，嫁接育苗，叶面喷肥等。

（2）生态防治 主要是田间温湿度管理。设施番茄栽培一定要加强通风，控制高温、高湿。白天温度控制在18～22℃，夜间控制在10～15℃。温度适当的偏低是控制病害、防止早衰的有效措施，也是能否防止病害严重危害的关键。除控制高温外，还应控制湿度。持续高温、高湿状态下，病害发生早、流行快，即使采用药剂防治，往往效果也比较差，高温干旱易发生病毒病，植株易早衰。低温高湿更容易发病，生产上特别是冬春生产要加强低温时期的增温管理，低温时要严格控制水分，控制湿度。

（3）化学药剂防治 化学药剂防治是病害防治技术中的关键。只有正确使用化学药剂防治病害，番茄栽培才能高产、优质、高效，否则易导致生产失败。

142. 番茄病害发生和蔓延时最有效的防治方法是什么？

目前番茄生产一旦发生病害蔓延，采用化学药剂防治是最有效的方法。化学药剂防治的同时要注重农业防治和生态防治，特别要注重生态防治，这样才能提高药效，取得更好的防治效果。

（1）预防为主 由于番茄病害发生的规律性、时间性很强，而且有些病害在生产上普遍发病，只是轻重不同而已，这为喷药预防提供了可行性和必要性。另外，很多化学药剂防病效果好于治病效果。有些病害如番茄灰霉病如果花期不喷药预防，后期严重发病时，即使喷药也很难防治。而一旦发病即使能有效防治，也只能是使新生长的器官恢复正常，而原来病叶或茎、或果则难以恢复，必将造成减产减收。

（2）多种药剂同时防治一种病害 番茄有些病害一旦发生，蔓延很快，如采用一种药剂往往防治效果较差，这时要把可以相互混合的药剂混在一起喷洒。如疫病严重发生时可采用代森锰锌、百菌清、三乙磷酸铝等多种药剂同时喷洒。多种药剂混合时每种药剂的用药量与单独使用相同。多种药剂同时混合使用可增强药效、提高防治效果、降低抗药性、兼防多种病害。设施番茄发病严重时可在采用喷药防治之后，再立即进行烟雾剂熏烟防治。

（3）一次喷药防治多种病害 为了减少喷药次数，提高劳动生产率，防治某一种病害时要注意兼防其他种病害或虫害。如喷洒防治疫病的药剂时可加入乐果（可混药剂），既防疫病又防治蚜虫。另外，喷药时还可加入增产剂或微量元素，既能防病又能促进植株生长发育。

143. 防治番茄病害时如何正确使用农药？烟剂和粉尘剂有何推广前景？

在番茄病害防治过程中应用同一种农药防治同一种病害，由于使用技术即喷药技术及环境条件管理的不同，所取得的防治效果也不同。在喷药防病的同时，加强环境条件的管理可增强防病效果。农药的使用浓度要严格按要求配制，浓度过大易产生药害，并且果实中农药残留量容易超标，浓度过小防治效果差，甚至没有效果。

农药的适宜喷洒时间是在病害侵染期或发病初期。喷药时要均匀一致，叶正面要喷药，叶背面也要喷药。这是容易被忽视的环节。农药易产生抗药性，使用时不能有新药特药就连续使用，最好是几种药剂交替使用。病害严重时，如果控制不住病势应更换农药或采用多种农药（可以混合的农药）混合在一起使用，而不应随意加大农药的使用浓度。

烟剂和粉尘剂是近几年研制开发的两种新的农药剂型。具有省力、省工、用药均匀、效果好、残留量低、产投比高等优点，农民易于接受，具有广阔的推广前景。烟剂只能在设施生产中使用。烟剂与喷雾法交替使用可提高防病效果。烟剂可在阴天使用，而粉尘剂一般应在晴天使用。施用烟剂一般在傍晚进行，首先密闭棚室，然后施放烟剂，闷棚一夜。烟剂施用时不要靠近植株以防发生药害。粉尘剂在设施内和露地都可使用，但目前露地应用较少。设施内应用粉尘剂最好在早晨或傍晚在密闭条件下进行。

144. 番茄生产中怎样提高化学农药的防治效果？

（1）掌握最佳施药时间 掌握病虫害的发生规律，在防治最佳时期打药效果最好。

（2）提高施药质量 喷药要均匀周到，叶子正反两面都要打到药（特别是叶子背面），植株上下都要喷到药，不能有漏棵丢行；还要根据各种病虫危害的特点，明确喷药重点部位。

（3）计量准确施药量 准确配制药液浓度和掌握好每公顷用药量，多则造成浪费，并容易产生药害；少则降低防治效果。

（4）合理混用农药 由于番茄的整个生长期间先后遭受多种病、虫、杂草的危害，或者在一段时间同时发生几种害虫、病害和杂草。在这些情况下，首先要找出1～2种主要的病、虫或杂草，并围绕这些主要的病虫、杂草，把同时发生的其他次要病、虫或杂草进行全面安排，根据一药多治的原则，按照农药一定的混合比例，采取混合兼治的方法，防治所有的病、虫或杂草。这不仅可以克服施药劳力、药械和时间等方面的矛盾，同时还能提高农药防治效果和防止病虫抗药性的产生等，做到一次施药收到多种效果的目的。

（5）交替用药 2～3种农药相互交替使用，也是提高农药防治效果和防止病、虫抗药性产生的有效方法。

（6）看天时，巧用药 农药对病、虫和杂草的毒杀效果的高低和作用的大小，常常会受到天气的影响。一般在刮风、下雨、高温、高湿的情况下，使用农药会影响药剂的残效期，降低药效，或促使作物发生药害等。所以，应当“看天时，巧用药”。

145. 番茄营养缺乏与过剩有哪些症状？如何诊断与防治？

番茄栽培过程中，营养缺乏和营养过剩都将引起内部生理代谢失调，影响植株正常生长发育，并引起或加重病害的发生和流行，使产量下降，品质变劣。最容易出现缺素症的营养元素是N、P、K、Ca、Mg、B等元素；最容易出现过剩症的营养元素是N、P、K、B、Mn、Zn等元素。

（1）番茄营养缺乏的诊断与防治

①番茄缺氮的主要症状、诊断与防治。

a. 症状。植株矮小，茎细长，叶小，叶瘦长，淡绿色，叶片表现为脉间失绿，下部叶片先失绿，并逐渐向上部扩展，严重时下部叶片全部黄化，茎梗发紫，花芽变黄而脱落，植株未老先衰，果实膨大早，坐果率低。氮肥施用不足或施用不均匀、灌水过量等都是造成缺氮的主要因素。

b. 诊断。在一般栽培条件下，番茄明显缺氮的情况不多，要注意下部叶片颜色的变化情况，以便尽早发现缺氮症。有时其他原因也能产生类似缺氮症状。如下部叶片色深，上部茎较细、叶小，可能是阴天的关系；尽管茎细叶小，但叶片不黄化，叶呈紫红色，可能是缺磷症；下部叶的叶脉、叶缘为绿色，黄化仅限于叶脉间，可能是缺镁症；整株在中午出现萎蔫，黄化现象，可能是土壤传染性病害，而不是缺氮症。

c. 防治措施。每 667 米^2 每次追施尿素 7～8 千克或用人粪尿 600～700 千克对水浇施。也可叶面喷肥，用 0.5%～1%的尿素溶液每 667 米^2 30～40 千克，每隔 7～10 天连续喷 2～3 次。在温度低时，施用硝态氮肥效果好。

②番茄缺磷的症状、诊断与防治。

a. 症状。番茄缺磷初期茎细小，严重时叶片僵硬，并向后卷曲。叶正面呈蓝绿色，背面和叶脉呈紫色。老叶逐渐变黄，并产生不规则紫褐色枯斑。幼苗缺磷时，下部叶变绿紫色，并逐渐向上部叶扩展。番茄缺磷果实小、成熟晚、产量低。

b. 诊断。番茄生育初期往往容易发生缺磷，在地温较低、根系吸收磷素能力较弱的时候容易缺磷；中期至后期可能是因土壤磷素不足或土壤酸化，磷素的有效性低引起的土壤供磷不足使番茄缺磷；移栽时如果伤根、断根严重时容易缺磷。有时药害能产生类似缺磷症的症状，要注意区分。

c. 防治措施。番茄育苗时床土要施足磷肥，每 100 千克营养土加过磷酸钙 3～4 千克，在定植时每 667 米^2 施用磷酸二铵20～30 千克，腐熟厩肥 3 000～4 000 千克，对发生酸化的土壤，每 667 米^2 施用 30～40 千克石灰，并结合整地均匀地把石灰耙入耕层。定植后要保持地温不低于 15℃。

③番茄缺钾的症状、诊断与防治。

a. 症状。番茄缺钾则植株生长受阻，中部和上部的叶片叶缘黄，以后向叶肉扩展，最后褐变、枯死，并扩展到其他部位的叶片。茎木质化，不再增粗。根系发育不良，较细弱。果实成熟不均匀，果形不规整，果实中空，与正常果实相比变软，缺乏应有的酸度，果味变差。

b. 诊断。钾肥用量不足的土壤，钾素的供应量满足不了吸收量时，容易出现缺钾症状。番茄生育初期除土壤极度缺钾外，一般不发生缺钾症，但在果实膨大期则容易出现缺钾症。如果植株只在中部叶片发生叶缘黄化褐变，可能是缺镁。如果上部叶叶缘黄化褐变，可能是缺铁或缺钙。

c. 防治措施。首先应多施有机肥，在化肥施用上，应保证钾肥的用量不低于氮肥用量的 1/2。提倡分次施用，尤其是在砂土地上。保护地冬春栽培时，日照不足，地温低时往往容易发生缺钾，要注意增施钾肥。

④番茄缺钙的症状、诊断及防治。

a. 症状。番茄缺钙初期叶正面除叶缘为浅绿色外，其余部分均呈深绿色，叶背呈紫色。叶小、硬化、叶面褶皱。后期叶尖和叶缘枯萎，叶柄向后弯曲死亡，生长点亦坏死。这时老叶的小叶脉间失绿，并出现坏死斑点，叶片很快坏死。果实产生脐腐病。根系发育不良并呈褐色。

b. 诊断。缺钙植株生长点停止生长，下部叶正常，上部叶异常，叶全部硬化。如果在生育后期缺钙，茎、叶健全，仅有脐腐果发生。脐腐果比其他果实着色早。如果植株出现类似缺钙症，但叶柄部分有木栓状龟裂，这种情况可能是缺硼。如果生长点附近的叶片黄化，但叶脉不黄化，呈花叶状，这种情况可能是病毒病。如果脐腐果生有霉菌，则可能为灰霉病，而不是缺钙症。

c. 防治措施。在沙性较大的土壤上每茬都应多施腐熟的鸡粪。如果土壤出现酸化现象，应施用一定量的石灰，避免一次性大量施用铵态氮化肥。并要适当灌溉，保证水分充足。如果在土壤水分状况较好的情况下出现缺钙症状，及时用 0.1%～0.3%的氯化钙或硝酸钙水溶液叶面喷雾，每周 2～3 次。

⑤番茄缺镁的诊断与防治。

a. 症状。番茄缺镁时植株中下部叶片的叶脉间黄化，并逐渐向上部叶片发展。老叶只有主脉保持绿色，其他部分黄化，而小叶周围常有一窄条绿边。初期植株体形和叶片体积均正常，叶柄不弯曲。后期严重时，老叶死亡，全株黄化。果实无特别症状。

b. 诊断。缺镁症状一般是从下部叶开始发生，在果实膨大盛期靠近果实的叶先发生。叶片黄化先从叶中部开始，以后扩展到整个叶片，但有时叶缘仍为绿色。如果黄化从叶缘开始，则可能是缺钾。如果叶脉间黄化斑不规则，后期长霉，可能是叶霉病。长期低温，光线不足，也可出现黄化叶，而不是缺镁。

c. 防治措施。增高地温，在番茄果实膨大期保持地温在15℃以上，多施有机肥。如果发现第一穗果附近叶片出现缺镁症状，用0.5%～1.0%的硫酸镁水溶液叶面喷雾，隔3～5天再喷1次。

⑥番茄缺硼的诊断与防治。

a. 症状。幼苗顶部的第一花序或第二花序上出现封顶、萎缩，停止生长。大田植株是从同节位的叶片开始发病，其前端急剧变细，停止伸长。小叶失绿呈黄色或枯黄色，叶片细小，向内卷曲，畸形。叶柄上形成不定芽，茎、叶柄和小叶叶柄很脆弱，易使叶片突然脱落。茎内侧木栓化，果实表皮木栓化，且有褐色侵蚀斑。根生长不良，并呈褐色。果实畸形。

b. 诊断。生长点变黑，停止生长，在叶柄的周围看到不定芽，茎木栓化，有可能是缺硼。但在地温低于5℃的条件下也可出现顶端停止生长现象。另外，番茄病毒病也表现顶端缩叶和停止生长，应注意二者之间的区别。番茄在摘心的情况下，也能造成同化物质输送不良，并产生不定芽，也不要混淆。

c. 防治措施。增施有机肥，提高土壤肥力，注意不要过多地施用石灰肥料和钾肥，要及时浇水，防止土壤干燥，预防土壤缺硼。在砂土上建设的保护地，应注意施用硼肥，每667米^{2}施用硼砂0.5～1.0千克，与有机肥充分混合后施用。发现番茄缺硼症状时可用0.12%～1.25%的硼砂或硼酸水溶液叶面喷雾。隔5～7天喷一次，连续2～3次。

（2）番茄营养过剩的诊断与防治

①氮过剩的症状与防治。

a. 症状。番茄氮素过剩时，植株长势过旺，叶片又黑又大，下部叶片有明显的卷叶现象，叶脉间有部分黄化。根部变褐色。果实发育不正常。常有蒂腐病果发生。

b. 防治措施。在日光温室等保护地密闭的环境条件下，施用铵态氮肥和酰胺态的尿素要深施5～10厘米的土层中。在低温、土壤消毒后，土壤偏酸或偏碱、通气不良等条件下，最好选用硝态氮肥，不宜用铵态氮肥。在施用氮肥时要注意补充钙、钾肥料，防止由于离子间的颉颃而产生钙、钾缺乏症。

②磷过剩的危害与防治。

a. 症状。磷过剩对微量元素和镁的吸收、利用，对蔬菜体内的硝酸同化作用均产生不利影响，还影响番茄多种微量元素的吸收。

b. 防治措施。菜田土壤中磷素富集也是菜田土壤熟化程度的重要标志，往往熟化程度越高的老菜田，土壤中磷素的富集量也越高。应当通过控制磷肥的用量，防止土壤中磷素的过量富集。同时，通过调节土壤环境，提高土壤中磷的有效性，促进蔬菜根系对磷素的吸收，改善蔬菜生长发育状况。

③钾过剩的症状与防治。

a. 症状。番茄钾素过剩时，叶片颜色变深，叶缘上卷，叶的中央脉突起，叶片高低不平，叶脉间有部分失绿，叶片全部轻度硬化。

b. 防治措施。番茄发生钾素过剩症状时，要增加灌水，以降低土壤中钾离子的浓度。农家肥施用量较大时，要注意减少钾肥的施用量。

④硼过剩的症状与防治。

a. 症状。番茄植株在硼过多时，叶片初期和正常叶片一样，后来顶部叶片卷曲，老叶和小叶的叶脉灼伤卷缩，后期下陷干燥，斑点发展，有时形成褐色同心圆。卷曲的小叶变干呈纸状，最后脱落。症状逐渐从老叶向幼叶发展。

b. 防治措施。由于蔬菜需硼适量和过多之间的差异较小，对于硼肥的用量和施用技术要特别注意，以免施用过量造成毒害。在砂质土壤中，用量应适当减少。如果土壤有效硼含量过多或由于施用硼肥不当而引起对作物毒害时，适当施用石灰可以减轻毒害。此外，可加大灌水量使硼素流失。

⑤锰过剩的症状与防治。

a. 症状。番茄植株锰过剩时稍有徒长现象，生长受抑制，顶部叶片细小，小叶叶脉间组织失绿。老叶发生许多坏死叶脉，后期中肋及叶脉死亡，老叶首先脱落。

b. 防治措施。适量施用锰肥，或施用石灰中和提高土壤的pH，可有效防止锰中毒症。在还原性强的土壤中，要加强排水，使土壤变成氧化状态。

⑥锌过剩的症状与防治。

a. 症状。番茄植株当锌过多时，生长矮小，有徒长现象，幼叶极小，叶脉失绿，叶背变紫；老叶则激烈地向下弯曲，以后叶片变黄脱落。

b. 防治措施。锌过剩应调节土壤的酸碱度，土壤酸性时易产生锌过剩。适当地调整适合于植物生长的酸碱度尤为重要。每公顷施用石灰800千克，配成石灰乳状态流入畦的中央。另外，磷的施用可抑制锌的吸收，可适当增加磷的施用量。

146. 番茄点花后果实发僵、长不大的原因是什么？如何防治？

有些番茄花用防落素或2,4-D处理后，2～3天内果实膨大，但以后就不再长大了，形成僵果。产生僵果的原因主要是植株生长细弱、营养不足，挂果量太多，或者防落素、2,4-D使用浓度过高（50毫升/千克以上）或重复使用等。解决办法是加强肥水管理，促进植株生长。当植株生长势弱时，不要用激素处理，可适当疏果。

147. 番茄畸形苗是如何产生的？怎样防治？

番茄喜温、喜光、耐肥、不耐旱。如果外部生长环境控制不好，极易产生植株畸形，严重影响番茄的产量和质量。因此，预防和防治畸形苗的产生具有重要意义。

番茄畸形苗主要表现有：

(1) 红叶苗 症状就是新叶及根部呈现暗紫红色，如不尽快矫治，将影响生产，严重的产生僵苗。原因是育苗期长期低温，使光合产物运不到新叶根部，呈暗紫红色。

防治措施是在夜间保温或调整育苗钵的位置。

(2) 露骨苗 症状是茎节处较粗，节间处茎较细，严重的会形成僵苗。原因主要是水肥不足，节间生长缓慢。

防治方法是施用速效肥，以氮为主，磷、钾肥合施，可辅以叶面喷水。

(3) 露花 症状是营养生长过弱，叶片小，第一至二花序开花时，叶丝遮盖不住。多发生于早熟品种。原因是早期用激素处理过早。由于营养体过小，结果负担过重，生殖生长点占优势，营养物质集中输送到幼果中，新叶形成缺乏必要的物质，使主茎顶端生长停滞，出现开花到顶现象。

防治措施是果断疏果，施用水肥促进营养生长。如果辅以薄膜拱棚覆盖、地膜覆盖提高地温和气温更好。

(4) 莴苣苗 症状是主茎异常肥大似莴苣，叶柄向下扭曲。原因主要是定植后，水肥特别是氮肥过多。防治措施是首先用激素处理，叶面喷施30～40毫克/千克番茄灵促使坐果，使营养物质运输到果实中，加强生殖生长。同时，适当控制氮肥，增施磷、钾肥，可用20%过磷酸钙浸出液，下午进行根外追肥，促进叶片光合产物向果实转运。

148. 番茄疯秧原因是什么？如何防治？

番茄疯秧现象，严重影响产量和经济效益，在番茄栽培中应当引起足够重视。

(1) 番茄疯秧的主要原因

①由于番茄在温室中生长，正赶上严冬日照强度弱、时间短，植物光合作用受到限制，使光合作用产生的物质相对减少，且分配

不均匀，相对过多集中于茎、叶生长点上，供茎叶生长，因而供根系生长的能量相对减少，导致根系吸收能力减弱，影响花芽分化，造成营养生长相对过旺，表现出疯秧特征。

②由于温度管理不当，光合作用、呼吸作用等一系列生化反应受到温度的影响，光合作用相对减弱、呼吸消耗增多，促进了茎、叶生长。尤其在苗期，由于温度管理不当，使花芽分化质量降低，数量减少而表现出疯秧。

③番茄在定植缓苗后，第一穗果未全部坐住前，由于肥水不当，此期间浇水，易疯秧。

(2) 疯秧的防治

①采用张挂反光幕、二氧化碳施肥技术增强光照，提高光能有效利用率，使营养生长和生殖生长趋于合理，提高坐果率。

②根据番茄生长过程中对肥、水需求的生长特性，加强田间管理，做到合理追肥、适当蹲苗、科学浇水、促控适当。在栽培中，要做到小水定植、轻浇缓苗水。在此基础上，适当控水蹲苗，促进根系发育。当第一穗果有90%坐住，结束蹲苗，适当加大肥水，促进果实生长。

③加强温度管理。白天温度控制在22～28℃，夜间控制在12～18℃，使光合作用和呼吸作用关系趋于合理。科学整枝，调节秧果比，从而达到抑制疯秧，促进丰产的目的。

④用浓度10～20毫克/千克的2,4-D或25～50毫克/千克防落素蘸花，防止落花、落果，促进结果，抑制疯秧。但也要合理疏果，防治堕秧。绑架时，在适当部分适当加大捆绑力度，以达到抑制营养生长过旺的目的。

149. 番茄烂果怎么治？

番茄烂果是由不同病害引起的，主要有5种类型。其防治方法如下：

(1) 绵疫病引起的烂果 绵疫病在气温高的夏天及暴雨过后易

发生。发病后使即将成熟的青果出现褐色的同心轮纹，形如牛眼，后期使整个果实变黑褐色腐烂、脱落。防治绵疫病，每 667 米^2 用 50%可湿性代森铵 150 克，加水 75 千克稀释后喷雾。

（2）软腐病引起的烂果　一般在青果上发生。发病后果肉迅速腐烂，并带有臭味，易脱蒂。病果干后形成白色僵果。防治时，每 667 米^2 用 50%的代森铵 150 克加水 100 千克喷雾，或每 667 米^2 喷 200～400 毫克/千克的农用氯霉素药液 75 千克。

（3）实腐病引起的烂果　多在青果上发生。果实表皮常带有黑褐色圆形病斑，略凹陷，用手摸患病部位较紧硬，不软化腐烂，病果往往不脱落。每 667 米^2 用 50%甲基托布津 150 克加水 75 千克喷雾防治。

（4）炭疽病引起的烂果　主要发生在已成熟的果实上。病果表面常有黑色同心轮纹病斑，稍凹陷，病斑处分泌出淡红色的黏状物，最后整个病果烂掉脱落。主要是做好预防工作：一是种子消毒处理，二是实行轮作，三是定植 2～3 周后，每隔 10～12 天喷洒一次代森锌 400～500 倍液，或与 1∶1∶150 的波尔多液交互使用。

（5）脐腐病引起的烂果　参照番茄脐腐病的防治。

150. 番茄植株卷叶如何防治？

番茄出现卷叶，不利叶片进行正常的光合作用，从而影响番茄产量和品质的提高。所以在生产过程中，应及时根据番茄卷叶症状及其并发症状，找出卷叶原因，适时采取防治措施，对减少产量损失，增加经济效益具有重要意义。一般情况下番茄卷叶除与品种特性有关外，可以分为生理性卷叶和病毒性卷叶两种。

（1）生理性卷叶

①水分供应不适。在土壤严重缺水或土壤湿度过大，根部被水浸泡等情况下，都能引起卷叶。为防止因水分供应不适引起的卷叶，应为番茄生长发育创造一个旱能浇、涝能排的栽培环境，尤其

是进入结果期，必须保持土壤相对湿度在80%～85%。

②营养元素缺乏。由于土壤中缺乏磷、钾、硼、钼等营养元素，不能满足番茄正常生长发育需要时，也会使番茄发生卷叶症状。一般土壤缺磷时，植株生长迟缓、纤弱，严重缺磷时，叶小、僵硬，向下弯曲，叶表面呈蓝绿色，叶背面呈紫色，且落叶早。土壤缺钾时，老叶的小叶片枯焦，叶缘卷曲，中脉及最小叶脉褪绿。后期褪绿和坏死斑发展到幼叶，导致黄化和卷缩，并脱落。

在断定番茄卷叶由缺乏营养元素所引起的原因后，可采用叶面喷施相应肥料的方法予以补救。

③肥水运筹不当。在番茄早熟栽培中，如果整枝、摘心过重和肥水过剩，会引起全株大部分叶片上卷，甚至卷成筒状。此外，一般大、中型果番茄品种在摘心后进入果实膨大期，也会出现叶片向上反卷的现象。防治措施是在栽培管理时，最后一个花序后再留2～3片叶，以增加光合作用面积，可减轻卷叶现象的发生。同时，还应实施配方施肥，以提高肥料的有效利用率，促进番茄植株的健壮生长。

④使用植物生长调节剂不当。在栽培中为了保花、保果，促进果实生长，常使用植物生长激素2,4-D。如果2,4-D使用浓度过高，或滴落在叶片上，会导致叶片皱缩，形成黄叶。为防止使用2,4-D，产生药害，应根据天气情况，严格掌握使用浓度。

(2) 病毒性卷叶 番茄植株感染黄瓜花叶病毒后，植株矮化，顶芽幼叶细长，呈螺旋形下卷，中、下部叶片向上卷，尤其是下部叶片常卷成筒状，叶脉呈紫色，叶面灰白。鉴于番茄一旦被病毒感染，药物防治基本无效的实际状况，所以应从下列几个方面进行综合防治。

①选用抗病性强的杂交品种。

②用10%磷酸三钠溶液浸种30分钟，进行种子消毒，以消灭部分病原体。

③试验证明，适期早播，长龄壮苗，适时早栽，合理密植及加

强肥水管理等措施，均能提早促进植株的生长发育和抗病能力。

④蚜虫是病毒病的传播媒介，从苗期开始就应着手做好防蚜治蚜工作，对减少植株病毒感染有决定性作用。但防治蚜虫宜采用高效、低毒、低残留的化学农药。

⑤在番茄分苗、定植、打杈摘心及采收过程中，尽量避免机械损伤，减少病原体侵入机会。一旦田间发现重病株后及时拔除，并在地头地边挖坑深埋。

⑥应用植病灵进行防治。植病灵是一种新型激素型农药，苗期及初花期按该药说明书配制后喷施，对防治病毒病有较好效果。但喷施时，要做到番茄植株各部位都能均匀着药，不能出现漏喷。一般每7～10天喷一次，于下午4时后进行。

151. 番茄斑点和裂痕症的原因是什么？如何防治？

（1）浇水不适宜　番茄在生长过程中，定果后，果实膨大期需水分最多。进入成熟期，需水分相对减少。有的菜农为了追求高产，一个劲地浇水，认为越到成熟期，越应多浇水，从而造成棚内湿度大，不利于果实成熟，容易出现病害。

（2）过多地喷洒农药　大棚内湿度过大容易引起细菌滋生，出现病害。一般的灭菌方法是用喷雾器喷洒农药，喷洒次数过多，也会造成棚内湿度过大。

（3）不恰当地施肥　番茄进入成熟期，对肥料和水的需要量已减少，而旧式的施肥方法往往以水带肥（依靠浇水把肥料冲入棚内），追肥后又连续浇水。由于植株不能吸收这样多的水分，造成棚内湿度增大。

（4）不能适时放风排湿　当棚内湿度过大时，应当做好放风排湿工作。但有的菜农为了在光照不好的情况下保持棚内温度，而不注意降低棚内湿度。因此，要使番茄果在成熟期不产生裂痕和斑点，必须合理浇水、施肥，以降低棚内的湿度。

①施足底肥。在移栽前，以人、畜肥为主。每667米^{2}施加底

肥不少于6 000～7 500千克。这样可适当减少番茄生长期追肥的次数。

②合理追肥。追肥应在果实成熟期前，因为这时番茄果实迅速膨大，对肥料的需要量大，追肥要尽量使用氮肥。要采取多种方法施肥（如喷洒叶面肥等），减少用水冲浇的次数，尽量不造成棚内湿度过大。

③适时浇水。果实膨大期应当多浇几次水（春季每10～15天浇水1次，秋季每20～25天浇水1次）。但是，果实成熟期应少浇水，需要浇水时，也尽量不采用大水漫灌的形式，使土壤湿润即可。

④定时放风排湿。保持棚内适当的温、湿度，白天为20～25℃，夜间为15～18℃；相对湿度为50%～65%。

⑤采用多种方法施用农药。尽量避免果实成熟期采用单一的喷洒用药法，以防人为地增大棚内湿度，可采用烟熏等多种科学的用药方式。

152. 在病害诊断不准时如何进行病害防治？

番茄生产中经常发生一些不常见病害，即使发生了常见病害在发病症状不典型时也难于诊断。病害诊断不准即判断不准发生了什么病，这种情况几乎每个生产者都会遇到。病害诊断不准，又必须进行防治，这种情况主要靠经验进行防治。

首先应区分病害是不是传染性病害。如果不是传染病害应加强环境管理，进行叶面追肥。如果是传染性病害应寻找有无菌丝以区分病毒病、细菌性病害和真菌性病害。病毒病尚无特效药剂，可用叶面追肥来缓解。细菌性病害主要喷洒农用链霉素和DT杀菌剂。真菌性病害应选用常用的广谱杀菌剂如百菌清、代森锰锌等药剂防治，如果防效差可换药剂。如果发病重，流行快，应采用多种广谱性药剂混合在一起防治。依据病害类型选择药剂，一般情况下都有一定防治效果。

153. 番茄的主要生理病害有哪些？如何防治？

（1）筋腐病

①主要症状。番茄筋腐病又叫条腐病，条斑病，是一种发生比较普遍的生理病害，尤其是温室大棚番茄，发病率较高，是保护地番茄生产中亟待解决的问题。筋腐病的症状有两种类型：一种是褐色筋腐病，又叫褐变型筋腐病；一种是白变型筋腐病。褐色筋腐病的病症主要是在果面上出现局部变褐，凹凸不平，果肉僵硬，甚至有坏死的病斑，切开果实，可以看到果皮内的维管束出现变褐坏死，有时果肉也出现褐色坏死症状。有的果实发病较轻，外形上看不出明显的绿色或淡绿色斑，伴有果肉变硬，果实中常呈空腔，商品价值大幅度降低。褐色筋腐病大多发生于果实的背光面，通常下位花序果实发病多于上位花序。白变型筋腐病多发生于果皮部的组织上，病部有蜡样的光泽，质硬，果肉似糠心状，与褐土型筋腐病一样，病部着色不良。

②发病原因。目前一般认为褐色筋腐病是多种环境条件不良，如光照不足，低温、多湿，空气不流通，二氧化碳不足，高夜温，缺钾，氮素过剩（如施肥过多），特别是氨的过剩（当土壤酸度不适宜，地温过低，土壤消毒，灌水过多等均可因土壤亚硝酸菌及硝酸菌的活动受抑制而造成氨的积累），以及病毒病等病害所产生的毒素等均与褐色筋腐病的发生有关。哪一个单独因素都很难导致发病，发病是上述各种因素综合作用的结果。至于白变型筋腐病则一般认为是烟草花叶病毒感染所致。

褐色筋腐病多发生于低温弱光之一的冬季及春季栽培期间。作物生长繁茂更有利于本病发生。本病的发生与土壤水分关系密切。灌水多或地下水位上升的土壤中因氧气供应不足而发生较多。施肥量大，特别是氨态氮肥施用过多，或者钾肥不足或钾的吸收受抑制时，发病较多。施用未腐熟农家肥，密植，小苗定植，强摘心等，都很容易发病。同时，发病与品种有关，如强力米寿发病较多。白变型筋腐病和烟草花叶病毒的感染关系密切，且品种间抗病力差异很大。一般不具备抗烟草花叶病毒抗病基因的感病性品种易发生白变型筋腐病，具有抗烟草花叶病毒基因的品种，抗病性强，基本上不发生白变型筋腐。

③防治方法。

a. 品种。选择不易发生褐变型筋腐病的品种。

b. 加强管理。在栽培期间要避免日照不足、多肥、土壤供氧不足等现象。尽量增强光照，稍稀植，氮素施肥量，特别是氨态氮的施用量要适当，不可盲目多施。同时做到不缺钾肥。水分管理要保持土壤含水量适宜。在低洼地上的温室大棚要注意排水，实行高垄（畦）栽培，即使是排水良好的温室大棚，一次灌水过多，也会引起褐变型筋腐病的发生，所以灌水量不宜过多。

（2）脐腐病

①主要症状。脐腐病又叫顶腐病、蒂腐病、黑膏药等，是一种生理病害。是由于水分失调，或因施肥不当引起土壤中钙的缺少，造成果顶部位缺钙，使得组织坏死。开始时呈水渍状，接着有黑褐色小点，果顶变成黑褐色，组织破坏凹陷。所以，番茄脐腐病只为害果实，并且多发生在果实迅速膨大期，其症状是果顶腐烂、凹陷，未熟就提前变色。

②防治方法。

a. 加强管理。加强栽培管理是防治脐腐病的主要方法。果实膨大期一定要防止土壤忽干忽湿，必须经常保持土壤湿润；追施氮肥和钾肥时，一定要及时浇水，防止土壤中肥料浓度过高，造成缺钙；注意调节土壤的酸碱度，防止土壤呈酸性反应而使根系吸收钙困难（可用少量石灰加以调节）。

b. 喷药。叶面喷施氯化钙500倍液。

（3）畸形果

①主要症状。番茄畸形果是指番茄果实膨大后出现桃形、瘤形、歪扭、尖顶、凹顶等。

番茄在持续低温，氮肥、水分及光照充足的条件下使养分过分集中地运送到正在分化的花芽中，花芽细胞分裂过旺，心皮数增多，开花后心皮发育不平衡而形成多心室畸形果；水肥管理跟不上，缺硼、钙元素会加剧果实畸形病的发生；春番茄苗期低温、阴雨，光照不足或秋番茄苗期遇高温，影响花芽分化，会大大增加第一至二花序的畸形果率。

花期使用生长素浓度过高，而果实发育养分供应不足，或点花（喷花）后花朵尖端残留多余激素水滴，使果实不同部位发育不匀而引起子房畸形发育。

②防治方法。

a. 品种选择。选择畸形果少或抗畸裂品种，如浙杂5号、浙杂7号等。

b. 加强苗期管理。冬春季采用地热线育苗。白天苗床保持22～25℃、夜间15～17℃，尤其在2片真叶期夜温不能低于12℃。夏秋育苗要搭阴棚，适当降低床温。

c. 合理施肥灌水。避免偏施氮肥，适量增施磷、钾肥。培养土营养完全、疏松透气，满足花芽、花器分化和植株发育所需的营养条件。果实发育期，水肥管理要均匀。

d. 合理使用植物生长调节剂。使用2,4-D、番茄灵点（喷）花时要选用适宜浓度，不对未开的花朵使用。

e. 培育壮苗。促进花芽正常分化。

(4) 空洞果

①主要症状。空洞果又叫空心果，是大棚温室番茄，特别是冬季栽培的日光温室番茄发生较多的一种生理病害。从外表面看空洞果，横断面大多呈多角形，切开果实后可以看到果肉与胎座之间缺少充足的胶状物和种子，而存在明显的空腔。有些空洞果，外形虽然不带棱角，和正常果实一样，但果实内部胎座不发达，与果皮之间也存在着空腔。

②发病原因。大棚容易出现高温危害，使花粉不稳，受精不良，种子形成少，致使胎座组织的发育赶不上果皮部的发育而产生空洞果。由于种子形成少，便会缺少大量的果胶物质充实果腔，引

起果实空洞，使用生长素2,4-D或番茄灵蘸花防止落花时，如果处理时期太早，浓度太大，也会影响种子形成。在高温条件下，生长素过强，种子更少，同样会导致空洞果产生。氮素肥料施用过多，空洞果的发生也多。

③防治方法。

a. 肥水管理要适当。避免施肥过量，特别是防止氮肥过多。

b. 正确使用生长激素。掌握处理花朵的时间和浓度。蘸花时，必须是花瓣已经伸长到喇叭口状的花。要求配制2,4-D或防落素时，浓度要准确，不要重复蘸花，蘸花的数量也不宜过多。

c. 加强通风。生长激素处理后要加强通风，及时浇水、追肥，避免高温危害。

d. 摘心不可过早。摘心过早容易使养分分配发生变化，茎叶与果实发育不协调，容易使果实的各个部分肥大不均衡，从而出现空洞果。

(5) 日灼病

①主要症状。日灼病又名日伤病、日烧病，主要危害果实。果实向阳面有光泽，似透明的薄质状，后变黄褐色斑块。有的出现皱纹，干缩变硬而凹陷，果肉变成褐色，块状。当日灼部位受病菌侵染或寄生时，长出黑霉或腐烂。一般天气干旱，土壤缺肥，处在转色期前后的果实，受强烈日光照射，致使向阳果面温度过高而引起灼伤。

②防治方法。增施有机肥料，增强土壤保水力。在绑蔓时应把果实隐蔽在叶片间，减弱阳光直射。摘心时，要在最顶层花序上面留2～3片叶子，以利覆盖果实，减少日灼。

(6) 裂果

①主要症状。裂果是一种生理病害。放射状纹裂是以果柄为中心，向果肩部延伸，呈放射状开裂；同心圆状纹裂是以果柄为中心，在附近的果面上发生同心圆状断续的微细裂纹，重时呈环状开裂。不论是哪一种裂果，果实表面失去弹性，不能抵抗果实内部强大的膨压而产生裂果。果实发生裂纹以后，容易在裂纹处感染晚疫

病，或被细菌侵染而腐烂，大幅度降低番茄的品质。

②发病原因。产生裂果的原因，除了和品种特性有关外，放射性裂果主要是在番茄着色期高温、强烈阳光直射在果实表面上，使果实表面的温度升高而造成的。另外，土壤长期缺水干旱，突然灌水过多，可引起果柄附近的果面产生木栓层，果实糖分浓度增高，渗透压（膨压）增高而使果皮破裂。同心圆裂果和果实侧面的裂果多发生在果实表面因露水等潮湿的情况下，这时自果面上的木栓层吸水而产生裂纹。

③防治方法。选择不易裂果的品种；在果实着色期合理灌水，避免土壤水分忽干忽湿，特别应防久旱后过湿，保持土壤湿度以80%左右为宜。番茄果实最好不要受太阳直射，一定要保留果实上面的叶片。摘心不可过早，打底叶不可过狠，以免果实受强光直射。

（7）顶裂果

①主要症状。在番茄果实的脐部及其周围，果皮开裂，有时胎座组织及种子外翻，使果实在成熟时脐部像猫爪掌面一样七翻八裂。

②发病原因。产生顶裂果主要是由于畸形花的花柱开裂的结果。产生顶裂果的直接原因是在番茄开花时，对花器供钙不足造成的。当番茄吸收钙较少时，其体内的草酸不能形成草酸钙，而使草酸呈游离状态，从而对心叶、花芽产生损害，进而导致顶裂果的产生。有时土壤中钙的含量虽然不少，但是土壤中同时又存在大量的镁、钾离子，从而阻碍了植株对钙离子的吸收。在夜温过低，土壤干旱，施肥过多等情况下，也会阻碍植株对钙的吸收。

③防治方法。避免过度施肥，特别是铵态氮、钾肥等不能过多。育苗时不能长期夜间温度过低，在温室和大棚定植时间不能过早。土壤不能过干，以免影响钙的吸收。土壤中缺钙时，可施用石灰，每公顷750～1 125千克。作为应急措施，可用0.5%的氯化钙进行叶面追肥。

(8) 僵果

①主要症状。僵果又叫小豆果，是果实不能充分发育，生长迟缓，尚未充分肥大就开始着色。一般气温低，日照差，地温低，养分吸收不良等可以诱发僵果的产生。

②防治方法。通过提高地温、气温，以促进养分的吸收和体内的代谢来防治僵果的发生。

(9) 大脐果

①主要症状。大脐果也叫大疤果。主要是果实顶部的果脐变形、增大，有时产生一层坚硬黑皮，凹凸不平，黑皮还易胀破，种子向外翻卷露出，尽管其他部分能正常红熟，风味还好，但严重影响果实外观和商品价值。

②发病原因。产生大疤果实的原因较复杂，与品种也有很大关系，特别是一些大果型品种的第一花穗第一果实，容易出现畸形花，也叫“鬼花”，表现为花朵增大，柱头粗扁，子房形状不正，多心皮，这种花易形成大脐果。大脐果还与苗期外界条件的影响有关。幼苗 2～3 片真叶进行花芽分化时，如土壤过干或温度过低，影响花芽形成的质量，易产生畸形子房。

③防治方法。苗期要严格控制温度，加强管理，避免干旱和低温。同时对于个别大果型品种的第一花穗中的畸形花要及时摘除。

(10) 果实着色不良

①主要症状。有绿肩、污斑，褐心等。绿肩是有些品种的特性，但有些品种在高温、阳光直射下易发生。污斑是果皮组织中出现黄白色或褐色斑块。褐心是果肉部分褐变，木质化。

②发生原因。高温直射光使温度升高，影响茄红素形成，以及与种子密度有关。有污斑处种子密度低。缺钾果实维管束易木质化，缺硼果肩残留绿色。果实肥大盛期果肉水分缺乏，会使果皮呈网目状，果肉硬化，着色不良。

③防治方法。选择无污斑的品种；增加有机肥料，提高土壤肥力，促进枝叶生长，合理整枝，避免果实受阳光暴晒；果实肥大期加强肥水管理。

（11）卷叶病

①主要症状。卷叶分生理性卷叶和病毒性卷叶两种。叶片不同程度地翻卷，从而影响光合效率，使植株代谢失调，坐果率降低，果实畸形，产量锐减。

②发病原因。一是品种间差异较大，一般垂直叶形品种易卷叶，抗病品种不易卷叶。二是高温干旱或灌水不当造成的。高温干旱使植株体内的水分缺乏，导致卷叶。另外，土壤过湿时，会使叶片主脉凸起，使叶片卷曲。三是整枝、摘心过早、过重，严重影响根系的生长，导致卷叶。四是生长激素使用不当。生长激素使用过多，植株大量积累后，幼嫩叶片就会出现萎缩卷曲。五是施肥不当。当土壤中缺乏番茄生长所必要的元素时，可使叶片变紫、变黄或卷曲。当土壤中缺乏某些微量元素，如镁、铜、硼、锌、钼时，也会造成卷叶。六是当植株感染某些病害，如黄瓜花叶病毒时，也会使叶片卷曲。

③防治方法。生产上应首先选择抗病不卷叶的品种，如中蔬5号、中杂9号、东农707等。要合理灌水，在植株生长旺盛期，土壤水分应保持在80%以上，尤其是防止干后过湿。整枝不宜过早，一般在叶芽长到3.3厘米时进行。摘心时最上层果的上部应留2～3片叶。同时注意，整枝、摘心要在上午10时至下午4时温度较高、阳光充足时进行，以利伤口的愈合。注意合理施肥，各种肥料的比例搭配要适当。注意生长激素的使用时间和浓度，要隔4～5天为好。

（12）幼苗灼倒

①主要症状。幼苗灼倒是育苗期的生理病害，它不同于猝倒病，一般在无育苗经验的情况下容易发生，并且会误认为猝倒病。病状是幼苗接近地面处变细倒伏、萎蔫、干枯。幼苗灼倒的苗畦，表土往往疏松干燥，其厚度可因播种时覆土厚薄不一，多发生在晚播育苗的阳畦里。因播种较晚，天气已暖，中午又不注意通风，畦温和表土地温达45℃以上时，由于土表干松，灼烫，会将幼苗与土接触的嫩茎部产生高温伤害而死亡。

②防治方法。及时浇水和喷水，并加强幼苗的通风锻炼。

(13) 高温和低温的危害 当温度达到35℃以上时，番茄植株营养状况变坏，落花、落果增多，被太阳直射的果实有日灼现象。高温干燥时，叶片向上卷曲，果皮变硬，容易产生裂果。

番茄遇到连续10℃以下的低温，容易产生畸形果。温度在5℃以下时，由于花粉死亡而造成大量的落花。同时授粉不良而产生畸形果。如果温度－1～3℃，番茄植株就会冻死。

所以，当温室和大棚温度超过30℃时就应及时通风，防止高温危害。当有寒流出现时，加强保暖措施，防止冻害的发生。

(14) 氨气中毒 保护地内容易产生有毒气体的危害，如一氧化碳、氯气、氨气、乙烯和亚硝酸气。其中氨气的危害最为常见，初时番茄叶片像水烫状，后变褐干枯，严重时植株叶片全部枯死。在土壤呈碱性反应的条件下，施有机肥和尿素过多时，都会有氨气的产生，并挥发到土壤的表面上来，尤其是施用未腐熟的鸡粪，更容易产生氨气中毒。

有效避免有害气体危害的关键，是合理施肥。农家肥必须充分腐熟，同时不能施肥过量。发生氨气危害后应大量灌水，同时通风换气，以免危害继续发生。

(15) 植物生长调节剂的危害 保护地内栽培的番茄为了防止落花、落果，促进早熟，经常使用植物生长调节剂，如2,4-D和番茄灵等。如果使用方法不当，就容易产生危害。其症状为叶片下弯，发硬，小叶不舒展，叶脉扭曲畸形。果实药害表现为果实畸形，脐部产生乳头状凸起。2,4-D浓度达到一定程度时，在番茄的茎叶上会产生明显的肿瘤。要防止生长激素的危害，就应该掌握其合理的使用方法。

154. 番茄猝倒病的主要症状是什么？如何防治？

(1) 主要症状 猝倒病俗称掐脖子病。主要为害番茄的幼苗或造成烂种。幼苗出土后至真叶展开3～4片叶时，在胚茎基部近土表处出现黄褐色水渍状病斑，并迅速扩展绕茎一周，病部组织腐烂干枯而凹陷，产生缢缩，子叶与真叶保持绿色即倒伏于地，出现猝倒现象，然后萎蔫失水呈线状。一般土壤温度低于15℃，湿度过大，光照不足时，有利于病害的发生，特别是连阴、雨、雪的恶劣气候条件下，猝倒病发展极快，好像生秃疮一样，可引起成片死苗。

（2）防治方法

①苗床选择。应选择地势高燥、排水方便、背风向阳、土质肥沃、疏松无菌的田块做苗床。若使用旧苗床，需进行彻底的土壤消毒或换无病菌新床土。床土消毒一般用五代合剂或苗菌敌。药与土拌匀，配成药土。采用上铺下盖的方法，在播种前撒上1毫米厚的药土再播种，播种后再撒2毫米厚的药土，将种子夹在中间。

②种子消毒。播种前用55℃的温水浸种，或用药剂处理种子后再播种。

③加强苗床管理。幼苗期看天浇水，晴天浇，阴天不浇。严格控制苗床的温度与湿度，既要注意苗床防寒保暖，又要加强苗床的通风透光。特别是连阴的天气，更要注意通风换气，尽可能降低空气的湿度。播种不宜过密，加强秧苗的低温锻炼，防止幼苗徒长。

④药剂防治。发现病株要及时拔除，并将病株附近的床土挖出，撒上草木灰，接着喷洒70%代森锰锌可湿性粉剂500倍液，或75%百菌清可湿性粉剂600倍液、25%瑞毒霉可湿性粉剂800～900倍液。每隔7～10天喷药1次，连续喷2～3次。

155. 番茄立枯病的主要症状是什么？如何防治？

（1）主要症状 该病一般为害番茄的幼苗。受害幼苗茎基部出现长圆形或椭圆形的病斑，明显凹陷，地上部白天萎蔫，夜间又恢复，病斑横向扩展绕茎一周后病株出现缢缩，根部逐渐干枯。随着病情的发展，萎蔫植株不再恢复正常，继续失水，直至枯死。潮湿时，病部有轮纹，并有蜘蛛网状霉。一般病菌在12～13℃都可生长，以17～28℃最适宜。因此，高温、高湿或气温忽高忽低，通风不良，幼苗徒长等，均有利于此病的发生与蔓延。

(2) 防治方法

①苗床选择。应选择地势高燥、排水方便、背风向阳、土质肥沃、疏松无菌的田块作苗床。若使用旧苗床，需进行彻底的土壤消毒或换无病菌新床土。床土消毒一般用五代合剂或苗菌敌。药与土拌匀，配成药土。采用上铺下盖的方法，在播种前撒上 1 毫米厚的药土再播种，播种后再撒 2 毫米厚的药土，将种子夹在中间。

②种子消毒。播种前用 55℃的温水浸种，或用药剂处理种子后再播种。

③加强苗床管理。幼苗期看天浇水，晴天浇，阴天不浇。严格控制苗床的温度与湿度，既要注意苗床防寒保暖，又要加强苗床的通风透光。特别是连阴的天气，更要注意通风换气，尽可能降低空气的湿度。播种不宜过密，加强秧苗的低温锻炼，防止幼苗徒长。

④药剂防治。发现病株要及时拔除，并将病株附近的床土挖出，撒上草木灰，接着喷洒 70%代森锰锌可湿性粉剂 500 倍液，或 75%百菌清可湿性粉剂 600 倍液、25%瑞毒霉可湿性粉剂800～900 倍液。每隔 7～10 天喷药 1 次，连续喷 2～3 次。

156. 番茄青枯病的主要症状是什么？如何防治？

(1) 主要症状 番茄青枯病又称细菌性萎蔫病。苗期通常不表现症状。番茄坐果初期开始发病。首先是顶部叶片萎蔫下垂，随后下部叶片出现萎蔫，中部叶片萎蔫最迟。病株起初白天中午萎蔫明显，晚间则恢复正常。此时，若土壤干燥，气温偏高，经 2～3 天便会全株凋萎，直至枯死。若气温较低，连阴雨或土壤含水量较高时，病株可维持约 1 周才枯死，植株死后仍保持青绿。病株茎基部表皮粗糙，常产生大量长短不一的根。天气潮湿时，病茎上可出现由水渍状后变褐色的 1～2 厘米斑块。横切新鲜病茎，可见维管束已变褐色，轻轻挤压有白色黏液渗出。这是细菌性青枯病的重要特征，根据这一特征可将青枯病与真菌性枯萎病相区别。

青枯病是由青枯假单胞杆菌侵染引起的细菌性病害。病害主要随着病株残体遗留在土壤中越冬，并能在土壤中营腐生生活1～6年。越冬后的青枯细菌通过番茄根或茎基部伤口侵入。入侵后的病菌先在维管束的导管内繁殖，并沿导管向上蔓延，致使导管堵塞。病菌还能穿过导管侵入邻近薄壁组织的细胞间隙，使之变褐腐烂，整个输导器官被破坏而失去功能，茎叶由于得不到水分的供应而萎蔫枯死。病菌田间传病主要通过雨水和灌溉水，人、畜、农具、带菌土壤、昆虫和线虫等也能传病，引起重复侵染蔓延。青枯病菌活动最适温度为27～32℃，若连续阴雨后暴晒，气温骤升时容易发病。土壤高温、高湿时发病严重。连作、地势低洼以及排水不良、土壤缺钾或氮肥过多，植株生长衰弱、后期中耕造成伤根等都可促进青枯病的发生。

（2）防治方法

①选用抗病品种。如洪抗1号、杂优1号、杂优3号、丰顺、夏星等。

②土壤处理。可与瓜、葱、蒜、芹菜、水稻、小麦等实行3～5年轮作。用无病土育苗，旧苗床要更换新土或用1∶50的福尔马林液喷洒床土；结合整地，每667米^{2}撒施石灰50～100千克，使土壤呈微酸性，以减少发病。

③加强栽培管理。春番茄早育苗、早移栽；秋番茄适期晚定植，使发病盛期避开高温季节，可减轻受害。采用高垄栽培，适当控制灌水。切忌大水漫灌。高温季节，要早晚浇水，以免伤根。要施足底肥，肥料要充分腐熟，生长期要适当增加磷、钾肥。也可用每千克含硼酸10毫克的硼酸液作根外追肥，以促进植株维管束的生长，提高植株抗病力。要早中耕，前期中耕要深，后期要浅，防止伤根，注意保护根系。

④药剂防治。田间发现病株，应立即拔除，并向病穴浇灌2%福尔马林溶液或20%石灰水消毒、灌注100～200毫克/千克的农用链霉素、灌注新植霉素4 000倍液。每株灌注0.25～0.5千克，每隔10～15天灌1次，连续灌2～3次。也可在发病前开始喷

25%琥珀酸铜（DT）或 70%琥·三乙膦酸铝（DMT）可湿性粉剂 500～600 倍液。7～10 天喷 1 次，连续喷 3～4 次。

157. 番茄枯萎病的主要症状是什么？如何防治？

（1）主要症状 番茄枯萎病一般在番茄开花期开始发病，受害部位主要为根和茎。发病初期，下部叶片变黄，后萎蔫枯死，不脱落。有时仅出现在茎的一边，另一边叶片仍正常生长。病情由下向上发展，后期除顶端一些叶片外，整株叶片均枯死。剖开病茎，维管束变褐；拔出病株，可见到根部变褐。

（2）防治方法

①轮作。病菌以菌丝体或厚壁孢子随病残体在土壤中越冬，第二年从番茄幼根或伤口侵入寄主，引起病害发生。因此，应与非茄科作物实行 3 年以上轮作。

②床土消毒。采用新土，每平方米床面用 50%多菌灵可湿性粉剂 8～10 克与 4～5 千克干细土拌匀，配成药土，播种时用药土垫床、覆种。

③种子消毒。用 52℃温水浸种 30 分钟，或用 50%多菌灵可湿性粉剂 500 倍液浸种 1 小时，或用 0.1%硫酸铜溶液浸种 5 分钟，洗净后催芽播种。

④药剂防治。发病初期喷洒 50%多菌灵可湿性粉剂 500 倍液，或 50%甲基托布津可湿性粉剂 500 倍液，或采用 10%双效灵水剂 200 倍液灌根，每株灌 100 毫升，隔 7～10 天 1 次，连续灌 3～4 次。

158. 番茄斑枯病的主要症状是什么？如何防治？

（1）主要症状 番茄斑枯病又称白星病。番茄各生育阶段均可发病，但以生育后期为害最重。主要侵染叶片、叶柄、茎、花萼及果实。叶片染病，初在叶背生水渍状小圆斑，后扩展为边缘暗褐色、中央灰白色圆形或近圆形、略凹陷的很多小斑点。病斑直径1.5～4.5毫米，中央灰白色部分散生少量小黑点，即病菌的分生孢子器，进而小斑汇合成大的枯斑。有时病组织脱落造成穿孔，严重时中、下部叶片全部干枯，仅剩下顶端少量健叶。茎和果实病斑近圆形或椭圆形，略凹陷，褐色，其上散生黑色小粒点。

（2）防治方法

①换土和轮作。苗床用新土或两年内未种过茄科蔬菜的阳畦或地块育苗，定植田实行3～4年轮作。

②选用抗病品种。如浦红1号、广茄4号、蜀早3号。此外，野生番茄及P422397含有抗病基因，可作为育种亲本利用。

③加强田间管理。合理用肥，增施磷、钾肥，喷施多效好4 000倍液或1.4%复硝钠水剂6 000～8 000倍液，可提高抗病力。高畦栽培，适当密植，注意田间排水降湿。及时摘除枯死病叶，保持田间通风透光及地面干燥。采收后把病残物深埋或烧毁。

④药剂防治。发病初期，喷洒64%杀毒矾可湿性粉剂400～500倍液，或58%甲霜灵锰锌可湿性粉剂500倍液、75%百菌清可湿性粉剂600倍液、70%代森锰锌可湿性粉剂500倍液、50%多菌灵可湿性粉剂500倍液、50%混杀硫悬浮剂、40%多硫悬浮剂500倍液、27%高脂膜乳剂80～100倍液。隔10天左右1次，视病情连续防治2～3次。

159. 番茄细菌性叶斑病的主要症状是什么？如何防治？

（1）主要症状 番茄细菌性叶斑病主要危害叶、茎、叶柄和果实。叶片发病时，产生褐色至黑色斑点，周围有黄色晕圈；叶柄和茎部发病时，产生黑色斑点；幼嫩绿果染病，出现稍隆起的小斑点，后扩大成圆形或不规则形，病斑中央容易开裂。

（2）防治方法

①选用耐病品种。选择耐细菌性叶斑病的品种。

②田间管理。在干旱地区采用滴灌或沟灌，尽可能避免喷灌；

结露时或雨后不要进行农事操作，防止病菌在田间传播。

③药剂防治。发病初期，喷洒 77%可杀得可湿性粉剂400～500 倍液，或 14%络氨铜水剂 300 倍液、50%琥胶肥酸铜可湿性粉剂 500 倍液、72%农用硫酸链霉素 4 000 倍液。隔 10 天 1 次，防治 1～2 次。

160. 番茄灰霉病的主要症状是什么？如何防治？

（1）主要症状 灰霉病是由真菌引起的一种病害，主要为害果实。从幼果至果实成熟前均可造成为害。侵害部位主要在果实与花萼接触处。发病初期果皮呈现水渍状，逐渐向果肉发展，造成水烂。在湿度大、通风透光不良的情况下，病部表面布满如鼠毛似的灰霉，但病部并不凹陷。该病主要发生在连续阴雨天气。如果浇水不当，通风不好，使棚室内湿度过大，病情迅速发展，造成大量烂果，给生产带来极大损失。另外，灰霉病也能为害花、嫩茎和幼叶。

（2）防治方法

①加强栽培管理。棚室番茄早熟栽培应在晴天上午浇水，并加强通风管理，降低棚室内湿度；合理追肥，及时整枝，防止植株徒长，改善通风透光条件。

②药剂防治。可喷施农利灵 1 000～1 500 倍液，或速克灵 1 500倍液、扑海因 800 倍液。在发病初期喷药。每隔 7 天喷 1 次，连续喷药 2～3 次。

161. 番茄叶霉病的主要症状是什么？如何防治？

（1）主要症状 叶霉病又叫黑毛病。主要为害棚室番茄生产，其次是露地番茄。为害部位主要是叶片，其次是茎秆、花和果实。叶片受害时，先在叶表面产生椭圆形或不规则形的淡绿色或浅黄色小斑点，以后病斑背面布满灰紫色至暗褐色霉层，边缘不明显。病斑扩大后，叶片干枯卷曲，致使全叶死亡。病情由下向上逐渐蔓延，严重时引起全株叶片卷曲干枯。对产量和品质造成严重损失，并对采取老株更新法进行的延后栽培影响极大。嫩茎和果柄受害，也产生与叶片上相似的病斑，并可蔓延到花部，致使花器萎蔫或幼果脱落。果实受害时，常在蒂部产生近圆形的病斑，以后病斑硬化，稍凹陷，并可延及到果面的1/3左右。温、湿度对病害发生影响很大。在高温（20～25℃）、高湿（95%以上）的条件下，从开始发病到普遍发生，只需半个月左右。如果相对湿度在80%以下，不利分生孢子形成，也不利病菌侵染和病害的发展。所以，阴雨天气或光照不足，特别是棚室内空气不流通，湿度过大，常使叶霉病严重发生。

（2）防治方法

①种子消毒。选用无病株上采收的种子，并用50℃热水烫种30分钟。

②轮作。实行3年轮作。

③加强栽培管理。合理密植，使田间通风透光良好；增施磷、钾肥，以提高植株抗病能力；棚室番茄早熟栽培应在晴天上午浇水，并加强通风管理，降低温、湿度；及时整枝，防止徒长。

④药剂防治。目前防治番茄叶霉病的最佳新药是硫菌霉威（甲霉灵），在发病初期用1 000倍液喷洒。每隔7天喷1次，连续喷3～4次。其次可喷施百菌清500～800倍液，或多菌灵500倍液、甲基托布津400～500倍液、扑海因800～1 000倍液。

162. 番茄早疫病的主要症状是什么？如何防治？

（1）主要症状 番茄早疫病又叫轮纹病，是番茄重要病害之一。其分布广泛，发病严重时，常引起落叶、落果和断枝，对产量影响很大，一般减产10%～30%，个别地区减产高达50%左右。番茄早疫病从苗期至成熟期均可发生，能侵害叶片、茎和果实。叶片被害初期，产生深褐色或黑色圆形或椭圆形的小斑点，逐渐扩大，直径可达1～2厘米。病斑边缘深褐色，中央灰褐色，并有同心轮纹。湿度大时，病斑上产生黑色霉层。最后病叶变黄褐色，并脱落。病害由植株下部叶片，逐渐向上蔓延。发病严重时，病株下部叶片完全枯死，甚至引起全株落叶。基部受害常在分枝处产生灰褐色、椭圆形、稍凹陷的病斑，其上也有同心轮纹。后期茎秆病部常布满黑褐色病斑，发病严重时，可造成断枝。果实上的病斑多发生在蒂部附近和有裂缝的地方。病斑呈圆形或近圆形，褐色或黑褐色，稍凹陷，其上也有同心轮纹。湿度大时病斑上也生有黑色霉层。病果常提早脱落。果柄和花萼上也可产生褐色病斑。

温度高，湿度大，特别是多雨雾天气，最有利早疫病发生。另外，缺肥、田间排水不好，植株生长衰弱，或植株徒长，通风透光不好，可使病情加重。

（2）防治方法

①选用抗病品种。抗病的品种有荷兰 5 号、853、402、早丰等品种。

②种子。选用无病株上采收的种子，并进行种子消毒（50℃热水烫种 30 分钟）。

③选用无病苗床。选择连续 2 年未种过茄科作物的土地做苗床，若用老苗床需换用无病新土。

④轮作。实行 3 年轮作制。

⑤加强栽培管理。苗期管理注意保温与通风，应在晴天上午浇水，然后通风，以降低湿度，控制病害发生发展。栽培采取垄作，及时排水，及时清除病株残体，增施磷、钾肥，提高抗病能力等。

⑥药剂防治。可喷施代森锰锌 500 倍液，或杀毒矾 500 倍液、百菌清 500 倍液、甲霜灵锰锌 400～500 倍液。也可用代森锰锌 300 倍液，或百菌清 400 倍液，于发病后，涂抹茎秆病部。如果茎基部布满黑褐色病斑，可用高锰酸钾 1 000～1 500 倍液灌根。

163. 番茄晚疫病的主要症状是什么？如何防治？

（1）主要症状 幼苗、叶、茎和果实均可受害，以叶和青果受害重。幼苗染病，病斑由叶片向主茎蔓延，使茎变细并呈黑褐色，致全株萎蔫或折倒，湿度大时病部表面产生白色霉层；叶片染病，多从植株下部叶尖和叶缘开始发病。初为暗绿色水浸状不规则病斑，扩大后转为褐色，湿度大时，叶背病健交界处长白霉；茎上部斑呈黑褐色腐败状，引致植株萎蔫；果实染病主要发生在青果上，病斑初呈油渍状暗绿色，后变成暗褐色至棕褐色，稍凹陷，边缘明显，不规则云纹状，果实一般不变软；湿度大时其上长少量白霉，迅速腐烂。

（2）防治方法

①生态防治。保护地番茄从苗期开始，严格控制生态条件，防止棚、室高湿条件出现。

②种植抗病品种。如圆红、渝红 2 号、中蔬 4 号、中蔬 5 号、佳红、中杂 4 号等。

③加强栽培管理。与非茄科作物实行 3 年以上轮作，合理密植，采用配方施肥技术。加强田间管理，及时打杈。

④药剂防治。发现中心病株后，可选用以下方法和药剂：保护地采用烟雾法，施用 45%百菌清烟剂，每 667 米^2 每次200～250 克；采用粉尘法，喷撒 5%百菌清粉尘剂，每 667 米^2 每次 1 千克，隔 9 天 1 次；在番茄发病初期开始喷洒 72.2%普力克水剂 800 倍液，或 40%甲霜铜可湿性粉剂 700～800 倍液、64%杀毒矾可湿性粉剂 500 倍液、70%乙膦锰锌可湿性粉剂 500 倍液、72%克露可湿性粉剂 600～800 倍液。每 667 米^2 用对好的药液 50～60 升，隔7～10 天 1 次，连续防治 4～5 次。

164. 番茄溃疡病的主要症状是什么？如何防治？

（1）主要症状 番茄幼苗至结果期均可发生溃疡病。幼苗染病始于叶缘，由下部向上逐渐萎蔫，有的在胚轴或叶柄处产生溃疡状凹陷条斑，植株矮化或枯死。成株染病，病菌在韧皮部及髓部迅速扩展，开始下部叶片凋萎或卷缩，似缺水状；茎内部变褐，并向上下扩展，长度可由一节扩展到几节，后期产生长短不一的空腔，最后下陷或开裂，茎略变粗，生出许多不定根。多雨或湿度大时，从病茎和叶柄中溢出菌脓或附在其上，形成白色污状物。后期茎内变褐以至中空，最后全株枯死，上部顶叶呈青枯状。果柄受害多由茎扩展而来，其韧皮部及髓部出现褐色腐烂，一直可伸延到果内，致幼果皱缩、滞育、畸形和种子带菌。有时引起局部侵染，萼片表面产生坏死斑，果面可见略隆起的白色圆点，单个的病斑直径 3 毫米左右，中央为褐色木栓化突起，称为鸟眼斑，是病果的一种特异性症状。

（2）防治方法

①检疫。番茄溃疡病主要通过种子传播，对番茄生产用种应严格检疫，严防其传播蔓延。

②采用无病种子和种子处理。建立无病留种地，从无病株采种，必要时用 55℃温水浸种 30 分钟，或 70℃干热灭菌 72 小时、5%盐酸浸 5～10 小时、0.05%次氯酸钠浸种 20～40 分钟、硫酸链霉素 300 倍液浸 2 小时，冲净晾干后催芽。

③土壤消毒。使用新苗床或采用营养钵育苗；旧苗床用 40%福尔马林 30 毫升加 3～4 升水消毒，用塑料膜盖 5 天，揭开后过 15 天再播种。

④轮作。与非茄科作物实行 3 年以上轮作；及时除草，避免带露水操作。

⑤药剂防治。发现病株及时拔除，全田喷洒 14%络氨铜水剂 300 倍液，或 77%可杀得可湿性微粒粉剂 500 倍液，1∶1∶200 波尔多液、50%琥胶肥酸铜可湿性粉剂 500 倍液、60%琥·乙膦铝（DTM）可湿性粉剂 500 倍液、硫酸链霉素及 72%农用硫酸链霉素可溶性粉剂 4 000 倍液。

165. 番茄炭疽病的主要症状是什么？如何防治？

（1）主要症状 番茄炭疽病只为害果实。主要在着色以后的果实表面产生水渍状透明小斑点，很快扩展成直径 5～10 毫米，少数可达 20～30 毫米的圆形病斑。病斑凹陷，略有同心轮纹，其上密生小黑点。湿度大时，病斑上布满分泌的粉红色黏质物。初期果实不腐烂，后期果实腐烂。本病不仅在田间为害，而且在销售和贮放中仍可继续为害，造成番茄果实腐烂。

（2）防治方法

①种植无病种子和进行种子处理。从无病植株或无病果实上采种，种子用 52℃温水浸泡 30 分钟，或用种子重量 0.3％的 50％多菌灵可湿性粉剂拌种，或用 50％多菌灵可湿性粉剂 500 倍液浸种 2 小时。

②加强栽培管理。用无病土育苗，定植田进行 2 年以上轮作，适当控制灌水，雨后及时排水。

③药剂防治。绿果期开始喷洒 80％炭疽福美可湿性粉剂 800 倍液，或 50％多菌灵可湿性粉剂 500 倍液、50％甲基托布津可湿性粉剂 500 倍液、36％甲基托布津悬浮剂 500 倍液、75％百菌清可湿性粉剂 600 倍液。隔 7 天喷 1 次，连续防治 1～2 次。

166. 番茄病毒病的主要症状是什么？如何防治？

（1）主要症状 番茄病毒病，常见有花叶型、蕨叶型和条斑型三种。其中以花叶型发病率最高，蕨叶型次之，条斑型较少。

①花叶型。田间常见症状有轻花叶和重花叶两种。轻花叶病毒病在叶片上表现轻微花叶或微量斑纹症状，植株不矮化，叶不变小，不变形，对产量影响不大。重花叶病毒病表现为叶片上有明显的花叶症状，新生叶变小、细长狭窄、扭曲畸形，叶片凹凸不平，叶脉变紫；下部叶片多卷曲，植株矮化，茎顶叶片生长停滞；病株花芽分化能力减退，并大量落花、落蕾，底层坐果，果小，质劣，多呈花脸状，对番茄的产量和品质影响都很大。

②蕨叶型。病株上部叶片细小，呈蕨叶状。茎顶幼叶细长，叶肉组织退化，甚至不长叶肉，仅剩下中肋，有时呈螺旋形下卷。中

部叶片微卷，主脉稍扭曲。下部叶片向上卷，严重时卷成管状。全部侧枝都生蕨叶状小叶，上部复叶节缩短呈丛枝状。

③条斑病。在植株的茎秆、叶片以及果实上都可表现症状。发病后在茎的上部出现暗绿色下陷的短条纹，后变为深褐色下陷的油渍状坏死条斑，并逐渐向下蔓延，导致病株黄萎枯死；叶片染病呈现深绿与浅绿相间的花叶状，叶脉上产生黑褐色油渍状坏死斑，后顺着叶柄蔓延至茎秆，形成条状病斑；果实上产生不规则形褐色下陷的油渍状坏死斑，后期变为枯斑，病果畸形，不能食用。

番茄花叶病和条斑病均由烟草花叶病毒侵染所致。蕨叶病由黄瓜花叶病毒侵染引起。烟草花叶病毒通过病株残体和越冬寄主越冬，种子也可以潜伏病毒，次年成为初侵染病源。黄瓜花叶病毒主要在多年生宿根植物或杂草上越冬，由蚜虫迁飞和汁液接触传染。番茄病毒病的发生、发展与气候条件关系密切。高温、干旱，蚜虫数量大，迁飞早；土壤贫瘠或氮肥过多、地势低洼、排水不良，均有利番茄病毒病的发生。附近有留种过冬的叶菜、芹菜或马铃薯等作物以及桃园的，发病严重。不同类型栽培以夏秋季露地和大棚番茄发病最重。

(2) 防治方法

①选用抗病品种。选用抗病品种是防治番茄病毒病的一项根本的措施。目前比较抗病的品种有东农 704、东农 705、毛粉 802、中蔬 4 号、中蔬 5 号、西粉 3 号、佳粉 10 号、罗成 1 号等。

②种子处理。引起番茄病毒病的烟草花叶病毒（TMV）可在种子表面的果肉中越冬，应在播种前先用清水浸泡种子 3～4 小时，再放入 10%磷酸三钠溶液中浸种 20～30 分钟，或在 20%毒克星（病毒 A）可湿性粉剂 400～500 倍液中浸泡 4 小时，捞出后用清水冲洗干净，催芽播种。也可将番茄干种子在 70℃恒温干燥箱中处理 3 天，对种子表面的病毒有钝化作用。

③注意农事操作。农事操作中接触植株是 TMV 在田间传播的主要途径。在移苗、绑架、整枝时，要尽量先处理健康植株，最后处理带病植株。接触过病株的手要用肥皂水或磷酸三钠溶液充分洗

擦，使用过的刀剪等也要严格消毒，防止病毒通过手及工具传播、蔓延。

④合理间作。尽量与菠菜、黄瓜、辣椒等春、夏菜间隔一定距离，或者在这些作物之间种植高秆作物，防止这些作物上的病毒通过蚜虫传播到番茄上，引起蕨叶病。

⑤早期防治蚜虫。在番茄育苗期至坐果期，喷洒 40％乐果乳剂 1 000 倍液，或 20％灭蚜松可湿性粉剂 2 000～2 500 倍液、2.5％敌杀死 1 000 倍液，消灭蚜虫，防止蚜虫传播黄瓜花叶病毒，可减轻番茄蕨叶病的发生。

⑥化学及生物制剂防治。在发病前和发病初期，喷洒 20％毒克星（病毒 A）可湿性粉剂 400～500 倍液，或菌毒清 200～500 倍液、抗毒剂 1 号 300～400 倍液、83 增抗剂 100 倍液。7 天左右喷 1 次，连续喷 3～4 次。还可用植物病毒钝化剂 912，每 667 米^2 用 75 克制剂加少量温水调成糊状，再用 1 千克开水浸泡 12 小时，搅匀，温度降到室温后，加水 15 千克，分别在定植后、初果期、盛果期各喷 1 次，或者利用弱毒疫苗 N14，先用开水将疫苗稀释成 1％水溶液，在第一次移苗时（2 叶期），洗净根部泥土，在稀释液中浸根 60 分钟后移植。

167. 番茄根结线虫病的主要症状是什么？如何防治？

（1）主要症状 主要发生在根部的须根和侧根上。病部产生肿状畸形瘤状结。初生白色，质地较软，后变为淡灰褐色，表面有时龟裂，解剖根结有很小的乳白色线虫埋于其内。在较大根结上，又可长出细弱新根，再度感染，则形成根结状肿瘤。地上部整枝症状不明显，重病株矮小，生育不良，结实少，叶片有些发黄，中午天热时叶片有些萎蔫或提早枯死。

一般根结线虫常以 2 龄幼虫或卵随病残体在土壤中越冬，可存活 1～3 年。第二年条件适宜时，越冬卵孵化成幼虫，继续发育并侵入寄主。线虫发育至 4 龄时交尾产卵，雄虫离开寄主进入土壤中，不久即死亡。卵在根结里孵化发育，2龄后离开卵壳，进入土壤中再侵染或越冬。

（2）防治方法

①轮作。合理轮作，选用无病菌的土壤育苗。

②适当深翻。根结线虫分布在3～9厘米表土上，深翻可减少为害。

③土壤消毒。用药物或蒸汽进行土壤消毒。温室土壤用蒸汽消毒，可通入100～132℃的蒸汽处理8小时。

168. 番茄白粉病的主要症状是什么？如何防治？

（1）主要症状　番茄叶片、叶柄、茎及果实均可染病。最初叶呈褪绿色小点，扩大后呈不规则粉斑，上生白色絮状物。初始霉层较稀疏，逐渐稠密后呈毡状，病斑扩大连片或覆盖整个叶面。有的病斑可发生于叶背，严重时整叶变褐枯死。其他部位染病，病部表面也产生白粉状霉斑。

（2）防治方法　采收后及时清除病残体，减少越冬菌源。发病初期，棚、室可采用粉尘法或烟雾法。于傍晚喷施10%多百粉尘剂，每667米^{2}每次1千克，或施用45%百菌清烟剂，每667米^{2}每次250克，或采用2%农抗120水剂150倍液、2%武夷菌素水剂150倍液、15%粉锈宁可湿性粉剂1 500倍液喷洒。隔7～10天1次，连续防治2～3次。

169. 番茄红粉病的主要症状是什么？如何防治？

番茄红粉病是塑料大棚番茄栽培中新生病害之一。近年来发病程度呈明显的上升趋势，一般可减产5%～10%，发病严重的减产30%以上，最严重者可导致绝收。目前已成为大棚番茄栽培中值得重视的病害之一。

（1）主要症状　番茄红粉病主要为害果实。先在果实蒂部产生水渍状病斑，逐渐扩展并环绕果蒂，后期可扩展至整个果面。病斑黑褐色，密生绒毛状菌丝，并渐变为粉红色。

（2）防治方法 50%多菌灵500倍液和50%苯菌灵1 500倍液对番茄红粉病有较好的防治效果，一般每隔7～10天喷施1次。

170. 番茄疮痂病的主要症状是什么？如何防治？

番茄细菌性疮痂病又称斑点病。

（1）症状 该病主要为害番茄叶片及果实。近地面老叶先发病，逐渐向上部叶片发展。发病初期在叶背面形成水渍状暗绿色小斑，逐渐扩展成圆形或连接成不规则形黄色病斑。病斑表面粗糙不平，周围有黄色晕圈，后期叶片干枯质脆。茎部感病先在茎沟处出现褪绿色水渍状小斑点，扩展后形成长椭圆形黑褐色病斑，裂开后呈疮痂状。果实上主要为害着色前的幼果和青果，果面先出现褪绿色斑点，后扩大呈现黄褐色或黑褐色近圆形粗糙枯死斑，直径0.2～0.5厘米，边缘带有黄绿色晕圈，有的病斑可互相连接成不规则大型病斑。如条件适合，长期高温、高湿时，短期内田间植株叶片呈焦枯状。

（2）防治方法

①轮作。发生疮痂病的田块实行与十字花科作物或禾本科作物2～3年以上的轮作。

②无病留种或种子消毒。设无病留种或从无病单株采种。种子消毒应在55℃温水中浸泡15分钟，然后转入冷水里冷却，晾干后再播种。也可用1∶10农用链霉素浸种30分钟。

③加强栽培管理。按品种特性确定密度，适时整枝打杈，及时清除病残体，雨季加强排水，降低田间湿度，保持田间通风透光。

④药剂防治。田间发病时可用新植霉素5 000倍液或72%农用链霉素可湿性粉剂4 000倍液、50%DT可湿性粉剂500倍液、70%可杀得可湿性粉剂500倍液喷洒。连喷2～3次，每次间隔7～10天。

171. 番茄褐色腐败病的主要症状是什么？如何防治？

（1）主要症状 褐色腐败病俗称烂柿子。南北方均发生普遍，除为害番茄外，还能为害茄子、甜椒。褐色腐败病主要为害番茄未着色的青果。病斑较大，圆形或椭圆形，淡褐色，边缘不明显，蔓延迅速，很快遍及全果，出现褐色不均的方状淡轮纹。病斑果皮光滑，不软，发病后易脱落，落地后潮湿时长出白色絮状霉。此病先从下部果实发生，特别与土壤接触的果实最易发病，尔后借雨水飞溅传染，向上蔓延。上部果实发病轻。

（2）防治方法

①及时摘除清理病果，进行深埋。

②早熟品种覆盖地膜，中晚熟品种盖地膜后搭高架，及时排水，增加通风透光；高垄栽培，并及时扶正歪倒的支架，可减轻发病。

③25％瑞毒霉 800～1 000 倍液，在果实发病前喷药保护，防效明显。瑞毒霉有内吸性，药效较全面持久，喷药后很快被植株吸收而发挥作用。

172. 番茄种子传播的主要病害有哪些？如何防治？

番茄病害的传播途径主要有风、雨、昆虫、种子、蚜虫、田间遗留病株以及田间操作过程中病株汁液接触等。其中种子是病原菌的主要载体，也是番茄病害的重要传播途径之一。播前种子处理能消灭或纯化初侵染源，从而达到预防病害发生的目的。

（1）主要病害及其病原菌的存在部位 猝倒病的病原菌潜伏在种子内部；番茄叶霉病的孢子附着在种子表面；番茄早疫病的孢子附着在种子表面；番茄萎蔫病的病菌存在于种子表面和内部；番茄花叶病的病毒存在种子内部和外部，少量病毒可侵入胚乳。番茄疮痂病的细菌附着在种子表面。

（2）防治方法

①温水浸种。先将种子在凉水中浸10分钟，然后捞出，再放入50～55℃的热水中，并不断搅动，使种子受热均匀，并随时补充热水，使温度维持在50～55℃，15～30分钟后移入凉水中散去余热，再浸泡4～5小时。可防早疫病、猝倒病和叶霉病等。

②磷酸三钠浸种。播前先将种子用清水浸泡3～4小时，再转入10%的磷酸三钠溶液中再浸泡40～50分钟，捞出，用清水冲洗30分钟。可防番茄病毒病。

③高锰酸钾浸种。将种子用40℃的温水浸泡3～4小时，移入0.10%的高锰酸钾溶液中浸泡30分钟，取出后用清水洗干净。可减轻番茄溃疡病和花叶病。

④盐酸浸种。将种子用200倍的稀盐酸浸泡3小时，能消灭番茄烟草花叶病毒。

⑤福尔马林浸泡。先将种子用清水浸泡4～5小时，移入1%的福尔马林溶液中浸泡15～20分钟，取出后用湿布包好，放入密闭的容器中闷2小时，取出，用清水洗干净。可减轻或控制番茄早疫病。

⑥次氯酸钠浸种。用1%的次氯酸钠溶液浸种20～30分钟，再用清水洗净，可防番茄疮痂病。

173. 番茄主要害虫有哪些？如何防治？

（1）蚜虫　蚜虫又名腻虫，遍及全国各地。分有翅蚜和无翅蚜，都为孤雌胎生，一年由可繁殖十几代至几十代，世代重叠极为严重。北方以无翅胎生雌蚜在风障菠菜、窖藏大白菜或温室内越冬。翌年3～4月以有翅蚜转移到春栽蔬菜上，在加温温室终年以孤雌胎生方式繁殖。低温干旱有利蚜虫生活。蚜虫主要在叶片及嫩梢上刺吸汁液，使叶片变黄，皱缩，向下卷曲，影响植株正常发育。同时，蚜虫还能传播多种病毒病，造成的危害远大于蚜虫本身。

防治方法：用40%乐果乳油1 000～1 500倍液，或50%马拉硫磷乳油1 000倍液、2.5%敌杀死乳油3 000倍液喷洒。露地栽培还可以悬挂银灰色薄膜条或铺盖银灰色薄膜避蚜和防毒。

(2) 温室白粉虱 温室白粉虱又名小白蛾。成虫和若虫群居叶背吸食汁液，叶片褪绿变黄，还可分泌大量蜜露污染叶片、果实，发生霉污病，造成减产和降低商品品质。还可以传播病毒。温室白粉虱为害区主要在北方。为害温室、大棚及露地栽培的番茄。在北方温室和露地生产条件下，每年发生6～11代，世代重叠严重，存活率高，生育率较强。白粉虱繁殖的适温为18～21℃。我国北方白粉虱不能在野外越冬存活，但能在加温温室番茄上继续繁殖为害。第二年温室开窗通风又迁飞露地，全年为害。

防治方法：温室生产番茄，要把育苗房间和生产温室分开。育苗前彻底清理杂草和残株，并熏烟杀死残余成虫。在通风口增设尼龙纱网，控制外来虫源。培育无虫苗。避免番茄、黄瓜、菜豆等蔬菜混栽，防止白粉虱相互传病，加重为害。结合整枝、打杈、摘除带虫老叶，并携出室外烧毁。在白粉虱发生初期，将涂上机油的黄板置于保护地内，高出植株，诱杀成虫。傍晚保护地用22%敌敌畏烟剂每公顷7.5千克密闭熏烟，可杀灭成虫，或用25%扑虱灵可湿性粉剂1 500倍液、2.5%敌杀死乳油1 000～2 000倍液、40%乐果乳油、25%灭螨猛可湿性粉剂1 000倍液喷洒。

(3) 蛴螬 蛴螬是金电子的幼虫，又称白地蚕。国内广泛分布，但北方发生普遍，在地下啃食萌发的种子。咬断幼苗根茎，致使全株死亡，造成缺苗断垄。蛴螬在北方多为两年一代。以幼虫在土壤中越冬，春季随着地温变化而移动。当表土层10厘米地温到5℃时，上升到地表为害。13～18℃时，幼虫活动最旺；超过25℃时，幼虫又移向土壤深层。因此，春秋两季为害最重。5～7月成虫大量出现，晚上8～9点为成虫取食和交配活动盛期。成虫有趋光性和假死性，对未腐熟的厩肥有强烈的趋势性。蛴螬始终在地下活动，以疏松、湿润、富含有机质的地块最多。

防治方法：要施充分腐熟的肥料，以减少将幼虫和卵带入田中的机会。秋翻和晒土，将部分成虫、幼虫翻至地表，使其风干冻死。用灯光诱杀成虫，用80％敌百虫可湿性粉剂100～150克，对少量水稀释后拌细土15～20千克，制成毒土，均匀散在播种畦田，再覆盖一层细土后播种。用50％辛硫磷乳油或80％敌百虫可湿性粉剂、25％西维因可湿性粉剂800倍液灌根，每株灌150～250克，可杀死根附近的幼虫。

（4）蝼蛄 蝼蛄又名拉拉蛄、地拉蛄等。有华北蝼蛄和东方蝼蛄两种。在黑龙江省为害严重的是东方蝼蛄，其次是华北蝼蛄。华北蝼蛄约3年1代，以成虫、若虫在未冻土层中越冬，每窝1只。越冬成虫在气温和土温升至15～20℃时，进入为害盛期，并开始交配产卵。6月下旬至8月下旬天气炎热时，潜入土中越夏，9～10月再次至地表为害。东方蝼蛄在大部分地区为1年1代，其活动规律与华北蝼蛄相似。两种蝼蛄均昼伏夜出，夜间9～11点钟活动最盛，雨后活动更甚。成虫有趋光性和喜温性。成虫在地中咬食种子和幼芽，或咬断幼苗。蝼蛄在地下活动时将土层钻成许多隆起的隧道，使根与土分离，失水干枯而死，造成大片缺苗。

防治方法：将麦麸或玉米面或豆饼5千克炒香，再用90％晶体敌百虫150克对水，将毒饵拌潮，也可用40％乐果乳油500克，对10倍水，加50千克饵料，拌匀后撒在地里或苗床上，也可用50％辛硫磷颗粒剂1.0～1.5千克与细土15～30千克混匀后撒于地面并耕耙。

（5）地老虎 地老虎又名截虫、切根虫。食性很杂，为害面广。为害蔬菜的地老虎很多，主要是小地老虎。小地老虎在黑龙江省一年发生2代。以幼虫或蛹越冬。第二年春季越冬幼虫取食杂草，待蔬菜出苗或定植以后，转移到幼苗上取食，并将茎基部咬断。第一代成虫在6月中、下旬产卵。成虫对酸味有较强的趋性，同时也有趋光性。繁殖力很强，一头雌虫可产卵1 000多粒。幼虫共6龄。3龄前大多在主心叶里，也有的藏在土壤里，昼夜取食嫩叶。4～6龄幼虫，有假死和趋潮湿习性。白天潜伏在浅土层中，夜间出来为害，尤以天刚亮多露水时是为害高峰。5～6龄为暴食期，为害最重。

防治方法：采用秋翻等方法消灭越冬蛹、幼虫和卵。春季可用糖醋液诱杀越冬成虫。糖、醋、酒、水的比例为 3∶4∶1∶2，加少量敌百虫。将诱液放在盆里，傍晚放在田间，距地面高 1 米处，诱杀成虫。第二天早晨收回盆或盆上加盖，以防诱液蒸发或接纳雨水。发现菜苗被咬断后，清晨在被害植株根际或附近秧苗根际，扒开表土即可找到潜伏在土内的高龄幼虫，进行人工捕杀。

（6）棉铃虫 棉铃虫在我国分布很广，能取食的植物和农作物达 250 余种，蔬菜上以番茄为害最重。每年春季天气暖和后越冬成虫飞出，白天栖息在植物丛间，傍晚飞翔活跃，取食植物花蜜，交配后在夜间产卵。卵块多产在番茄果实萼片、嫩叶、茎梢和茎的基部。温度 15～25℃时，一般 4～14 天即能孵化。低龄幼虫在附近嫩叶和小花蕾处取食，以后长大吐丝下垂，或爬向周围植株，钻入果实或花蕾为害。受害花蕾不能正常授粉而脱落，受害幼果被吃空腐烂。较大的果实从蒂部蛀食，咬吃部分果肉后即转向另一果实，一般一头幼虫能咬食 4～5 果。咬食的果实落进露水或雨水后即逐渐由内向外腐烂，挂留在果穗上。但在果柄处咬食的果实会落地腐烂。棉铃虫为害番茄造成严重减产，严重时可达 30%以上。

防治方法：

①农业防治。棉铃虫以蛹在土壤内越冬，冬前进行冬灌，然后再进行冬耕深翻，可将越冬蛹翻出地面冻死。番茄在打杈、疏花、疏果、摘心时可将带棉铃虫的卵和刚孵化的小幼虫一起摘掉，然后深埋或进行沤肥。

②诱杀成虫。将杨树枝嫩梢剪下 60～70 厘米，每 10～15 根一捆，插入刚定植的番茄田间。树枝枯萎后发出特有的香味，能引诱成虫产卵。每天清晨可准备一个大塑料袋，用塑料袋套住枝把后将产卵的蛾子捏死。杨树枝把诱蛾，不是给飞蛾提供隐蔽场所的原因，而是特有的气味所致。有人将枝把中加入醋棉球和酒糟醋糟纱包，诱蛾量便增加。除此，每 10 公顷安放 3 盏黑光灯，诱杀成虫效果良好。

③生物防治。番茄是以生食为主的果菜，必须提倡生物防治，减少农药污染。目前已应用或有良好前途的有：一是饲养释放赤眼蜂、草蛉、瓢虫等。赤眼蜂是产卵寄生在棉铃虫卵内的小蜂，能使棉铃虫卵形成空壳，起到防虫作用；草蛉、瓢虫则以捕食棉铃虫为主。二是生物农药防治。目前较好的有上海农科院研制的韶关霉素25～50毫克/千克，华中师范学院筛选的棉铃虫核多角体病毒，以及芽孢杆菌7216和链孢霉属的7217生物农药都有良好防效。

④药剂防治。喷洒生物或化学农药防治棉铃虫应在棉铃虫刚孵化后，未蛀入果实中时最有效。这时幼虫小，抗药力弱，而且群居不分散，容易杀灭。一般在番茄果实坐住后如枣核大小时就要每7天喷药1次，连喷3～5次即可基本防止为害。目前较适用的药剂有：

20%杀灭菊酯乳油2 000～3 000倍液和2.5%溴氰菊酯乳油（进口）2 000～3 000倍液；90%敌百虫可湿性粉剂1 000倍液，或2.5%敌百虫粉剂加土喷粉；90%敌敌畏乳剂1 000倍液；50%辛硫磷乳油1 500～2 000倍液。以上农药应严格按农药安全间隔期使用。

174. 什么是蔬菜的土壤传播病害？有哪些特点？

土壤传播病害是指病菌在土壤中存活，通过蔬菜根系的根尖、伤口等侵入到蔬菜体内，并引起发病的一类蔬菜病害的总称。目前危害较为严重的主要有番茄青枯病、番茄枯萎病、茄子黄萎病、西瓜枯萎病、甜瓜枯萎病等。

蔬菜土壤传播病害主要有以下特点：

（1）防治困难 由于土壤传播病害的病菌生活在土壤中，并在土壤中越冬，而土壤体积庞大，难以用一般农药进行灭杀。虽然用熏蒸剂处理土壤有一定的效果，但由于处理不彻底，一段时间后发病仍然较重。另外，土壤处理剂对作物也有损伤，处理土壤后，一般需要7～10天或更长的时间，使土壤中的残留农药充分向外散放，待土壤中的农药散放干净后才能进行生产，不利于蔬菜茬口的调配。

对发病严重的地块更换土壤，能够有效地预防土壤传播病害，但更换土壤的工作量太大，一般农户难以承受，即使能够更换土壤，如此多的带菌土壤的归宿也是难以解决的问题。

因此，在蔬菜实际生产中，用农药以及一般的农业措施来有效地防治土壤传播病害是比较困难的。

（2）病菌在土壤中的存活时间比较长 在条件适宜时，土壤传播病害病菌在土壤中的存活时间一般达4～5年，个别病菌（如西瓜枯萎病菌）甚至能够存活10年左右。因此，通过传统的轮作换茬法进行预防对生产的影响是比较大的，不利于形成规模化和专业化生产。

（3）发病时期大多在结果盛期 土壤传播病害在植株体内的潜伏期比较长，往往是在植物进入结果盛期，营养大量用于开花结果，茎叶生长势减弱后开始发病。此期发病不仅使蔬菜的结果期明显缩短，降低产量，而且蔬菜的品质也下降，特别是对于像番茄、西瓜、甜瓜一类以成熟果为产品的蔬菜，发病后往往由于果实尚未成熟，而导致绝产。此外，对于发病严重的地块，往往需要重新播种或定植其他作物，而此时又不是后茬作物的适宜栽培季节，也容易造成闲地。

（4）危害严重 蔬菜土壤传播病害的重要危害特征之一就是造成植株的输导组织崩溃死亡，使植株由于营养供应不足而导致整株或整个枝蔓枯死，因此一旦发病，其危害大多是毁灭性的。

（5）对侵染作物具有较强的专一性 某种蔬菜的土壤传播病害病菌只对该种蔬菜产生危害，对其他蔬菜则安全。例如，西瓜枯萎病菌只侵染西瓜的根系，而对葫芦、南瓜等则不造成危害。

因此，利用土壤传播病害的病菌对侵染蔬菜具有较强的专一性特点，通过选用适宜的砧木，代替栽培蔬菜的根系进行生产，从而达到避病栽培的目的。

175. 如何进行番茄的病虫害综合防治？

在番茄的栽培过程中，有许多病虫害影响番茄的正常生长和发育，最终影响到产量和产值。番茄病虫害的有效防治是优质丰产栽培的基础。如果要进行番茄的生产，必须对栽培过程中一些常见病虫害的为害症状、发生规律有所了解，才能正确地采取“预防为主、综合防治”的方法，积极有效地防治各种病虫害。番茄栽培中经常发生的病害主要有早疫病、晚疫病、病毒病、叶霉病、猝倒病、立枯病、灰霉病等。常见虫害主要有茶黄螨、白粉虱、蚜虫、斑潜蝇等。番茄的病虫害防治原则是预防为主、综合防治、低毒高效。在综合防治过程中要积极采取各种科学的农业栽培措施、生物和物理的防治方法，合理使用化学农药，降低成本和减少农药污染。

（1）农业防治 农业防治是一种经济有效的防治病虫害的措施。需要结合栽培过程中的各种措施来避免和减轻病虫害。科学的栽培技术可给番茄创造最适宜的生长发育条件，使番茄植株生长健壮，提高植株的抗病、抗虫性，使病虫害不发生、少发生和控制发生的范围。农业防治要始终贯穿于整个番茄栽培和生长过程中，而且各个环节都要严格控制，使病虫害的发生程度降到最低。

常见的农业综合防治措施包括：

①种子选择和种子处理。采种应从无病的地块和无病株上采种，引进种子时要尽可能地从无病区引种，以避免种子带菌；同时在选择品种时，要选择适于当地种植的抗病品种。种子处理是指在播种前对种子进行消毒处理，可采用温汤浸种或药剂处理杀死种子表面携带的病菌。

②土壤处理和轮作换茬。前茬作物收获后应及时进行深耕晒垡或冻土，减少病源和虫源。定植前，用药剂处理土壤，起到土壤消毒的作用。同一地块要保证不要连种番茄，其他茄果类蔬菜也不能连作，最好实现与非茄果类蔬菜2～3年的轮作。

③搞好田间卫生。许多病菌、害虫均在病残体、根、杂草等处越冬或越夏。换茬前必须彻底清理田间杂草，拉秧的植株，特别是带病虫的植株一定要深埋或烧毁；在栽培过程中有的病虫害从某株或小片开始发生，可及时拔除病株或摘除病叶，并将其倒在远离栽培田的地方，尽量将其深埋或烧毁，以减少再次侵染。

④改善田间小气候。番茄一般都是在设施内进行种植，可采取各种措施来降低设施内空气湿度，同时控制温度，使番茄植株处于有利生长的环境条件下，并且形成不利于病虫害发生和蔓延的小环境。设施内可通过地膜覆盖、滴灌、渗灌、膜下暗灌、加强通风等方式来达到控制温度和湿度的目的。

（2）生物防治 随着人们生活水平的提高，对生活质量的要求也随之提高，绿色食品越来越受到重视。所以，充分利用有益的微生物和天敌昆虫来防治番茄病虫害，可以减少污染，生产出有益于消费者健康的绿色食品。在番茄生产中可以采用的生物防治措施包括：菌肥的使用（既可增产又可防病）、生物制剂的使用、以虫治虫等方法。

（3）物理防治 物理防治是一种投入少、成本低、简单易行的有效方法。如利用黄色诱杀蚜虫和白粉虱，利用蓝色诱杀蓟马，利用银灰色避蚜等，在番茄生产中有很好的应用前景。还可以通过高温闷棚及高温消毒土壤的方法来杀死病原菌、虫卵等。

（4）药剂防治 药剂防治是目前最常用的病虫害防治方法，而且防治效果好、快速，特别是在病害流行和虫害大发生时效果显著。但是，使用药剂防治需要增加投入，且有一定的污染，要注意安全。

药剂处理常常在种子处理、床土和育苗用具消毒、幼苗移栽、定植前土壤消毒时使用。种子处理是利用药剂浸种、拌种和闷杀种子上所带的病菌和虫卵。床土和育苗用具消毒可以防止幼苗带病。幼苗定植前喷药，可以防止幼苗把病虫带到栽培田中。常在定植前2～3天，在育苗床内对幼苗喷洒杀虫剂和杀菌剂。由于常年使用的保护设施和连作的土壤病虫害多，所以在定植前应采用化学和物理的方法对土壤和保护地设施进行消毒处理。

主要参考文献

曹恒勇，凌培杰，姜艳艳，等．2012 行下内置式秸秆发酵床技术在早春大棚番茄栽培上应用 [J]．农业科技通讯，10：176-177．

陈友．1988．蔬菜早熟育苗 [M]．哈尔滨：黑龙江人民出版社．

顾智章．1991．番茄品种和栽培技术 [M]．北京：中国农业科技出版社．

韩世栋，赵一鹏，王广印，等．2005．蔬菜嫁接百问百答 [M]．北京：中国农业出版社．

韩亚钦，司力珊，张正伟．2004．番茄栽培实用技术 [M]．北京：中国农业出版社．

黄元仿，贾小红．2002．平衡施肥技术 [M]．北京：化学工业出版社．

蒋卫杰，刘伟，郑光华．1998．蔬菜无土栽培新技术 [M]．北京：金盾出版社．

蒋先华，蒋欣梅．2003．科学种菜奔小康 [M]．哈尔滨：黑龙江人民出版社．

蒋先华．1996．北方家庭园艺 [M]．哈尔滨：黑龙江科学技术出版社．

蒋先华．1996．庭院蔬菜栽培技术问答 [M]．哈尔滨：黑龙江科学技术出版社．

李景富，秦智伟，董秀文，等．1994．最新番茄栽培 [M]．哈尔滨：黑龙江科技出版社．

李景富．2011．中国番茄育种学 [M]．北京：中国农业出版社．

李永镐，张继贤，赵九昌，等．1996．蔬菜病害防治原色图谱 [M]．哈尔滨：黑龙江科学技术出版社．

吕佩珂，李明远，吴钜文，等．1992．中国蔬菜病虫原色图谱 [M]．北京：农业出版社．

马国瑞．2004．蔬菜施肥手册 [M]．北京：中国农业出版社．

全国农业技术推广服务总站．1995．番茄生产 150 问 [M]．北京：中国农业出版社．

四川省农牧厅土肥处.1986. 土壤应用知识问答［M］. 四川：四川科学技术出版社.

王富，许向阳.1999. 塑料大棚和日光温室番茄栽培［M］. 北京：中国农业出版社.

王洪芸.2013. 日光温室番茄栽培新方法——营养钵倒置技术［J］. 长江蔬菜，23：28-29.

王敬国.2011. 设施菜田退化土壤修复与资源高效利用［M］. 北京：中国农业大学出版社.

肖长坤.2010. 番茄健康管理综合技术培训指南［M］. 北京：中国农业出版社.

许鹤林，李景富.2007. 中国番茄［M］. 北京：中国农业出版社.

许蕊仙，李景富，张仲.1986. 蔬菜良种繁育技术［M］. 哈尔滨：黑龙江科学技术出版社.

叶秋林，胡公法.1991. 西红柿四季栽培［M］. 北京：科学技术文献出版社.

于广建，陈友，奥岩松.1997. 蔬菜无公害生产技术［M］. 哈尔滨：黑龙江科学技术出版社.

张光星，王靖华.2003. 番茄无公害生产技术［M］. 北京：中国农业出版社.

赵永志.2012. 蔬菜测土配方施肥技术理论与实践［M］. 北京：中国农业科学技术出版社.

郑建秋.2004. 现代蔬菜病虫害鉴别与防治手册［M］. 北京：中国农业出版社.

周新民，巩振辉.1999. 无公害蔬菜生产200题［M］. 北京：中国农业出版社.

图书在版编目（CIP）数据

番茄栽培新技术百问百答/于锡宏，蒋欣梅，刘在民编著．—3版．—北京：中国农业出版社，2017.1（2018.6重印）
（专家为您答疑丛书）
ISBN 978-7-109-21414-9

Ⅰ.①番…　Ⅱ.①于…②蒋…③刘…　Ⅲ.①番茄—蔬菜园艺—问答解答　Ⅳ.①S641.2-44

中国版本图书馆CIP数据核字（2016）第017138号

中国农业出版社出版
（北京市朝阳区麦子店街18号楼）
（邮政编码 100125）
责任编辑　张洪光　杨金妹　阎莎莎

中国农业出版社印刷厂印刷　　新华书店北京发行所发行
2017年1月第3版　　2018年6月第3版北京第2次印刷

开本：880mm×1230mm　1/32　　印张：9.5　　插页：2
字数：310千字
定价：25.00元

番茄叶霉病初期叶片正面

番茄叶霉病叶片背面

番茄叶霉病后期植株叶片

番茄灰霉病果实

番茄灰霉病叶片

番茄早疫病叶片

番茄早疫病果实

番茄晚疫病果实

番茄晚疫病植株

番茄细菌性溃疡病病茎

番茄茎基腐病病株

番茄病毒病植株

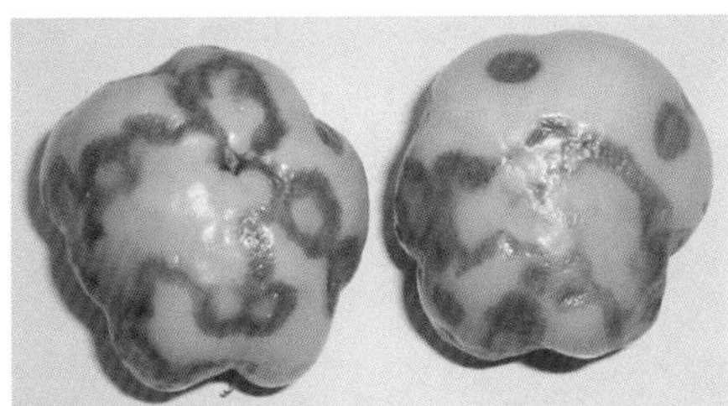

番茄病毒病果实

番茄白粉病病叶

番茄枯萎病症状

番茄黑斑病果实

番茄镰刀菌果腐病果实

番茄畸形果

番茄裂果和日灼果

番茄根结线虫为害状

番茄蚜虫为害状